高等学校信息技术
人才能力培养系列教材

Office

Experiments on Fundamentals of Computers

大学计算机基础实践教程 第3版

Windows 10+Office 2016

史巧硕 柴欣 ◉ 主编 贾铭 李建晶 ◉ 副主编

人民邮电出版社
北京

图书在版编目（CIP）数据

大学计算机基础实践教程 : Windows 10+Office 2016 / 史巧硕，柴欣主编. -- 3版. -- 北京 : 人民邮电出版社，2022.8
高等学校信息技术人才能力培养系列教材
ISBN 978-7-115-58213-3

Ⅰ. ①大… Ⅱ. ①史… ②柴… Ⅲ. ①Windows操作系统－高等学校－教材②办公自动化－应用软件－高等学校－教材 Ⅳ. ①TP316.7②TP317.1

中国版本图书馆CIP数据核字(2021)第257113号

内容提要

本书是与《大学计算机基础（Windows 10+Office 2016）（第3版）（微课版）》配套的实践指导用书，是编者多年教学实践经验的总结。本书内容翔实，实验丰富，还提供了上机练习系统典型试题讲解。全书共分为6章，内容包括上机实验预备知识、Windows 10操作系统实验、文字处理软件Word 2016实验、电子表格处理软件Excel 2016实验、演示文稿制作软件PowerPoint 2016实验、因特网操作实验。

本书适合作为高等院校“大学计算机基础”课程的配套教材，也可以作为全国计算机等级考试培训的教材，还可以作为初学者的辅导用书。

◆ 主　　编　史巧硕　柴　欣
副 主 编　贾　铭　李建晶
责任编辑　韦雅雪
责任印制　王　郁　陈　犇
◆ 人民邮电出版社出版发行　　北京市丰台区成寿寺路11号
邮编　100164　　电子邮件　315@ptpress.com.cn
网址　https://www.ptpress.com.cn
保定市中画美凯印刷有限公司印刷
◆ 开本：787×1092　1/16
印张：12　　2022年8月第3版
字数：314千字　　2024年7月河北第5次印刷

定价：39.80元

读者服务热线：(010)81055256　印装质量热线：(010)81055316
反盗版热线：(010)81055315
广告经营许可证：京东市监广登字20170147号

前 言

计算机基础课程具有极强的实践性。通过实际上机的演练，学生能加深对计算机基础知识、基本操作的理解。上机实践是学习计算机基础课程的重要环节，为此，我们编写了本书。本书是与《大学计算机基础（Windows 10+Office 2016）（第 3 版）（微课版）》配套的实践指导书，同时也可以与其他计算机基础相关教材配合使用。

本书共 6 章。其中，第 1 章是上机实验预备知识，帮助学生尽快熟悉计算机、掌握网络浏览的方法和电子邮件的基本使用方法，有利于学生浏览、下载教学资源并通过网络提交作业。第 2 章至第 6 章依次安排了 Windows 10 操作系统实验、文字处理软件 Word 2016 实验、电子表格处理软件 Excel 2016 实验、演示文稿制作软件 PowerPoint 2016 实验、因特网操作实验等内容。

编者在修订本书的过程中，根据教学与考试的新需求，针对计算机系统和软件版本的升级信息进行了修订，并重新梳理了全书的体系结构，对实验内容进行了精心调试。为了方便教师有计划、有目的地安排学生进行上机操作，引导学生顺利地掌握计算机基本操作，实验示例中均给出了详细的操作步骤，并对规律性或常规性的操作进行了归纳，这样学生不仅能掌握基本操作，还能触类旁通、举一反三。

党的二十大报告中提到："全面提高人才自主培养质量，着力造就拔尖创新人才，聚天下英才而用之。"为了更好地培养具有扎实计算机实践能力的人才，编者配合本套教材开发了计算机上机练习系统软件，学生可以在此软件中选择操作模块进行操作练习，操作结束后由系统给出评判分数。这样学生在学习、练习、自测及综合测试等环节都可以进行有目的的学习，进而达到课程的要求。教师也可以利用测试系统查看各章的教学效果，随时了解教学的情况，从而进行有针对性的教学。

本书由史巧硕、柴欣担任主编，并负责全书的总体策划、统稿、定稿工作，贾铭、李建晶担任副主编。

在本书编写过程中，编者参考了大量文献资料，在此向这些文献资料的作者深表感谢。由于编者水平有限，书中难免有欠妥之处，敬请各位专家、读者不吝批评指正。

编　者

2023 年 8 月

目 录

第 1 章 上机实验预备知识

本章的目标是使学生初步了解计算机的使用方法，学会利用网络获取课程学习的资料，以及学习将自己的作业传给教师的方法。本章的主要内容包括计算机的初步使用、访问网页并下载资料、申请邮箱并利用电子邮件发送作业，以及压缩各种文件。

实验一　认识 Windows 10 环境

一、实验目的

（1）掌握启动与退出 Windows 10 系统的方法。

（2）熟悉并掌握键盘的使用方法。

（3）熟悉并掌握鼠标的使用方法。

（4）了解 Windows 10 系统的桌面。

二、实验示例

【例 1.1】 启动 Windows 10 系统，并进行与开机和登录有关的操作。

（1）启动 Windows 10 系统。

具体操作步骤如下。

① 开启计算机电源。

② Windows 10 被载入计算机内存，并开始检测、控制和管理计算机的各种设备，即进行系统启动。启动成功后，进入 Windows 10 系统的桌面，如图 1-1 所示。

图 1-1　Windows 10 系统的桌面

（2）与开机和登录有关的操作。

在桌面上按【Alt+F4】组合键，弹出图 1-2 所示的“关闭 Windows”对话框，单击其中的下拉按钮，在下拉列表中列有若干个与开机和登录有关的选项。

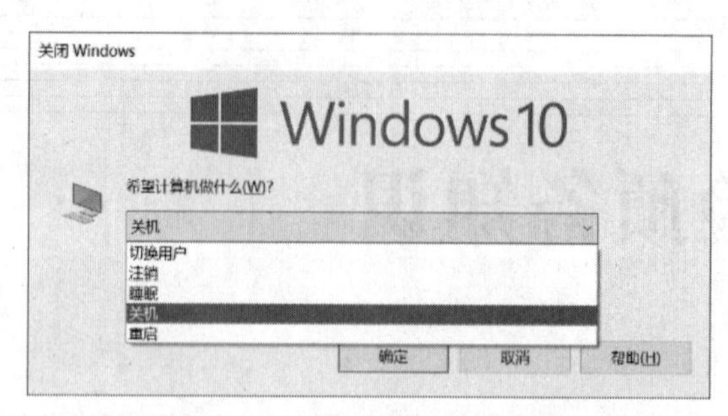

图 1-2 “关闭 Windows”对话框

- 选择“重启”选项，系统将按正常程序关闭计算机，然后重新启动计算机。在计算机出现系统故障或死机现象时，可以考虑重启计算机。
- 选择“睡眠”选项，内存数据将被保存到硬盘上，然后切断除内存以外所有设备的供电，仅保留内存的供电，维持低耗状态。如果下次启动计算机时内存未被断电，系统会以内存中保存的上一次的“状态”继续运行，这样会加快计算机启动速度；如果下次启动计算机时内存已被断电，系统则会将硬盘中保存的内存数据载入内存。
- 选择“注销”选项，系统将清空当前用户的缓存空间和注册表信息，重新进入登录界面，以便其他用户登录系统。
- 选择“切换用户”选项，系统将允许另一个用户登录计算机，但前一个用户的操作依然被保留在计算机中。一旦切换回前一个用户，该用户就可以继续操作。

【例 1.2】 键盘的基本操作。在文字编辑软件（写字板或记事本）中输入一定篇幅的文字并保存。

具体操作步骤如下。

① 单击“开始”按钮，弹出“开始”菜单，选择“开始”菜单中的“Windows 附件”选项，在出现的级联菜单中选择“写字板”（或“记事本”）选项，打开“写字板”窗口（或“记事本”窗口），如图 1-3 所示。此时，可在光标处输入字符。

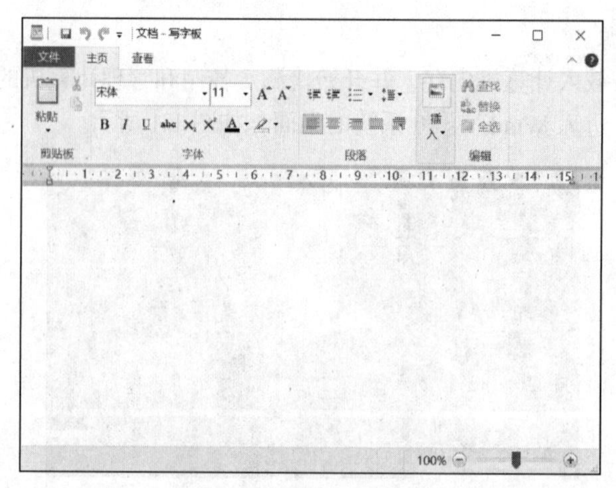

图 1-3 “写字板”窗口

② 输入一段文字，其内容可以是英文，也可以是汉字。

③ 输入完成后，单击“保存”按钮，在打开的“保存为”对话框中选择文件保存位置、设置文件名，然后单击“保存”按钮。

【例 1.3】 鼠标的基本操作。

（1）鼠标的单击操作。

在 Windows 10 系统的桌面上移动鼠标指针到“此电脑”图标上，按鼠标左键一次（单击），该图标随即反白显示，即选中了“此电脑”图标，如图 1-4 所示。

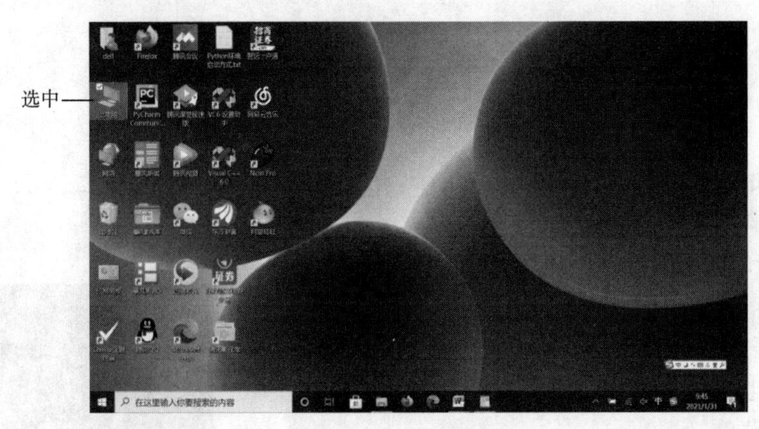

图 1-4　选中的图标

（2）鼠标的双击操作。

将鼠标指针移到“此电脑”图标上，快速按鼠标左键两次（双击），打开“此电脑”窗口。

（3）鼠标的拖动操作。

将鼠标指针移到“此电脑”窗口的标题栏上，按住鼠标左键不放，拖动鼠标指针至另一位置，释放鼠标，则“此电脑”窗口被移动到指定位置。

【例 1.4】 桌面的基本操作。

（1）选择桌面上对象的操作。

具体操作步骤如下。

① 选择单个对象。单击桌面上的图标，即可选中该对象，被选中的对象反白显示。

② 选择多个连续的对象。在桌面上某一空白处按住鼠标左键不放并拖动鼠标，形成一个用虚线围起来的矩形区域，释放鼠标，矩形区域内的图标被选中并反白显示。

③ 选择多个不连续的对象。选中一个图标，按住【Ctrl】键并用鼠标选中其他图标，被选中的对象反白显示。

（2）桌面上图标位置的调整及图标排序的操作。

操作一步骤如下。

① 将鼠标指针移到要调整位置的“回收站”图标上。

② 按住鼠标左键不放并拖动到目标位置，释放鼠标，可见“回收站”图标被移至新位置。

操作二步骤如下。

① 右击（使用鼠标右键单击）桌面的空白处，弹出桌面快捷菜单，如图 1-5 所示。

② 在该快捷菜单中选择“排序方式”选项，在出现的级联菜单中选择“名称”选项，桌面上的图标将按名称重新排列。也可以在级联菜单中选择其他的排序方式，看一下会出现什么结果。

图 1-5　桌面快捷菜单

【例 1.5】 关闭计算机的操作。

具体操作步骤如下。

① 在关闭计算机之前，要先保存做的工作。

② 关闭所有打开的应用程序。

③ 单击“开始”按钮，弹出“开始”菜单，在“开始”菜单的左下角有“电源”按钮，单击“电源”按钮，弹出图 1-6 所示的“电源”菜单。

图 1-6 “电源”菜单

④ 在“电源”菜单中选择“关机”选项。或者在桌面中按下【Alt+F4】组合键，弹出图 1-2 所示的“关闭 Windows”对话框，单击其中的下拉按钮，选择下拉列表中的“关机”选项，同样可以关闭计算机。

实验二　学习上网和下载资料

一、实验目的

（1）初步掌握上网的基本操作。

（2）初步掌握浏览网页的操作。

（3）了解从 WWW 网站下载文件的方法。

二、实验示例

【例 1.6】 启动浏览器。

Windows 系统早期的版本都自带 Internet Explorer（IE）浏览器，自 Windows 10 系统开始，微软公司推出了 Microsoft Edge 浏览器，目前 Windows 10 系统自带 Microsoft Edge（以下简称 Edge）浏览器。不过 Windows 10 系统在“开始”菜单的“Windows 附件”中保留了“Internet Explorer”选项，习惯使用 IE 浏览器的用户，在 Windows 10 系统中仍然可以使用 IE 浏览器。

通常在计算机上，还会安装第三方的浏览器，这些浏览器使用起来也很方便。目前，应用比较广泛的浏览器除了 Windows 10 系统自带的 IE 和 Edge 浏览器外，还有 360 浏览器、傲游浏览器（Maxthon）、火狐浏览器（Firefox）、谷歌浏览器（Google Chrome）等。这些浏览器的使用方法和设置方法都与 IE 浏览器大同小异，所以本实验以 IE 浏览器为例，介绍浏览器的使用方法。

单击“开始”按钮，在“开始”菜单的“Windows 附件”级联菜单中选择“Internet Explorer”选项，即可启动 IE 浏览器，此时屏幕上会出现图 1-7 所示的 IE 浏览器窗口。

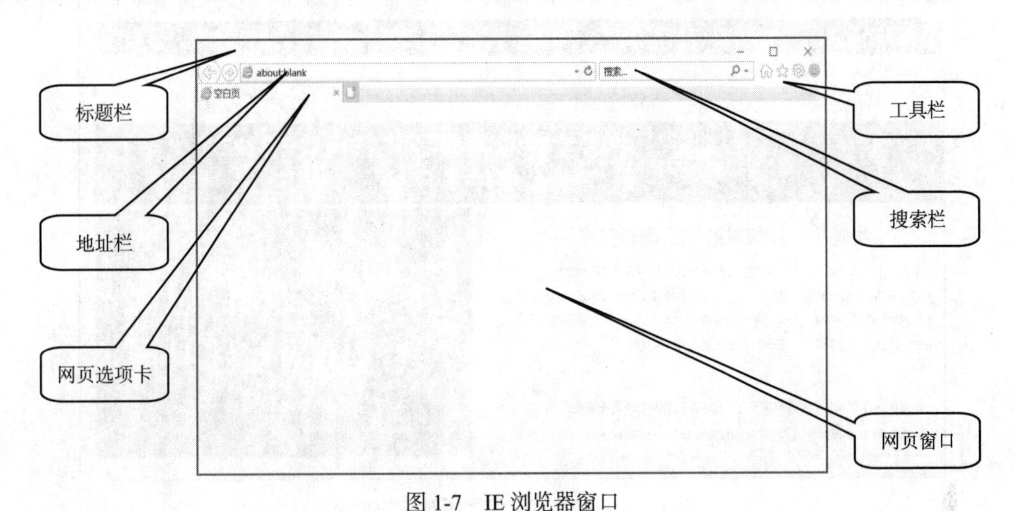

图 1-7　IE 浏览器窗口

【例 1.7】 浏览网页。

具体操作步骤如下。

① 在“开始”菜单的“Windows 附件”中选择“Internet Explorer”选项，启动 IE 浏览器。

② 在地址栏中输入要访问的地址，这里输入中国教育和科研计算机网的网址“http://www.edu.cn/”，打开的网页窗口如图 1-8 所示。

图 1-8　中国教育和科研计算机网主页

③ 单击主页中的“教育信息化”链接，可以打开与其对应的页面，如图 1-9 所示。

图 1-9 “教育信息化”所对应的页面

【例 1.8】 访问实验教学资源网站。

具体操作步骤如下。

① 在“开始”菜单的“Windows 附件”级联菜单中选择“Internet Explorer”选项，启动 IE 浏览器。

② 在地址栏中输入要访问的实验教学资源网站的地址，这里输入网址“http://w.scse.hebut.edu.cn”，链接到实验教学资源网站的主页，如图 1-10 所示。

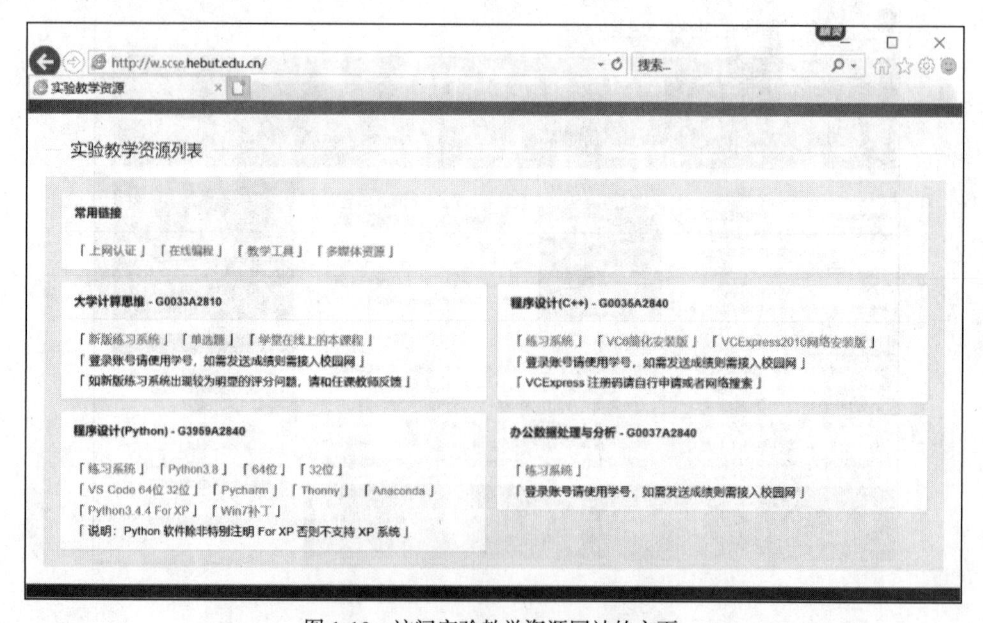

图 1-10 访问实验教学资源网站的主页

通常教学资源网站的页面并不复杂，只是简洁地列出各种教学资源。

【例 1.9】 下载教学资源。

具体操作步骤如下。

① 在“开始”菜单的“Windows 附件”级联菜单中选择“Internet Explorer”选项，启动 IE 浏览器。

② 在地址栏中输入要访问的实验教学资源网站的地址，这里输入网址“http://w.scse.hebut.edu.cn”，打开的窗口如图 1-10 所示。

③ 在“大学计算思维”分组下单击“新版练习系统”链接，此时在浏览器窗口下方出现图 1-11 所示的下载提示框。单击“运行”按钮，即可直接运行对应的文件（IT2021.exe），安装完成后即可使用该教学资源。

图 1-11　下载提示框

也可以单击“保存”按钮旁边的下拉按钮，在打开的下拉列表中选择“另存为”选项，打开“另存为”对话框，如图 1-12 所示。在对话框中选择保存教学资源的磁盘和文件夹（如 D:\lx\chai），然后单击“保存”按钮，即可将实验教学资源网站中的教学资源（IT2021.exe）下载到本地计算机。待全部下载工作完成后，就可以在 D 盘的 lx\chai 文件夹中看到“IT2021.exe”文件，运行该文件即可使用该教学资源。

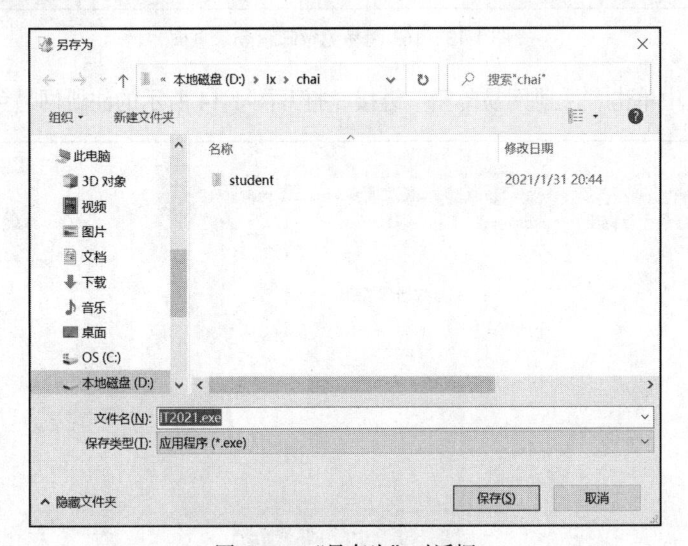

图 1-12　“另存为”对话框

实验三　学习使用电子邮件

一、实验目的

（1）学习申请免费电子邮箱的操作。

（2）了解在因特网上收发电子邮件的一般方法。

二、实验示例

【例 1.10】 申请免费电子邮箱。

具体操作步骤如下。

① 启动 IE 浏览器，在地址栏中输入“http:// mail.163.com”，进入 163 网易免费邮箱登录页面，如图 1-13 所示。

图 1-13　163 网易免费邮箱登录页面

② 在该页面中单击“注册网易邮箱”链接，打开图 1-14 所示的注册网易免费邮箱页面。

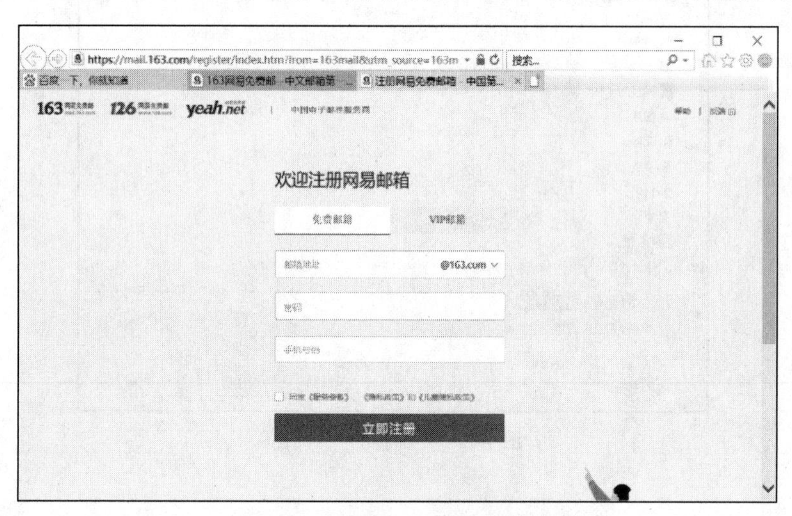

图 1-14　注册网易免费邮箱页面

③ 在图 1-14 所示的注册免费邮箱页面中，首先单击页面下方的“同意《服务条款》、《隐私政策》和《儿童隐私政策》”链接，阅读并同意后，选中“同意”前的复选框，然后设置自己的邮箱地址和密码，输入手机号并发送短信进行验证，最后单击“立即注册”按钮，完成注册。

④ 注册完成后，会弹出“邮箱申请成功”页面，表明用户得到了一个免费的电子邮箱，此时可使用 Web 方式收发电子邮件。

【例 1.11】 发送电子邮件。

具体操作步骤如下。

① 启动 IE 浏览器，在地址栏中输入“http://mail.163.com”，进入 163 网易免费邮箱登录页面。

② 在“邮箱账号或手机号码”文本框中输入注册时所设置的邮箱地址，在“输入密码”文本框中输入设置的密码。

③ 如果邮箱地址和密码无误，单击“登录”按钮后会进入自己的邮箱页面，如图 1-15 所示。

图 1-15　网易邮箱页面

④ 在 163 邮箱主页面中，单击左侧的“写信”按钮，打开写邮件页面，如图 1-16 所示。在“收件人”文本框中输入收件人的邮箱地址。在“主题”文本框中输入邮件的主题，主题相当于信件的标题。在邮件内容编辑区输入信件的内容，完成以后，单击“发送”按钮发送该邮件。邮件发送成功后，根据提示可以返回到 163 邮箱主页面，继续进行其他操作。

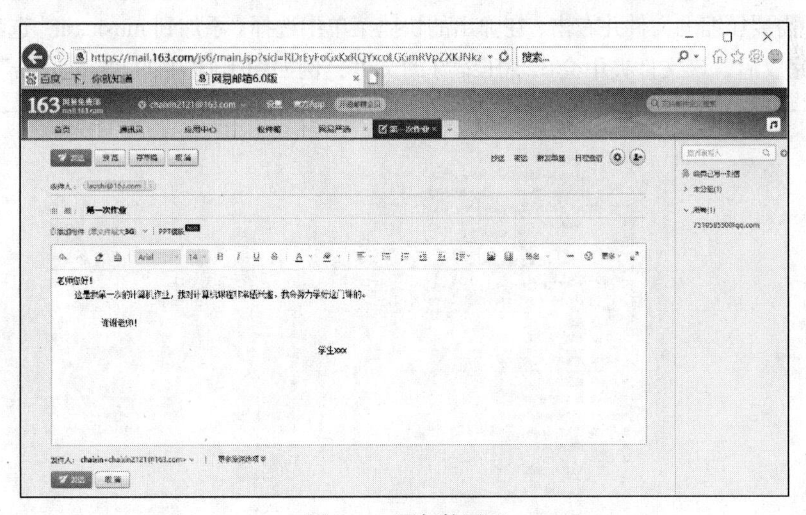

图 1-16　写邮件页面

【例 1.12】 发送带有附件的电子邮件。

在发送邮件时，如果需要将其他的文件，如 Word 文档、Excel 表格、压缩文件、视频、图片、音频等作为邮件的一部分发送给其他人，可以在邮件中添加附件。

具体操作步骤如下。

① 进入 163 邮箱主页面，单击左侧的“写信”按钮，打开写邮件页面，如图 1-16 所示。

② 输入收件人的邮箱地址、邮件的主题，以及信件的内容（参见例 1.11）。

③ 在图 1-16 所示的写邮件页面中单击“添加附件”链接，在打开的对话框中找到需要作为附件发送的文件。本例是发送 D:\lx\chai 文件夹下的“作业 1.docx”文件，如图 1-17 所示。

④ 如果需要，可以继续添加附件。完成后，单击“发送”按钮发送该邮件。

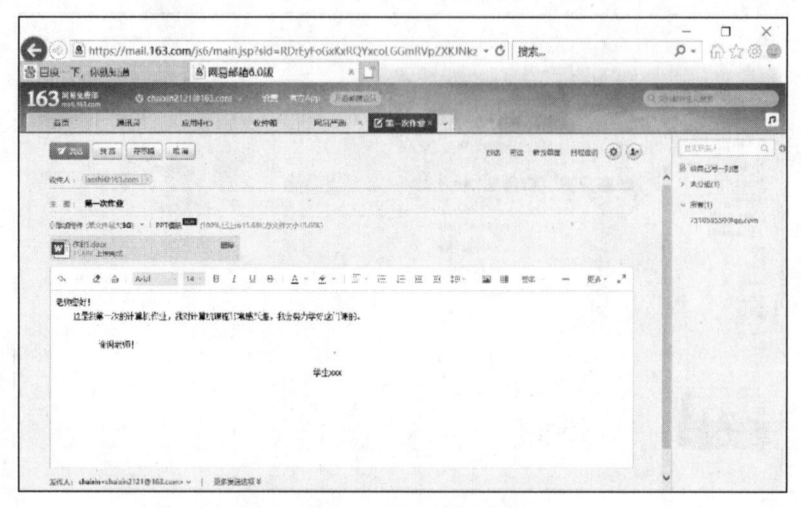

图 1-17　添加附件的示例

【例 1.13】 将多个文件压缩后作为附件发送。

如果需要发送的文件很多，可以将这些文件先压缩成一个压缩文件，再将其作为附件发送出去。若要压缩文件，则计算机中必须已经安装了 WinRAR 或其他压缩软件。

具体操作步骤如下。

① 选中需要压缩的文件并右击，在弹出的快捷菜单中选择“添加到 music.rar”选项，如图 1-18 所示。压缩完成后，该文件夹中会出现压缩好的文件，例如图 1-19 中的“music.rar”文件。

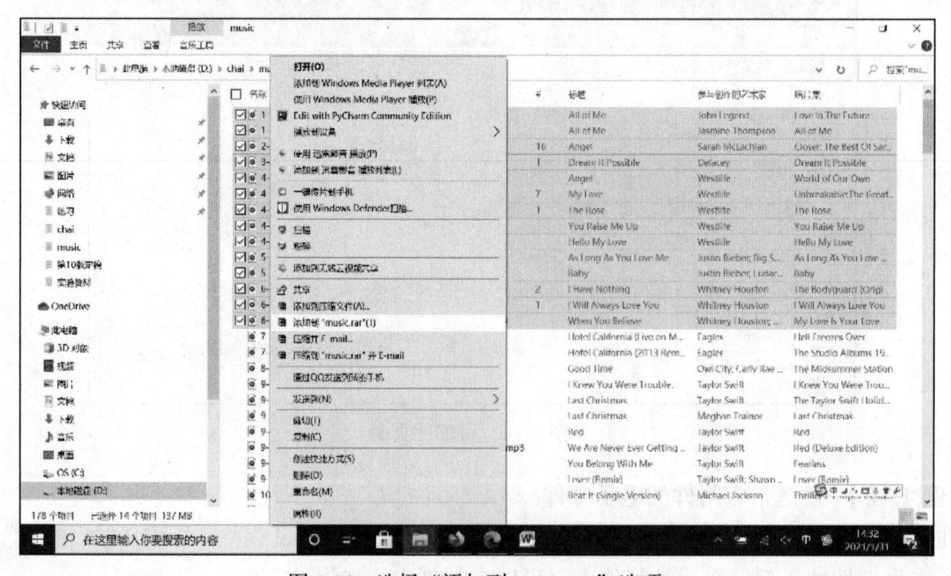

图 1-18　选择“添加到 music.rar”选项

图 1-19　压缩好的“music.rar”文件

② 进入自己的邮箱页面，单击左侧的“写信”按钮，打开写邮件页面，如图 1-16 所示。

③ 在该页面相应位置输入收件人的邮箱地址、邮件的主题，以及信件的内容（参见例 1.11）。

④ 在图 1-16 所示的写邮件页面中单击“添加附件”链接，在打开的对话框中选择需要作为附件发送的文件。本例是发送刚刚压缩好的“music.rar”文件（参见例 1.12）。

⑤ 完成后，单击“发送”按钮发送该邮件。

【例 1.14】 接收电子邮件。

具体操作步骤如下。

① 登录自己的邮箱，进入邮箱页面。

② 进入收件箱，查看是否有未阅读的邮件。如果有粗体字的邮件标题，说明该邮件是未阅读的邮件，如图 1-20 所示。

③ 如果邮件标题后面有回形针标记（例如图 1-20 中的“写给 × × × 同学”邮件），说明该邮件中有附件。

图 1-20　未阅读过的邮件和带有附件的邮件

④ 单击要浏览邮件的主题，可打开邮件并显示邮件的内容，如图 1-21 所示。

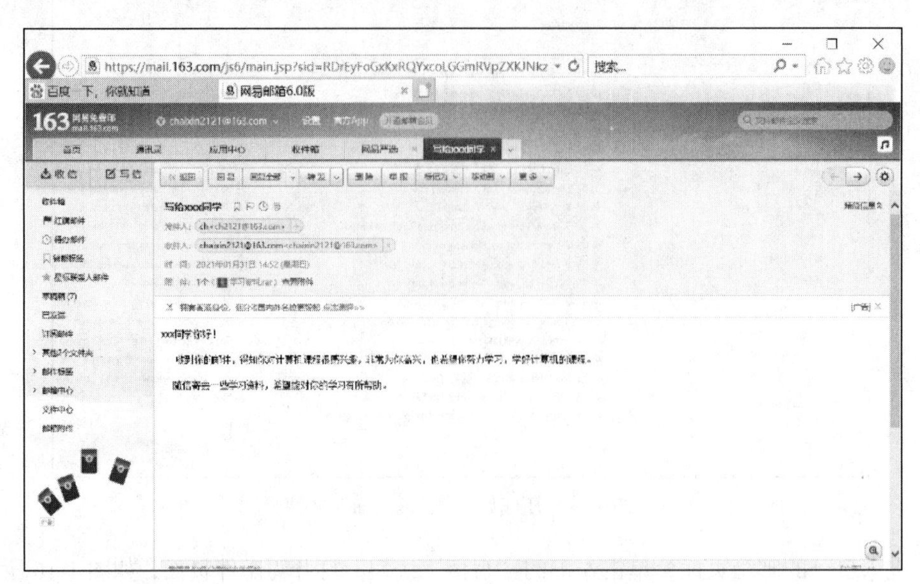

图 1-21　显示邮件的内容

⑤ 如果邮件中带有附件，则显示邮件内容的页面中将显示附件的名称（附件的文件名），例如图 1-21 中的“学习资料.rar”文件。

⑥ 在邮件下方有附件图标（学习资料.rar），鼠标指针靠近该图标会弹出下载提示框，单击其中的“下载”按钮，在页面下方会弹出保存提示框，如图 1-22 所示。

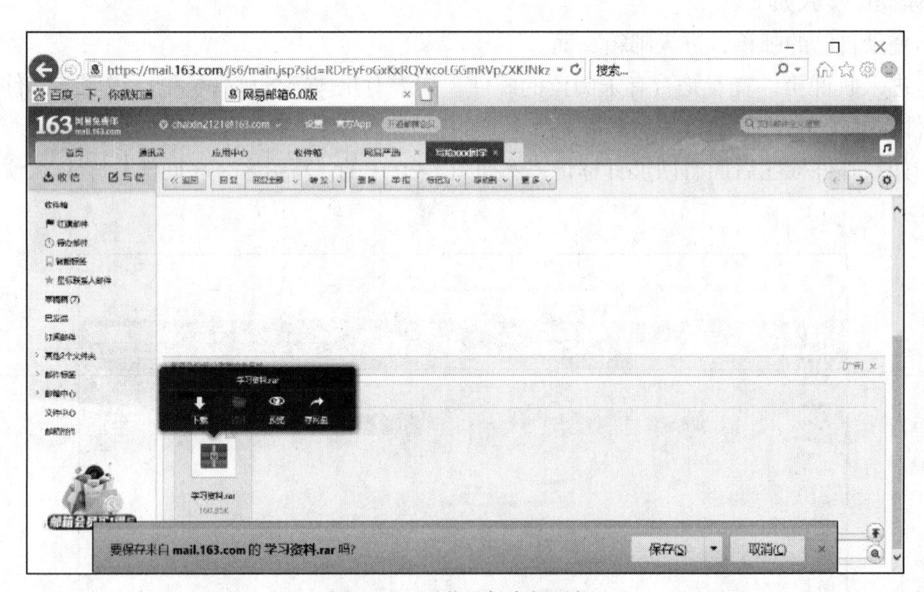

图 1-22　下载和保存提示框

⑦ 单击“保存”按钮旁边的下拉按钮，在下拉列表中选择“另存为”选项，此时弹出“另存为”对话框，如图 1-23 所示。在该对话框中选择保存该附件的磁盘和文件夹（这里选择 D:\lx\chai 文件夹），单击“保存”按钮，即可将附件下载并保存到指定的文件夹中。

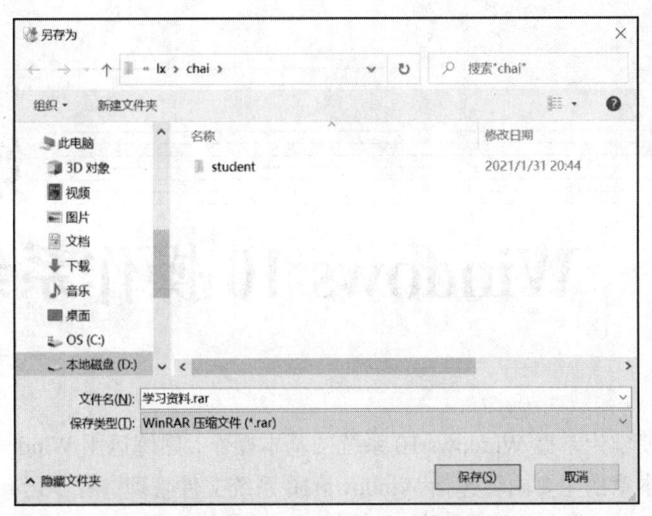

图 1-23　“另存为”对话框

⑧ 打开 D:\lx\chai 文件夹，找到“学习资料.rar”文件，右击该文件，在弹出的快捷菜单中选择“解压到学习资料\”选项，如图 1-24 所示。

⑨ 解压完成后，被压缩的文件释放到当前文件夹下的学习资料文件夹中，如图 1-25 所示。此时，便可以对该文件夹中的每一个文件进行操作。

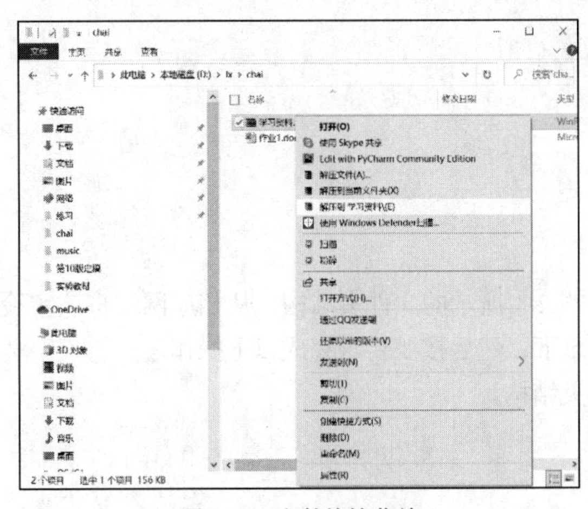

图 1-24　文件快捷菜单

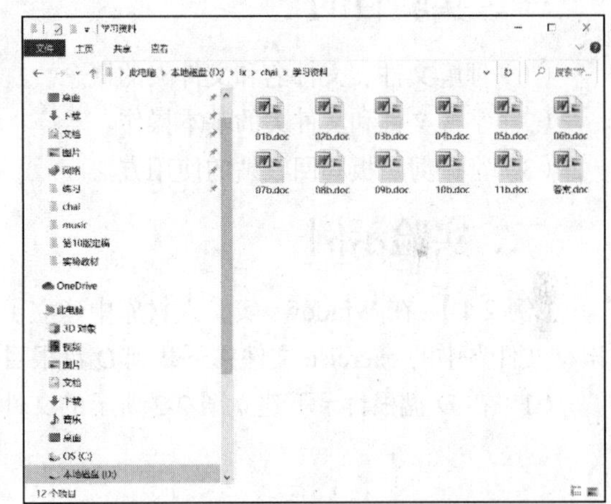

图 1-25　释放到学习资料文件夹中的文件

第2章 Windows 10 操作系统实验

本章的目的是使学生掌握 Windows 10 系统的基本操作，熟练运用 Windows 10 系统进行文件管理及程序运行。本章的主要内容包括 Windows 10 系统文件管理、程序运行操作、Windows 10 系统设置及 Windows 10 系统综合练习等。

实验一　文件管理操作

一、实验目的

（1）理解文件、文件名和文件夹的概念。

（2）掌握文件和文件夹的基本操作。

（3）掌握剪贴板和回收站的使用方法。

二、实验示例

【例 2.1】 在 Windows 实验素材库中建立了图 2-1 所示的文件夹结构。从相应网站将该实验素材文件夹中的 exercise 文件夹下载到 D 盘根目录下，然后按照要求完成以下操作。

（1）在 D 盘根目录下建立图 2-2 所示的文件夹结构。

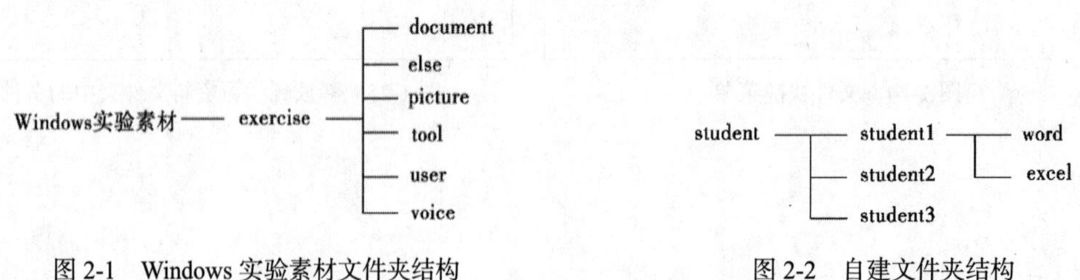

图 2-1　Windows 实验素材文件夹结构　　图 2-2　自建文件夹结构

具体操作步骤如下。

① 在桌面双击“此电脑”图标，打开资源管理器窗口。

② 在窗口中双击 D 盘图标，此时窗口中会显示出 D 盘中所有的文件夹和文件。

③ 在窗口空白处右击，在弹出的快捷菜单中选择“新建”选项，并在其级联菜单中选择“文件夹”选项，如图 2-3 所示。

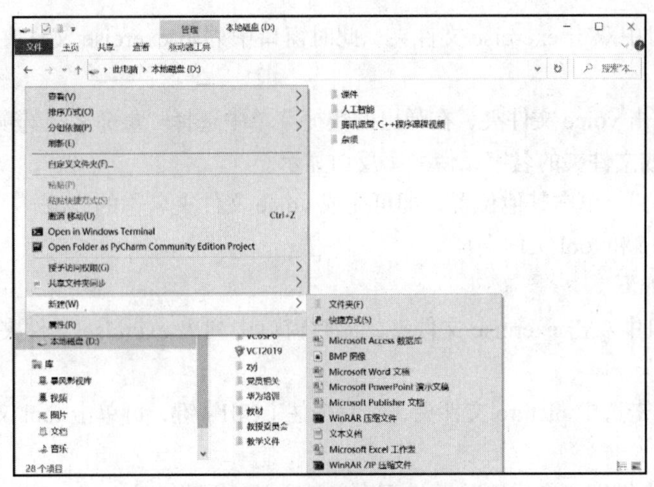

图 2-3　资源管理器窗口

④ 此时窗口中出现“新建文件夹”图标，输入文件夹名字“student”并按【Enter】键，这样就在 D 盘建立了一个名为“student”的新文件夹。

⑤ 双击打开 student 文件夹。采用相同的方法在 student 文件夹下建立 student1、student2、student3 文件夹。

⑥ 双击打开 student1 文件夹，按照同样的方法在其中建立 word 和 excel 文件夹。

（2）将 exercise 文件夹下的所有文件和文件夹复制到 student 文件夹中。

具体操作步骤如下。

① 在资源管理器窗口中双击 D 盘图标，此时窗口中显示 D 盘中所有的文件夹和文件。

② 双击 exercise 文件夹，此时窗口中列出 exercise 文件夹下的所有文件和文件夹。

③ 按【Ctrl+A】组合键，选中该文件夹下的所有文件和文件夹。

④ 右击窗口的空白处，在弹出的快捷菜单中选择“复制”选项，或按【Ctrl+C】组合键，将选中内容复制到剪贴板。

⑤ 回到 D 盘目录，双击 student 文件夹，打开 student 文件夹窗口。

⑥ 右击窗口的空白处，在弹出的快捷菜单中选择“粘贴”选项，或按【Ctrl+V】组合键，即可完成选中内容的复制。

（3）将 exercise 文件夹下的 document 文件夹移动到 student1 文件夹中。

具体操作步骤如下。

① 在 D 盘窗口中双击 exercise 文件夹，此时窗口中列出 exercise 文件夹下的所有文件和文件夹。

② 在窗口中单击 document 文件夹，选中该文件夹。

③ 右击窗口的空白处，在弹出的快捷菜单中选择“剪切”选项，或按【Ctrl+X】组合键，将选中内容移动到剪贴板。

④ 回到 D 盘目录，双击 student 文件夹，并继续双击 student1 文件夹，打开 student1 文件夹。

⑤ 右击窗口的空白处，在弹出的快捷菜单中选择“粘贴”选项，或按【Ctrl+V】组合键，即可完成 document 文件夹的移动。

（4）将 voice 文件夹重命名为“sound”。

具体操作步骤如下。

① 在 D 盘窗口中双击 exercise 文件夹，此时窗口中列出 exercise 文件夹下的所有文件和文件夹。

② 在窗口中右击 voice 文件夹，在弹出的快捷菜单中选择“重命名”选项。也可以用鼠标单击需要改名的文件或文件夹的名字，使名字反白显示。

③ 输入“sound”，单击其他位置，即可完成 voice 文件夹名称的修改。

（5）删除 picture 和 tool 文件夹。

具体操作步骤如下。

① 在 D 盘窗口中双击 exercise 文件夹，此时窗口中列出 exercise 文件夹下的所有文件和文件夹。

② 在窗口中单击选中 picture 文件夹，然后按住【Ctrl】键，再单击 tool 文件夹，使两个文件夹都被选中。

③ 按【Delete】键即可完成删除（将两个文件夹放入回收站）。

（6）恢复被删除的 picture 文件夹，彻底删除 tool 文件夹。

具体操作步骤如下。

① 在桌面双击“回收站”图标，打开“回收站”窗口。

② 在“回收站”窗口中单击选中 picture 文件夹，然后右击，在弹出的快捷菜单中选择“还原”选项，即可还原被删除的 picture 文件夹。

③ 在“回收站”窗口中单击选中 tool 文件夹，然后按【Delete】键，此时会弹出“删除文件夹”对话框，提示是否永久删除该文件夹。单击“是”按钮，即可彻底删除该文件夹。

【例 2.2】 查看 student 文件夹的属性，并将其设置为只读属性。

具体操作步骤如下。

① 在 D 盘窗口中右击 student 文件夹，在弹出的快捷菜单中选择“属性”选项，打开图 2-4 所示的“student 属性”对话框。

② 在“student 属性”对话框中显示了文件夹的大小、创建时间及其他重要的信息。

③ 在“常规”选项卡中选择“只读（仅应用于文件夹中的文件）”选项，使“只读（仅应用于文件夹中的文件）”前的复选框中出现“■”。

④ 单击“确定”按钮，关闭“student 属性”对话框。

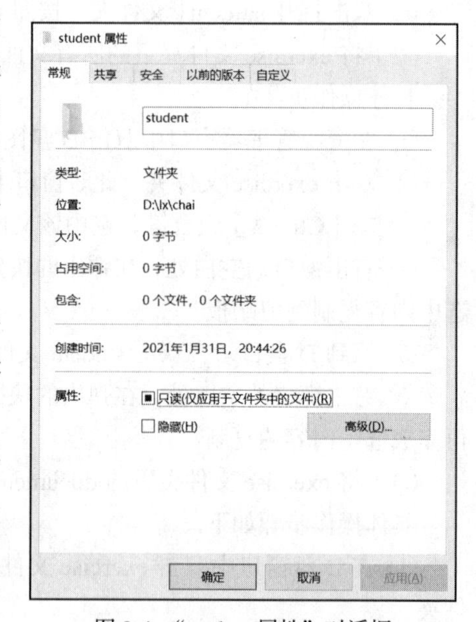

图 2-4 “student 属性”对话框

三、实验内容

在 Windows 实验素材库建立了图 2-1 所示的文件夹结构。从相应网站将该实验素材文件夹中的 exercise 文件夹下载到 D 盘根目录下，完成以下操作。

（1）在 D 盘根目录下建立图 2-2 所示的文件夹结构。

（2）将 exercise 文件夹下除 tool 文件夹以外的文件夹复制到 student 文件夹下。

（3）将 exercise 文件夹中 document 文件夹下的文件移动到 student1\word 文件夹下。

（4）将 exercise 文件夹下的 else 文件夹重命名为“win”。

（5）删除 voice 和 user 文件夹。

（6）恢复被删除的 voice 文件夹，彻底删除 user 文件夹。

实验二　程序运行操作

一、实验目的

（1）了解运行程序和打开文档的含义。

（2）熟悉并掌握运行程序的方法。

（3）熟悉并掌握打开文档的方法。

（4）掌握创建快捷方式的方法。

二、实验示例

【例 2.3】 从“开始”菜单中运行程序。

（1）从“开始”菜单的“Windows 附件”级联菜单中运行“记事本”程序。

具体操作步骤如下。

① 单击“开始”按钮，在打开的“开始”菜单中选择“Windows 附件”选项。

② 在“Windows 附件”级联菜单中选择“记事本”选项，运行该程序。此时会打开“记事本”程序窗口。

（2）使用“运行”命令运行“计算器”程序。

具体操作步骤如下。

① 右击“开始”图标，在弹出的快捷菜单中选择“运行”选项。

② 在弹出的“运行”对话框中输入“calc”，如图 2-5 所示。

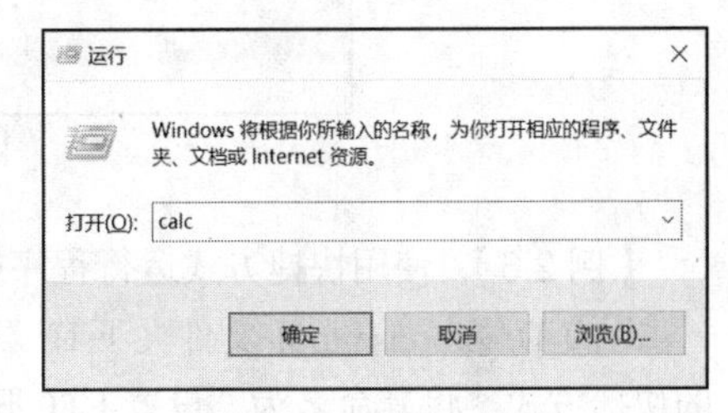

图 2-5　“运行”对话框

③ 单击“确定”按钮，弹出“计算器”窗口。即通过“运行”命令直接启动了“计算器”程序。

④ 如果并不是很清楚地知道运行程序的具体名字，可以在“运行”对话框中单击“浏览”按钮，在打开的“浏览”对话框中依次选择磁盘、文件夹，最后找到需要运行的程序。

【例 2.4】 在资源管理器中直接运行程序或打开文档。

（1）运行“D:\exercise\tool\OCTS.exe”程序。

具体操作步骤如下。

① 打开资源管理器窗口。

② 在资源管理器窗口中依次打开 D 盘、exercise 文件夹、tool 文件夹。

③ 在 tool 文件夹窗口中找到“OCTS.exe”文件并双击，运行该程序。

（2）打开“D:\exercise\document\个人简历一览表.docx”文件。

具体操作步骤如下。

① 打开资源管理器窗口。

② 在资源管理器窗口中依次打开 D 盘、exercise 文件夹、document 文件夹。

③ 在 document 文件夹窗口中找到“个人简历一览表.docx”文件并双击，启动 Word 2016 并打开该文档。

【例 2.5】 在 D:\exercise 文件夹中搜索 JPG 格式的文件，然后打开“tnzhiwu03.jpg”文件。

具体操作步骤如下。

① 打开资源管理器窗口。

② 在资源管理器窗口中依次打开 D 盘、exercise 文件夹。

③ 在资源管理器窗口的搜索栏中输入“*.jpg”，此时系统会将在 exercise 文件夹下搜索到的所有 JPG 格式的文件列在窗口中，如图 2-6 所示。

④ 找到“tnzhiwu03.jpg”文件并双击，即可打开该图片。

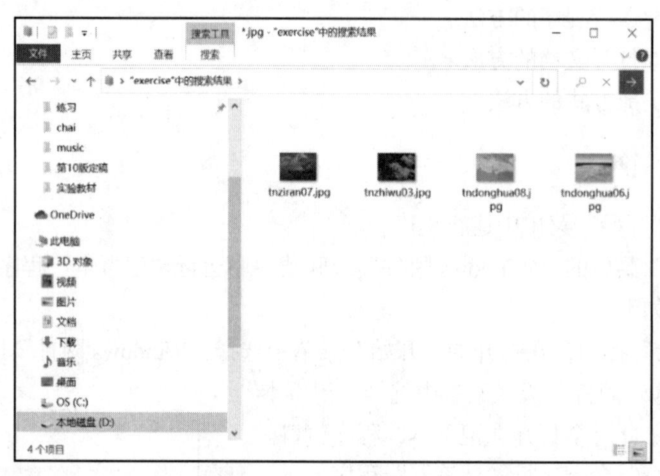

图 2-6　搜索结果窗口

【例 2.6】 使用快捷方式运行程序或打开文档。

（1）D:\exercise\tool 文件夹下有“xlight.exe”程序，在 D:\exercise\user 文件夹下建立该程序的快捷方式，将其命名为“设置 FTP 服务器”。

具体操作步骤如下。

① 打开资源管理器窗口。

② 在资源管理器窗口中依次打开 D 盘、exercise 文件夹、tool 文件夹。

③ 在 tool 文件夹窗口中单击选中“xlight.exe”文件，按【Ctrl+C】组合键，将其复制到剪贴板。

④ 在资源管理器窗口中依次打开 D 盘、exercise 文件夹、user 文件夹。

⑤ 在 user 文件夹窗口的空白处右击，在弹出的快捷菜单中选择“粘贴快捷方式”选项。此时窗口中出现以“xlight.exe-快捷方式”命名的快捷方式。

⑥ 右击“xlight.exe-快捷方式”快捷方式，在弹出的快捷菜单中选择“重命名”选项，并将其重命名为“设置 FTP 服务器”。

（2）运行 D:\exercise\user 文件夹下刚刚建立的“设置 FTP 服务器”快捷方式对应的程序。

① 打开资源管理器窗口。

② 在资源管理器窗口中依次打开 D 盘、exercise 文件夹、user 文件夹。

③ 在 user 文件夹窗口中双击“设置 FTP 服务器”快捷方式，即可运行相应程序。运行的程序实际为 D:\exercise\tool 文件夹下的“xlight.exe”程序。

三、实验内容

（1）使用“开始”快捷菜单中的“运行”选项，运行“记事本”程序（“notepad.exe”）。

（2）使用“开始”菜单中的“Windows 附件”级联菜单，运行“画图”程序。

（3）在 D:\exercise 文件夹中搜索.docx 文件，选择其中一个打开并编辑它。

（4）D:\exercise\tool 文件夹下有“OCTS.exe”程序，在 D:\exercise\user 文件夹下建立该程序的快捷方式，将其命名为“考试系统”。

实验三　Windows 10 系统环境与管理操作

一、实验目的

（1）掌握定制任务栏的操作。

（2）了解定制“开始”菜单的操作。

（3）了解磁盘的基本操作。

（4）掌握设置桌面背景的方法。

（5）了解 Windows 10 系统任务管理器的使用。

二、实验示例

【例 2.7】 任务栏的操作。

（1）定制任务栏的外观。

具体操作步骤如下。

右击任务栏，弹出图 2-7（a）所示的任务栏快捷菜单，选择“任务栏设置”选项，打开图 2-7（b）所示的任务栏设置窗口。在任务栏快捷菜单和任务栏设置窗口中有若干选项，通过这些选项的设置，可以对任务栏外观进行定制。

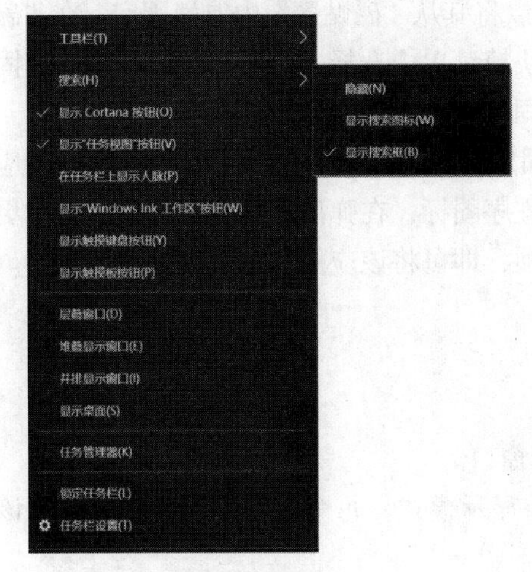

（a）任务栏快捷菜单

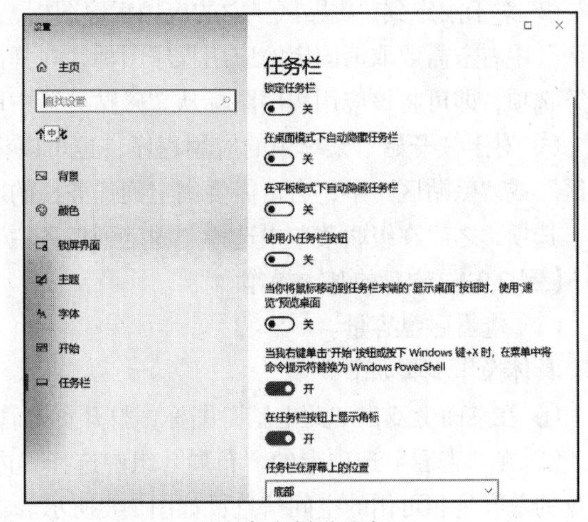

（b）任务栏设置窗口

图 2-7　定制任务栏外观

- 显示或隐藏操作按钮。在“任务栏快捷菜单”中可以选择“显示 Cortana 按钮”“显示‘任务视图’按钮”等相关选项，还可以在“搜索”级联菜单下选择“显示搜索框”选项，以便在任务栏中直接进行搜索操作。也可以取消显示这些操作按钮和搜索框，使其不在任务栏中出现。
- 锁定任务栏。在“任务栏快捷菜单”中选择“锁定任务栏”选项，即可将任务栏固定在桌面底部，此时不能通过鼠标拖动的方式改变任务栏的大小或移动任务栏的位置。如果取消了锁定，则可以用鼠标拖动任务栏的边框线，改变任务栏的大小；也可以用鼠标将任务栏拖动到桌面 4 边中的任意一边上，即移动任务栏的位置。
- 自动隐藏任务栏。在任务栏设置窗口中通过对自动隐藏任务栏的开关按钮进行设置，可以将任务栏隐藏起来。将相关按钮打开后，如果想看到任务栏，只要将鼠标指针移到任务栏的位置，任务栏就会显示出来。移走鼠标指针后，任务栏又会重新隐藏起来。
- 屏幕上的任务栏位置。默认的任务栏位置是“底部”，单击“任务栏在屏幕上的位置”下拉按钮，选择“顶部”“左侧”或“右侧”选项，可以将任务栏放置在屏幕的上方、左侧或右侧。

（2）任务栏快速启动区的操作。

具体操作步骤如下。

① 如果需要将某个应用程序图标固定在任务栏上，则启动该应用程序，右击位于任务栏的该应用程序图标，然后在弹出的快捷菜单中选择“固定到任务栏”选项，即可将该应用程序图标固定到任务栏上，这样即使关闭该应用程序，任务栏上仍会显示该应用程序图标。

② 需要快速运行某应用程序，在任务栏上单击该应用程序图标。

③ 如果需要将某应用程序图标从任务栏上移除，只要右击应用程序图标，在弹出的快捷菜单中选择“从任务栏取消固定”选项。

【例 2.8】 定制“开始”菜单。

具体操作步骤如下。

① 对于某些需要经常使用的应用程序，可以将其固定到“开始”菜单右侧的“磁贴区”中，以方便快速查找和使用。在“开始”菜单左侧的“应用区”中右击需要设置的应用程序，在弹出的快捷菜单中选择“固定到‘开始’屏幕”选项，即可将该应用程序图标固定到“开始”菜单右侧的“磁贴区”中。

② 对于固定到“磁贴区”中的应用程序图标，也可以将其从“磁贴区”中取消固定。在“磁贴区”中右击需要取消固定的应用程序图标，在弹出的快捷菜单中选择“从‘开始’屏幕取消固定”选项，即可将该应用程序图标从“磁贴区”中取消固定。

③ 对于“开始”菜单中的应用程序，也可以将其固定到任务栏中。在“开始”菜单的“应用区”或“磁贴区”中，右击需要固定到任务栏的应用程序图标，在弹出的快捷菜单中选择“更多”选项，之后在级联菜单中选择“固定到任务栏”选项，即可将该应用程序固定到任务栏中。

【例 2.9】 磁盘的基本操作。

（1）查看磁盘容量。

具体操作步骤如下。

① 在桌面上双击“此电脑”图标，打开资源管理器窗口。

② 在“查看”选项卡的“布局”组中选择“内容”显示模式，每个磁盘图标旁就会显示该磁盘的总容量和可用的空间信息，如图 2-8 所示。

③ 在资源管理器窗口中右击需要查看的磁盘图标，在弹出的快捷菜单中选择“属性”选项，打开该磁盘的属性对话框，如图 2-9 所示，在其中除了可以了解磁盘空间的占用情况外，还可以

了解更多的信息。

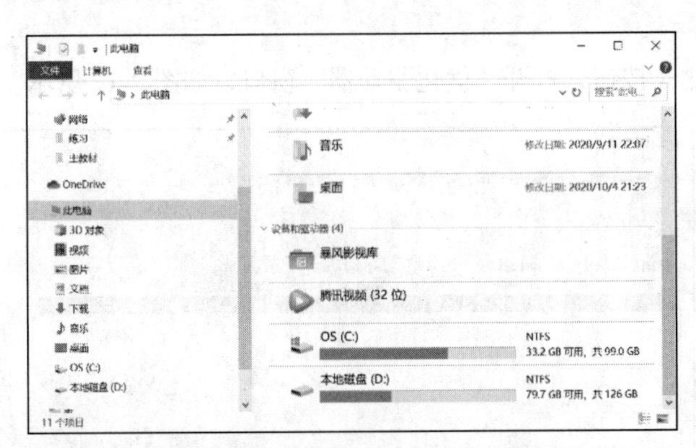

图 2-8　使用资源管理器查看磁盘容量信息

图 2-9　磁盘属性对话框

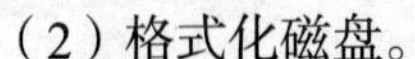

（2）格式化磁盘。

具体操作步骤如下。

① 在资源管理器窗口中右击 D 盘图标，在弹出的快捷菜单中选择“格式化”选项，打开“格式化 本地磁盘(D:)”对话框，如图 2-10 所示。

② 指定格式化分区采用的文件系统格式，系统默认是 NTFS。

③ 指定逻辑驱动器的“分配单元大小”为“4096 字节”。

④ 为驱动器设置卷标名。

⑤ 如果选中“快速格式化”复选框，能够快速完成格式化工作，但这种格式化不检查磁盘的损坏情况，其实际功能相当于删除文件。

⑥ 单击“开始”按钮进行格式化，此时对话框底部的格式化状态栏会显示格式化的进程。

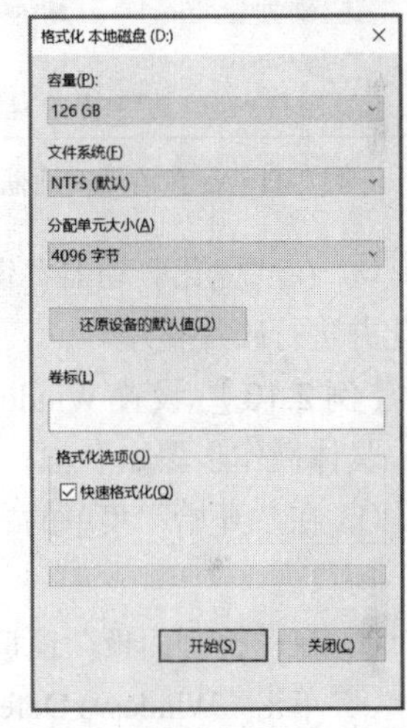

图 2-10　“格式化 本地磁盘(D:)”对话框

注意　磁盘的格式化操作将删除指定磁盘上的所有数据，一定要谨慎使用此功能。

（3）磁盘清理。

具体操作步骤如下。

① 在 Windows 10 系统资源管理器窗口中右击某个磁盘图标，从弹出的快捷菜单中选择“属性”选项，打开磁盘属性对话框。

② 单击“常规”选项卡中的“磁盘清理”按钮，此时系统会对指定磁盘进行扫描和计算，在完成扫描和计算工作之后，系统会打开磁盘清理对话框，并在其中按分类列出指定磁盘上所有可删除文件的大小（字节数）。

③ 根据需要，在“要删除的文件”列表中选择需要删除的文件，如图 2-11 所示。

④ 单击“确定”按钮，完成磁盘清理工作。

（4）磁盘碎片整理。

具体操作步骤如下。

① 在 Windows 10 系统资源管理器窗口中右击某个磁盘图标，从弹出的快捷菜单中选择“属性”选项，打开磁盘属性对话框。

② 单击“工具”选项卡中的“优化”按钮，打开“优化驱动器”窗口，如图 2-12 所示。

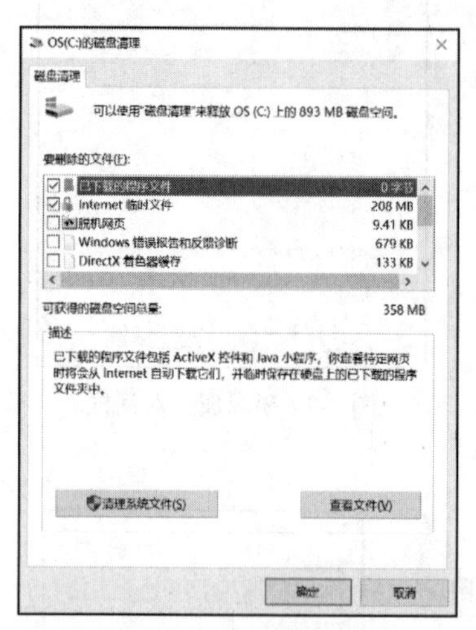

图 2-11　磁盘清理对话框

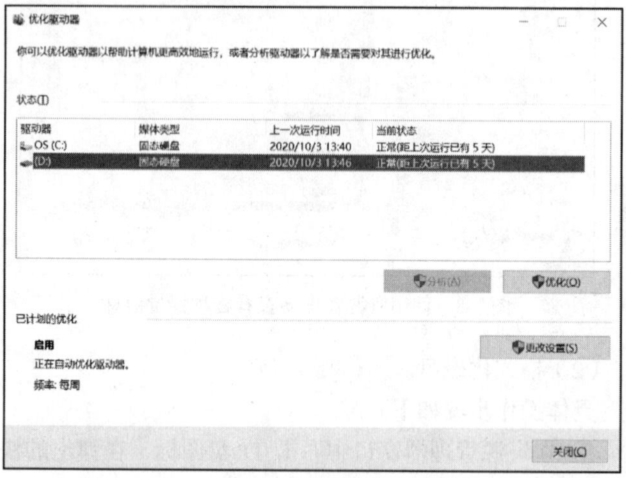

图 2-12 “优化驱动器”窗口

③ 在“优化驱动器”窗口中，选定具体的磁盘，单击“优化”按钮，即可对选定磁盘进行优化并进行碎片整理。

【例 2.10】 设置 Windows 防火墙。

具体操作步骤如下。

① 在“开始”菜单的“Windows 系统”级联菜单中选择“控制面板”选项，打开“控制面板”窗口。

② 在“控制面板”窗口中单击“系统和安全”链接，打开“系统和安全”窗口。

③ 单击“Windows Defender 防火墙”链接，打开“Windows Defender 防火墙”窗口，如图 2-13 所示。

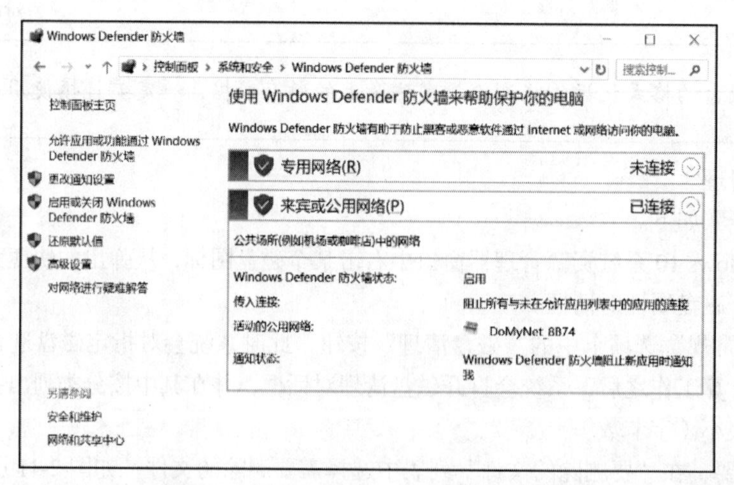

图 2-13 “Windows Defender 防火墙”窗口

④ 单击“Windows Defender 防火墙”窗口左侧的“启用或关闭 Windows Defender 防火墙”链接，弹出“自定义设置”窗口，在其中可以对“专用网络设置”和“公用网络设置”启用或关闭 Windows Defender 防火墙，通常为了网络安全，不建议关闭防火墙。

⑤ 单击“Windows Defender 防火墙”窗口左侧的“允许应用或功能通过 Windows Defender 防火墙”链接，弹出“允许的应用”窗口。在“允许的应用和功能”列表中，选中信任的程序对应的复选框，单击“确定”按钮完成配置。

⑥ 如果要添加、更改或删除允许的应用和端口，可以单击“更改设置”按钮，进行进一步的设置。

【例 2.11】 Windows 10 系统的安全与防护。

具体操作步骤如下。

① 在“开始”菜单的“Windows 系统”级联菜单中选择“控制面板”选项，打开“控制面板”窗口。

② 在“控制面板”窗口中单击“安全和维护”链接，打开“安全和维护”窗口，如图 2-14 所示。

③ 单击“安全”右侧的下拉按钮，窗口显示与安全相关的信息与设置，如图 2-14（a）所示。

④ 单击“维护”右侧的下拉按钮，窗口显示与维护相关的信息与设置，如图 2-14（b）所示。

⑤ 单击窗口左侧的“更改安全和维护设置”链接，即可打开“更改安全和维护设置”对话框。选中某个复选框可使操作中心检查相应项是否存在更改或问题，取消选中某个复选框可以停止检查相应项。

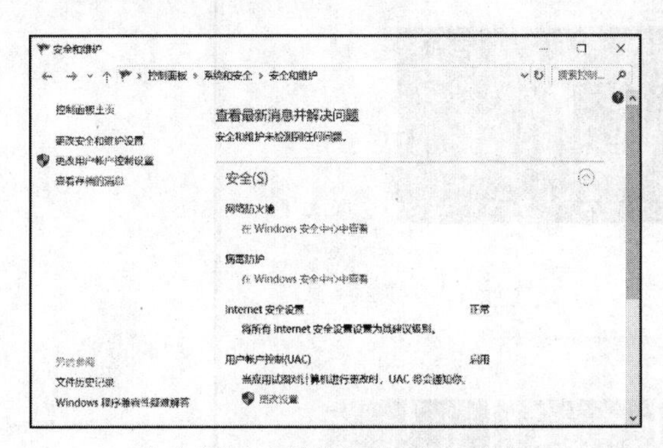

（a）“安全和维护”窗口——安全

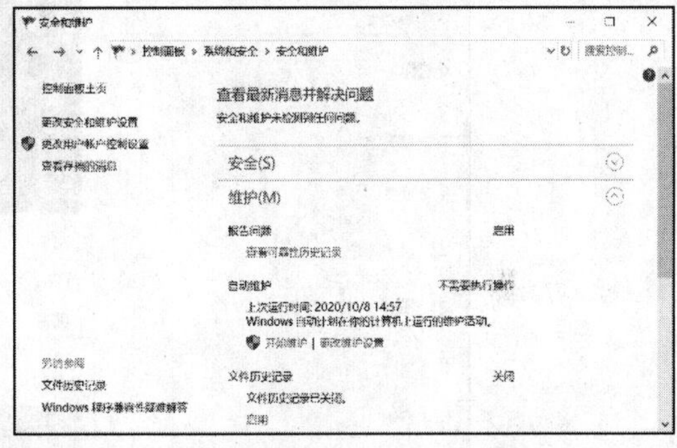

（b）“安全和维护”窗口——维护

图 2-14　“安全和维护”窗口

【例 2.12】 Windows 10 系统的外观和个性化设置。

（1）任务栏和导航。

具体操作步骤如下。

① 在“开始”菜单的“Windows 系统”级联菜单中选择“控制面板”选项，打开“控制面板”窗口。

② 在“控制面板”窗口中单击“外观和个性化”链接，打开“外观和个性化”窗口，如图 2-15 所示。

③ 在“外观和个性化”窗口中单击“任务栏和导航”链接，打开 Windows 10 系统的“设置”窗口，如图 2-16 所示。

④“设置”窗口的左侧依次列出了可以进行个性化设置的项目，如“背景”“颜色”“锁屏界面”“主题”“字体”“开始”菜单和“任务栏”等，用户通过这些个性化的设置项目可以对桌面背景、窗口颜色和外观、计算机锁屏时的屏幕保护程序、桌面主题等进行设置。选中某一项目，窗口右侧会显示出针对该项目的设置内容，依据需要设置即可。

图 2-15 “外观和个性化”窗口

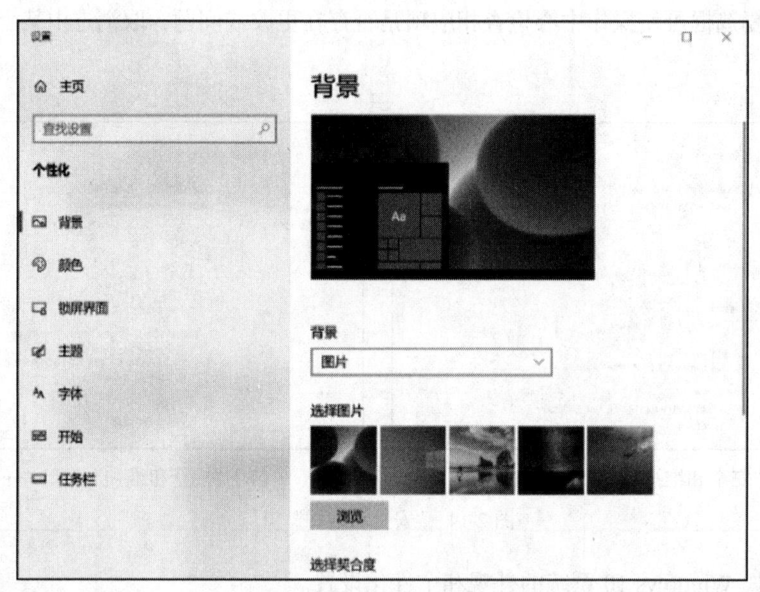

图 2-16 “设置”窗口

（2）字体设置。

具体操作步骤如下。

① 在“开始”菜单的“Windows 系统”中选择“控制面板”选项，打开“控制面板”窗口。

② 在“控制面板”窗口中单击“外观和个性化”链接，打开“外观和个性化”窗口，如图 2-15 所示。

③ 在“外观和个性化”窗口中单击“字体”链接，打开“字体”窗口，窗口中显示系统中所有的字体文件，如图 2-17 所示。

④ 选中某一字体，单击工具栏中的“预览”按钮，可以显示该字体的样子。

⑤ 选中某一字体，单击工具栏中的“删除”按钮，可以删除该字体文件。

⑥ 选中某一字体，单击工具栏中的“隐藏”按钮，可以隐藏该字体文件；之后再选中该字体，工具栏中会出现“显示”按钮，单击“显示”按钮，又可将该字体显示出来。

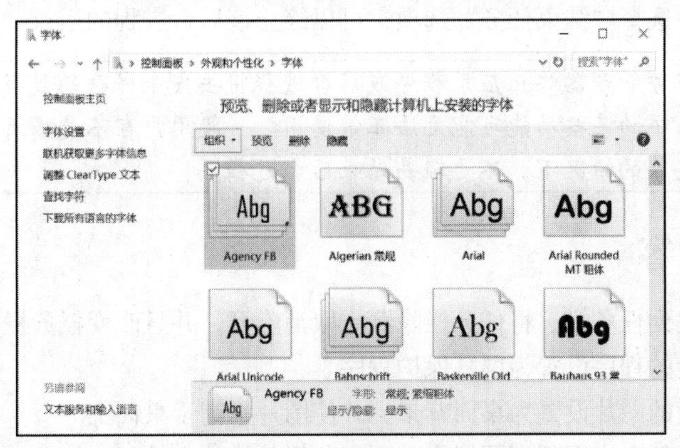

图 2-17　“字体”窗口

【例 2.13】 Windows 10 系统中任务管理器的使用。

具体操作步骤如下。

① 启动若干应用程序，例如，依次打开 Windows 资源管理器、若干 Word 文档等。

② 右击任务栏，在弹出的快捷菜单中选择“任务管理器”选项，打开“任务管理器”窗口；或右击“开始”按钮，在弹出的快捷菜单中选择“任务管理器”选项；或直接按【Ctrl+Shift+Esc】组合键，也可打开“任务管理器”窗口，如图 2-18 所示。

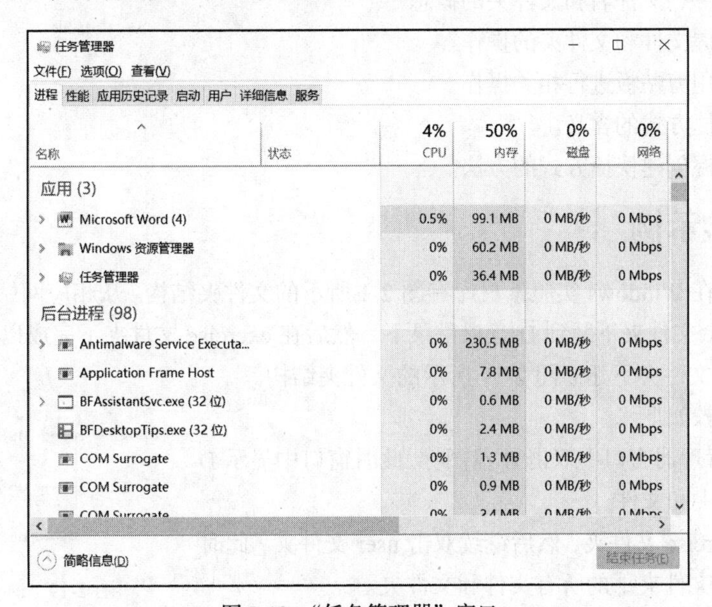

图 2-18　“任务管理器”窗口

③“进程”选项卡中显示了所有当前正在运行的进程，图 2-18 所示的“任务管理器”窗口中，“应用”有 3 个（用户打开的应用程序），“后台进程”有 98 个（执行操作系统各种功能的后台服务）。

④ 在“进程”选项卡中选中一个正在运行的应用程序（如“Windows 资源管理器”），单击“结束任务”按钮；或右击该应用程序，在弹出的快捷菜单中选择“结束任务”选项，即可终止该应用程序。

⑤ 在“进程”选项卡中选中某一个后台进程，单击“结束任务”按钮，或右击该后台进程，在弹出的快捷菜单中选择“结束任务”选项，可以终止该后台进程的运行。

使用任务管理器终止应用程序或后台进程将丢失未保存的数据，如果结束的是系统服务，则系统的某些功能可能无法正常使用。一般用户在不是很清楚地了解后台进程与对应服务关系的情况下，不要轻易结束后台进程。

三、实验内容

（1）在桌面上找到任务栏，将任务栏隐藏或取消隐藏，并且改变任务栏的大小。

（2）将自己喜爱的程序设置为屏幕保护程序。

（3）将自己喜爱的图片设置为桌面背景，并使图片平铺于桌面上。

（4）将桌面上的某个应用程序图标拖动到任务栏的快速启动区。

实验四　Windows 10 系统综合练习

一、实验目的

（1）理解文件、文件名和文件夹的概念。

（2）熟练掌握文件和文件夹的操作。

（3）熟练运用剪贴板进行相关操作。

（4）理解快捷方式的含义。

（5）熟练掌握创建快捷方式的方法。

二、实验示例

【例 2.14】 在 Windows 实验素材库有图 2-1 所示的文件夹结构。从相应网站将该实验素材文件夹中的 exercise 文件夹下载到 D 盘根目录下，然后在 exercise 文件夹下完成以下操作。

（1）在 user 文件夹下建立图 2-19 所示的文件夹结构。

具体操作步骤如下。

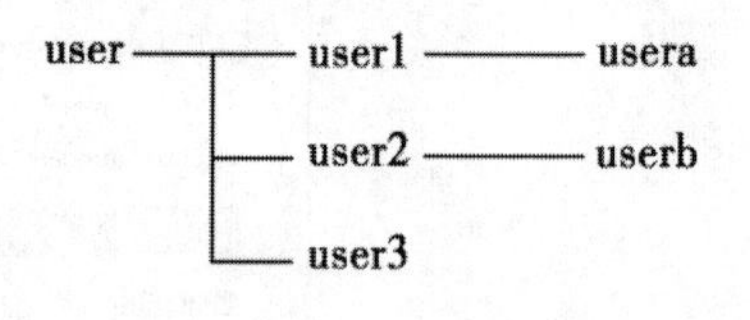

图 2-19　user 文件夹结构

① 在资源管理器窗口中双击 D 盘图标，此时窗口中显示 D 盘中所有的文件夹和文件。

② 双击 exercise 文件夹，然后继续双击 user 文件夹，此时窗口中列出 user 文件夹下的所有文件和文件夹。

③ 在 user 文件夹窗口空白处右击，在弹出的快捷菜单中选择“新建”选项，并在其级联菜单中选择“文件夹”选项。

④ 此时 user 文件夹窗口中出现“新建文件夹”图标，输入名字“user1”并按【Enter】键，这样就在 user 文件夹下建立了一个名为“user1”的新文件夹。采用相同的方法在 user 文件夹下

建立 user2、user3 文件夹。

⑤ 双击 user1 文件夹，打开 user1 文件夹，用同样的方法在 user1 文件夹下建立 usera 文件夹。

⑥ 双击 user2 文件夹，打开 user2 文件夹，用同样的方法在 user2 文件夹下建立 userb 文件夹。

（2）将 document 文件夹复制到 user1 文件夹下。

具体操作步骤如下。

① 在资源管理器窗口中双击 D 盘图标，此时窗口中显示 D 盘中所有的文件夹和文件。

② 双击 exercise 文件夹，此时窗口中列出 exercise 文件夹下的所有文件和文件夹。

③ 单击选中 document 文件夹。

④ 右击窗口的空白处，在弹出的快捷菜单中选择“复制”选项，或按【Ctrl+C】组合键，将选中内容复制到剪贴板中。

⑤ 依次双击 user 和 user1 文件夹，打开 user1 文件夹窗口。

⑥ 右击窗口的空白处，在弹出的快捷菜单中选择“粘贴”选项，或按【Ctrl+V】组合键，完成复制。

（3）将 else 文件夹下文件大小大于 3KB 且小于 13KB 的文件复制到 user 文件夹里。

具体操作步骤如下。

① 在资源管理器窗口中依次双击 D 盘图标、exercise 文件夹和 else 文件夹，此时窗口中显示 else 文件夹中所有的文件夹和文件。

② 右击 else 文件夹窗口的空白处，在弹出的快捷菜单中选择“查看”选项，在打开的级联菜单中选择“详细信息”选项，如图 2-20 所示。

③ 在资源管理器窗口中选择“查看”选项卡，单击“排序方式”下拉按钮，在下拉列表中选择“大小”选项，使文件按字节大小进行排列。此时文件按大小顺序排列在窗口中。

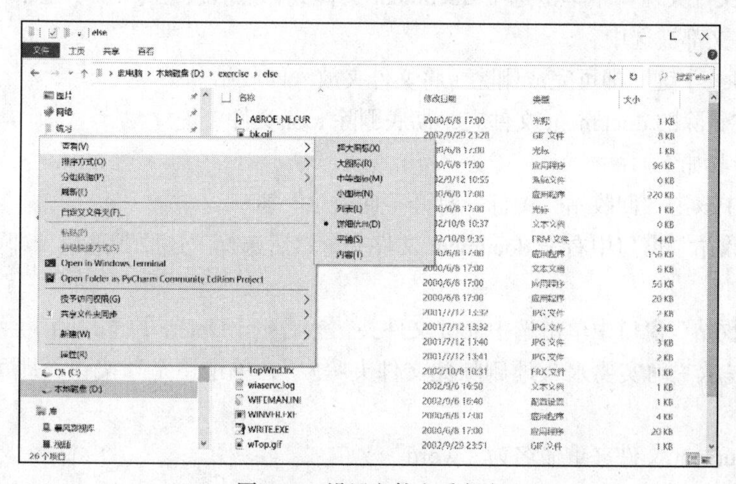

图 2-20　设置文件查看方式

④ 单击第 1 个符合条件的文件，按住【Shift】键，再单击最后一个符合条件的文件，即可选中符合条件的全部文件。

⑤ 右击，在弹出的快捷菜单中选择“复制”选项，或按【Ctrl+C】组合键，将选中内容复制到剪贴板。

⑥ 打开 user 文件夹，右击窗口的空白处，在弹出的快捷菜单中选择“粘贴”选项，或按【Ctrl+V】组合键，完成复制。

（4）将 else 文件夹下所有扩展名为“.jpg”的文件移动到 picture 文件夹中。

具体操作步骤如下。

① 在资源管理器窗口中选择“查看”选项卡，如图 2-21 所示。

② 在“显示/隐藏”组中选中“文件扩展名”复选框，在窗口中即可显示文件的扩展名。

③ 打开 else 文件夹，在窗口中单击“排序方式”下拉按钮，在下拉列表中选择“类型”选项，使文件按类型进行排列。

图 2-21　资源管理器——“查看”选项卡

④ 单击第 1 个扩展名为“.jpg”的文件，按住【Shift】键，再单击最后一个扩展名为“.jpg”的文件，即可选中该文件夹下所有扩展名为“.jpg”的文件。

⑤ 右击，在弹出的快捷菜单中选择“剪切”选项，或按【Ctrl+X】组合键，将选中内容剪切到剪贴板中。

⑥ 打开 picture 文件夹，右击窗口的空白处，在弹出的快捷菜单中选择“粘贴”选项，或按【Ctrl+V】组合键，完成移动。

（5）将 document 和 tool 文件夹删除（放入回收站）。

具体操作步骤如下。

① 在 D 盘窗口中双击 exercise 文件夹，此时窗口中列出 exercise 文件夹下的所有文件和文件夹。

② 在 else 文件夹窗口中单击选中 document 文件夹，然后按住【Ctrl】键，再单击 tool 文件夹，使两个文件夹都被选中。

③ 按【Delete】键，即可完成删除（将文件夹放入回收站）。

（6）还原被删除的 document 文件夹，彻底删除 tool 文件夹。

具体操作步骤如下。

① 在桌面中双击“回收站”图标，打开“回收站”窗口。

② 在“回收站”窗口中右击 document 文件夹，然后选择“还原”选项，即可还原被删除的 document 文件夹。

③ 在“回收站”窗口中单击选中 tool 文件夹，然后按【Delete】键，此时会弹出“删除文件夹”对话框，提示“确实要永久地删除此文件夹吗？”，单击“是”按钮，即可彻底删除该文件夹。

（7）将 document 文件夹重命名为“word”。

具体操作步骤如下。

① 在 D 盘窗口中双击 exercise 文件夹，此时窗口中列出 exercise 文件夹下的所有文件和文件夹。

② 在 exercise 文件夹窗口中右击 document 文件夹，在弹出的快捷菜单中选择“重命名”选项。

③ 也可以单击两次需要改名的文件或文件夹的名字，使名字反白显示。

④ 输入“word”，单击其他位置，即可完成文件夹名字的修改。

（8）将 else 文件夹下“CONFIG.SYS”文件的属性设置为“只读”和“隐藏”。

具体操作步骤如下。

① 在资源管理器窗口中依次双击 D 盘图标、exercise 文件夹和 else 文件夹，此时窗口中显示 else 文件夹中所有的文件夹和文件。

② 在 else 文件夹窗口中右击“CONFIG.SYS”文件，在弹出的快捷菜单中选择“属性”选项，打开“CONFIG.SYS 属性”对话框。

③ 在“常规”选项卡中，选中“只读”“隐藏”复选框。

④ 单击“确定”按钮，关闭“CONFIG.SYS 属性”对话框。

（9）将 else 文件夹下具有“隐藏”属性的“LX.txt”文件的“隐藏”属性去掉。

具体操作步骤如下。

① 在资源管理器中选择“查看”选项卡，如图 2-20 所示。

② 在“显示/隐藏”组中选中“隐藏的项目”复选框，此时属性为“隐藏”的文件名会在窗口中显示出来。

③ 打开 else 文件夹，找到“LX.txt”文件。

④ 右击该文件，在弹出的快捷菜单中选择“属性”选项，在打开的对话框中取消选中“隐藏”复选框。

（10）在 exercise 文件夹下查找“CALC.exe”文件，并在 user 文件夹下建立该文件的快捷方式，将其命名为“计算器”。

具体操作步骤如下。

① 打开资源管理器窗口。

② 在资源管理器窗口中依次打开 D 盘、exercise 文件夹。

③ 在资源管理器窗口的搜索栏中输入“CALC.exe”，此时系统在 exercise 文件夹下搜索到该文件并将其列在窗口中。

④ 单击选中“CALC.exe”文件，按【Ctrl+C】组合键，将其复制到剪贴板中。

⑤ 在资源管理器窗口中依次打开 D 盘、exercise 文件夹、user 文件夹。

⑥ 在 user 文件夹窗口的空白处右击，在弹出的快捷菜单中选择“粘贴快捷方式”选项。此时窗口中出现以“CALC.exe - 快捷方式”命名的快捷方式。

⑦ 右击“CALC.exe - 快捷方式”快捷方式，在弹出的快捷菜单中选择“重命名”选项，并将其改名为“计算器”。

（11）将 else 文件夹下面所有文件名以“w”开头、第 5 个字符为“e”的文件复制到 user 文件夹里。

具体操作步骤如下。

① 打开资源管理器窗口。

② 在资源管理器窗口中依次打开 D 盘、exercise 文件夹、else 文件夹。

③ 在资源管理器窗口的搜索栏中输入“w???e*.*”，此时系统会将在 else 文件夹下搜索到的所有符合要求的文件列在窗口中。

④ 单击第 1 个符合条件的文件，按住【Shift】键，再单击最后一个符合条件的文件，即可选中符合条件的全部文件。

⑤ 右击，在弹出的快捷菜单中选择“复制”选项，或按【Ctrl+C】组合键，将选中内容复制到剪贴板中。

⑥ 打开user文件夹，右击窗口的空白处，在弹出的快捷菜单中选择“粘贴”选项，或按【Ctrl+V】组合键，完成复制。

三、实验内容

从相应网站将Windows实验素材文件夹中的exercise文件夹下载到D盘根目录下，然后在exercise文件夹下完成以下操作。

（1）在user文件夹下建立图2-22所示的文件夹结构。

（2）将voice文件夹下的文件移动到else文件夹下。

（3）将tool和voice文件夹删除（放入回收站）。

（4）将else文件夹下所有文件名以“W”开头的文件复制到usera文件夹下。

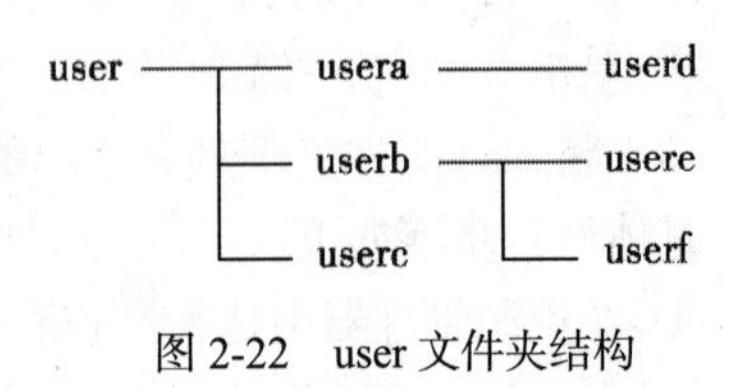

图2-22　user文件夹结构

（5）将else文件夹下文件大小小于10KB的文件复制到user文件夹下。

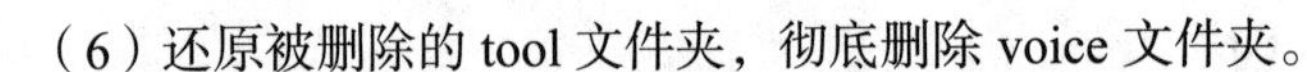

（6）还原被删除的tool文件夹，彻底删除voice文件夹。

（7）将else文件夹下所有扩展名为“.exe”的文件复制到tool文件夹下。

（8）将tool文件夹重新命名为“program”。

（9）设置else文件夹下“CONFIG.SYS”文件的属性为“只读”和“隐藏”。

（10）将else文件夹下具有“隐藏”属性的“foundme.txt”文件删除。

（11）在exercise文件夹下查找“PBRUSH.exe”程序，并在user文件夹下建立该程序的快捷方式，将其命名为“画笔”。

（12）将else文件夹下所有文件名中第2个字符为“b”、第5个字符为“e”、第7个字符为“n”的文件复制到user文件夹下。

实验五　上机练习系统典型试题讲解

一、实验目的

（1）掌握上机练习系统中Windows 10操作典型问题的解决方法。

（2）熟悉Windows 10操作中综合应用的操作技巧。

（3）本实验的例题取自上机练习系统中的典型试题，读者若能配合使用与本书配套的上机练习系统，将会达到更好的学习效果。

二、模拟练习

【模拟练习A】

在Winkt文件夹下进行如下操作。

A. 在Winkt文件夹下建立2014QMKSA文件夹。

B. 在2014QMKSA文件夹下建立一个名为“计算机的历史与发展.xlsx”的Excel文件。

C. 在Winkt文件夹下查找“game.exe”文件，并在2014QMKSA文件夹下建立它的快捷方式，将其命名为“竞赛”。

D. 在 Winkt 文件夹下查找所有扩展名为“.bmp”的文件，并将其复制到 2014QMKSA 文件夹下。

E. 在 Winkt 文件夹下查找“个人总结.docx”文件，并为其设置“只读”“隐藏”属性。

具体操作步骤如下。

① 建立文件夹。

a. 打开资源管理器窗口，进入 Winkt 文件夹。

b. 在 Winkt 文件夹窗口的空白处右击，在弹出的快捷菜单中选择“新建”选项，并在其级联菜单中选择“文件夹”选项。

c. 在出现的“新建文件夹”图标处输入名字“2014QMKSA”并按【Enter】键。

② 建立 Excel 文件

a. 双击 2014QMKSA 文件夹，进入 2014QMKSA 文件夹窗口。

b. 在 2014QMKSA 文件夹窗口的空白处右击，在弹出的快捷菜单中选择“Microsoft Excel 工作表”选项，此时建立了 Excel 文件，名为“新建 Microsoft Excel 工作表.xlsx”。

c. 将建立的 Excel 文件重新命名为“计算机的历史与发展.xlsx”。

- 为文件重新命名时，要注意当前环境是否显示文件扩展名。如果处于隐藏扩展名状态，则为文件命名时只输入文件名“计算机的历史与发展”即可，若处于显示扩展名状态，需要在为文件命名时输入带有扩展名的文件名，即“计算机的历史与发展.xlsx”。
- 在资源管理器的“查看”选项卡的“显示/隐藏”组中，可以通过选中或取消选中“文件扩展名”复选框对文件扩展名是否显示进行设置。

③ 建立快捷方式。

a. 进入 Winkt 文件夹窗口。

b. 在资源管理器窗口的搜索栏中输入“game.exe”，此时系统在 Winkt 文件夹下搜索到该文件并将其列在窗口中。

c. 在窗口中单击选中“game.exe”文件，按【Ctrl+C】组合键，将其复制到剪贴板中。

d. 进入 2014QMKSA 文件夹窗口。

e. 在 2014QMKSA 文件夹窗口中右击，在弹出的快捷菜单中选择“粘贴快捷方式”选项。此时窗口中出现以“game.exe - 快捷方式”命名的快捷方式。

f. 右击“game.exe - 快捷方式”快捷方式，在弹出的快捷菜单中选择“重命名”选项，并为其改名为“竞赛”。

④ 复制文件。

a. 进入 Winkt 文件夹窗口。

b. 在资源管理器窗口的搜索栏中输入“*.bmp”，此时系统在 Winkt 文件夹下搜索到所有以“.bmp”为扩展名的文件并显示在窗口中。

c. 在窗口中单击第 1 个扩展名为“.bmp”的文件，按住【Shift】键，再单击最后一个扩展名为“.bmp”的文件，选中所有扩展名为“.bmp”的文件。

d. 右击，在弹出的快捷菜单中选择“复制”选项，或按【Ctrl+C】组合键，将选中内容复制到剪贴板中。

e. 进入 2014QMKSA 文件夹窗口，右击窗口的空白处，在弹出的快捷菜单中选择“粘贴”选项，或按【Ctrl+V】组合键，完成文件的复制操作。

⑤ 设置文件属性。

a. 进入 Winkt 文件夹窗口。

b. 在资源管理器窗口的搜索栏中输入“个人总结.docx”，此时系统在 Winkt 文件夹下搜索到该文件并将其列在窗口中。

c. 在窗口中右击“个人总结.docx”文件，在弹出的快捷菜单中选择“属性”选项，打开“个人总结.docx 属性”对话框。

d. 在“常规”选项卡中选中“只读”“隐藏”复选框。

e. 单击“确定”按钮，关闭“个人总结.docx 属性”对话框。

【模拟练习 B】

在 Winkt 文件夹下进行如下操作。

A. 在 Winkt 文件夹下建立 2014QMKSB 文件夹。

B. 在 2014QMKSB 文件夹下建立一个“移动互联网的现状与展望.docx”文件。

C. 在 Winkt 文件夹下查找“game.exe”文件，将其移动到 2014QMKSB 文件夹下，改名为“个人游戏.exe”。

D. 在 Winkt 文件夹下搜索“download.exe”文件，并在 2014QMKSB 文件夹下建立它的快捷方式，将其命名为“个人下载”。

E. 在 Winkt 文件夹下查找 Exam3 文件夹，将其删除。

具体操作步骤如下。

① 建立文件夹。

a. 打开资源管理器窗口，进入 Winkt 文件夹。

b. 在 Winkt 文件夹窗口的空白处右击，在弹出的快捷菜单中选择“新建”选项，并在其级联菜单中选择“文件夹”选项。

c. 在出现的“新建文件夹”图标处输入名字“2014QMKSB”并按【Enter】键。

② 建立 Word 文档。

a. 双击 2014QMKSB 文件夹，进入 2014QMKSB 文件夹窗口。

b. 在 2014QMKSB 文件夹窗口的空白处右击，在弹出的快捷菜单中选择“Microsoft Word 文档”选项，此时建立了 Word 文档，名为“新建 Microsoft Word 文档.docx”。

c. 将建立的 Word 文档重新命名为“移动互联网的现状与展望.docx”。

③ 移动文件。

a. 进入 Winkt 文件夹窗口。

b. 在资源管理器窗口的搜索栏中输入“game.exe”，此时系统在 Winkt 文件夹下搜索到该文件并将其列在窗口中。

c. 在窗口中单击选中“game.exe”文件，按【Ctrl+X】组合键，将其剪切到剪贴板中。

d. 进入 2014QMKSB 文件夹窗口，按【Ctrl+V】组合键，完成文件的移动操作。

e. 在 2014QMKSB 文件夹窗口中右击“game.exe”文件，在弹出的快捷菜单中选择“重命名”选项，并将其改名为“个人游戏.exe”。

④ 建立快捷方式。

a. 进入 Winkt 文件夹窗口。

b. 在资源管理器窗口的搜索栏中输入“download.exe”，此时系统在 Winkt 文件夹下搜索到该文件并将其列在窗口中。

c. 在窗口中单击选中“download.exe”文件，按【Ctrl+C】组合键，将其复制到剪贴板中。

d. 进入 2014QMKSB 文件夹窗口。

e. 在 2014QMKSB 文件夹窗口的空白处右击，在弹出的快捷菜单中选择“粘贴快捷方式”选项。此时窗口中出现以“download.exe - 快捷方式”命名的快捷方式。

f. 右击“download.exe - 快捷方式”快捷方式，在弹出的快捷菜单中选择“重命名”选项，并将其改名为“个人下载”。

⑤ 删除文件夹。

a. 进入 Winkt 文件夹窗口。

b. 在资源管理器窗口的搜索栏中输入“Exam3”，此时系统在 Winkt 文件夹下搜索到该文件夹并将其列在窗口中。

c. 在窗口中单击选中 Exam3 文件夹，按【Delete】键将其删除。

【模拟练习 C】

在 Winkt 文件夹下进行如下操作。

A. 在 Winkt 文件夹下建立 2014QMKSC 文件夹。

B. 在 2014QMKSC 文件夹下建立一个名为“计算机系统组成基本知识介绍.pptx”的 PowerPoint 文件。

C. 在 Winkt 文件夹下查找“help.exe”文件，并在 2014QMKSC 文件夹下建立它的快捷方式，将其命名为“个人助手”。

D. 在 Winkt 文件夹下查找 Exam2 文件夹，将其复制到 2014QMKSC 文件夹下。

E. 在 Winkt 文件夹下查找所有文件名以“us”开头的文件，将其移动到 Exam1 文件夹下。

具体操作步骤如下。

① 建立文件夹。

a. 打开资源管理器窗口，进入 Winkt 文件夹。

b. 在 Winkt 文件夹窗口的空白处右击，在弹出的快捷菜单中选择“新建”选项，并在其级联菜单中选择“文件夹”选项。

c. 在出现的“新建文件夹”图标处输入名字“2014QMKSC”并按【Enter】键。

② 建立 PowerPoint 文件。

a. 双击 2014QMKSC 文件夹，进入 2014QMKSC 文件夹窗口。

b. 在 2014QMKSC 文件夹窗口的空白处右击，在弹出的快捷菜单中选择“Microsoft PowerPoint 演示文稿”选项，此时建立了 PowerPoint 文件，名为“新建 Microsoft PowerPoint 演示文稿.pptx”。

c. 将建立的 PowerPoint 文件重新命名为“计算机系统组成基本知识介绍.pptx”。

③ 建立快捷方式。

a. 进入 Winkt 文件夹窗口。

b. 在资源管理器窗口的搜索栏中输入“help.exe”，此时系统在 Winkt 文件夹下搜索到该文件并将其列在窗口中。

c. 在窗口中单击选中“help.exe”文件，按【Ctrl+C】组合键，将其复制到剪贴板。

d. 进入 2014QMKSC 文件夹窗口。

e. 在 2014QMKSC 文件夹窗口的空白处右击，在弹出的快捷菜单中选择“粘贴快捷方式”选项。此时窗口中出现以“help.exe - 快捷方式”命名的快捷方式。

f. 右击“help.exe - 快捷方式”快捷方式，在弹出的快捷菜单中选择“重命名”选项，并将其改名为“个人助手”。

④ 复制文件夹。

a. 进入 Winkt 文件夹窗口。

b. 在资源管理器窗口的搜索栏中输入“Exam2”，此时系统在 Winkt 文件夹下搜索到该文件夹并将其列在窗口中。

c. 在窗口中单击选中 Exam2 文件夹，按【Ctrl+C】组合键，将选中内容复制到剪贴板中。

d. 进入 2014QMKSC 文件夹窗口，按【Ctrl+V】组合键，完成文件夹的复制操作。

⑤ 移动文件。

a. 进入 Winkt 文件夹窗口。

b. 在资源管理器窗口的搜索栏中输入“us*.*”，此时系统在 Winkt 文件夹下搜索到所有文件名以“us”开头的文件并显示在窗口中。

c. 在窗口中单击第 1 个文件，按住【Shift】键，再单击最后一个文件，选中所有文件名以“us”开头的文件。

d. 按【Ctrl+X】组合键，将选中内容剪切到剪贴板中。

e. 进入 Exam1 文件夹窗口，按【Ctrl+V】组合键，完成文件的移动操作。

【模拟练习 D】

在 Winkt 文件夹下进行如下操作。

A. 在 Winkt 文件夹下建立 2014QMKSD 文件夹。

B. 在 Winkt 文件夹下查找“setup.exe”文件，并在 2014QMKSD 文件夹下建立它的快捷方式，名称为“设置”。

C. 在 Winkt 文件夹下查找所有扩展名为“.docx”的文件，将其复制到 Exam 文件夹下。

D. 在 Winkt 文件夹下查找文件名以“h”开头、扩展名为“.exe”的文件，为其设置“只读”“隐藏”属性。

E. 在 Winkt 文件夹下查找 Exam3 文件夹，将其删除。

具体操作步骤如下。

① 建立文件夹。

a. 打开资源管理器窗口，进入 Winkt 文件夹。

b. 在 Winkt 文件夹窗口的空白处右击，在弹出的快捷菜单中选择“新建”选项，并在其级联菜单中选择“文件夹”选项。

c. 在出现的“新建文件夹”图标处输入名字“2014QMKSD”并按【Enter】键。

② 建立快捷方式。

a. 进入 Winkt 文件夹窗口。

b. 在资源管理器窗口的搜索栏中输入“setup.exe”，此时系统在 Winkt 文件夹下搜索到该文件并将其列在窗口中。

c. 在窗口中单击选中“setup.exe”文件，按【Ctrl+C】组合键，将其复制到剪贴板中。

d. 进入 2014QMKSD 文件夹窗口。

e. 在 2014QMKSD 文件夹窗口的空白处右击，在弹出的快捷菜单中选择“粘贴快捷方式”选项。此时窗口中出现以“setup.exe - 快捷方式”命名的快捷方式。

f. 右击“setup.exe - 快捷方式”快捷方式，在弹出的快捷菜单中选择“重命名”选项，并将其改名为“设置”。

③ 复制文件。

a. 进入 Winkt 文件夹窗口。

b. 在资源管理器窗口的搜索栏中输入“*.docx”，此时系统在 Winkt 文件夹下搜索到所有以“.docx”为扩展名的文件并显示在窗口中。

c. 在窗口中单击第 1 个扩展名为“.docx”的文件，按住【Shift】键，再单击最后一个扩展名为“.docx”的文件，选中所有扩展名为“.docx”的文件。

d. 按【Ctrl+C】组合键，将选中内容复制到剪贴板中。

e. 进入 Exam 文件夹窗口，按【Ctrl+V】组合键，完成文件的复制操作。

④ 设置文件属性。

a. 进入 Winkt 文件夹窗口。

b. 在资源管理器窗口的搜索栏中输入“h*.exe”，此时系统在 Winkt 文件夹下搜索到该文件并将其列在窗口中。

c. 在窗口中右击该文件，在弹出的快捷菜单中选择“属性”选项，打开属性对话框。

d. 在“常规”选项卡中选中“只读”“隐藏”复选框。

e. 单击“确定”按钮，关闭属性对话框。

⑤ 删除文件夹。

a. 进入 Winkt 文件夹窗口。

b. 在资源管理器窗口的搜索栏中输入“Exam3”，此时系统在 Winkt 文件夹下搜索到该文件夹并将其列在窗口中。

c. 在窗口中单击选中 Exam3 文件夹，按【Delete】键将其删除。

第3章 文字处理软件 Word 2016 实验

本章的目的是使学生熟练掌握文字处理软件 Word 2016 的使用方法，并能够灵活地运用 Word 2016 编排文档。本章的主要内容包括 Word 2016 的文字编辑、排版操作，表格的操作，图形及图文混排操作等。

实验一　基 本 操 作

一、实验目的

（1）掌握 Word 2016 的基本操作，包括文档的创建、文字的录入、文本的编辑及保存、文本的查找与替换。

（2）掌握正确的设置字符格式、段落格式和页面格式的方法。

（3）掌握设置页眉、页脚、页码的基本操作。

（4）学会在文档中插入公式。

（5）掌握分节、分栏、首字下沉、项目符号及段落编号的使用方法。

二、实验示例

【例 3.1】 打开 Word 实验素材库文件夹中的“多媒体.docx”文件，依次完成下列操作，然后将其以“Word 实验 1_1.docx”为文件名另存到自己所建的文件夹中。

（1）将 Word 实验素材库文件夹中“Word11.docx”文件的内容插入“多媒体.docx”文件的尾部。

具体操作步骤如下。

① 将光标置于“多媒体.docx”文件的末尾。

② 选择“插入”选项卡，单击“文本”组中的“对象”下拉按钮，在打开的下拉列表中选择“文件中的文字”选项，打开“插入文件”对话框，从中选择“Word11.docx”文件，而后单击“插入”按钮。

- 要将已有的文档内容插入当前文档中，也可以先打开要插入内容的文档，然后在已有文档中选中要插入的内容，利用剪贴板将其插入当前文档中。

（2）将“多媒体.docx”文件中的“多媒体”替换为蓝色的“多媒体”。

具体操作步骤如下。

① 将光标置于文档的最开始处（查找替换的范围为全文）。

② 选择“开始”选项卡，单击“编辑”组中的“替换”按钮，打开“查找和替换”对话框。在“查找内容”文本框和“替换为”文本框中分别输入“多媒体”和“多媒体”。单击“更多”按钮，可展开“查找和替换”对话框，显示更多选项。将光标移到“替换为”文本框中，而后单击“格式”下拉按钮，在弹出的下拉列表中选择“字体”选项，如图 3-1 所示。此时打开“替换字体”对话框，在“字体颜色”下拉列表中选择“标准色”中的“蓝色”选项，如图 3-2 所示，而后单击“确定”按钮，返回“查找和替换”对话框。

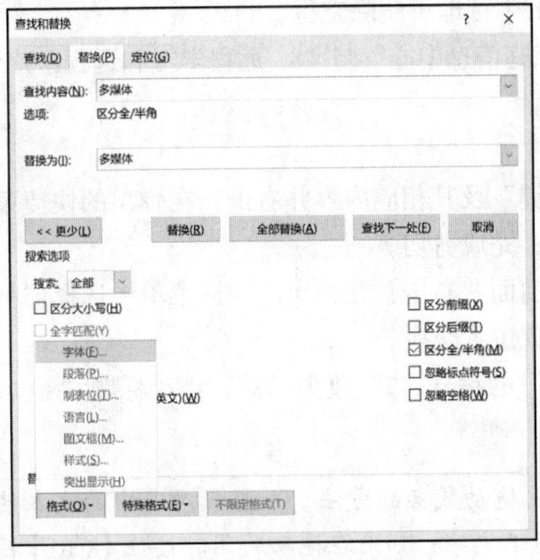

图 3-1　“查找和替换”对话框

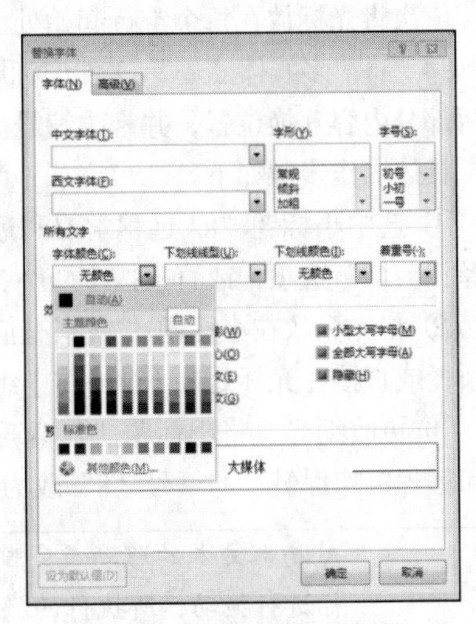

图 3-2　“替换字体”对话框

③ 此时在“查找和替换”对话框中“替换为”文本框下增加了“格式”的设定，如图 3-3 所示。单击“全部替换”按钮，可打开图 3-4 所示的信息提示框，单击“确定”按钮，最后关闭“查找和替换”对话框。

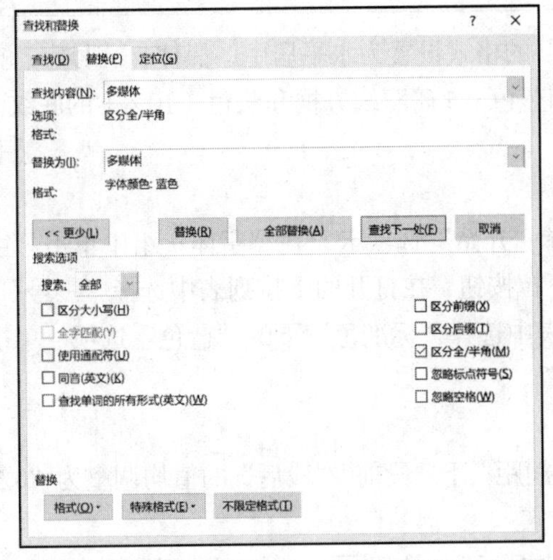

图 3-3　设置字体格式后的“查找和替换”对话框

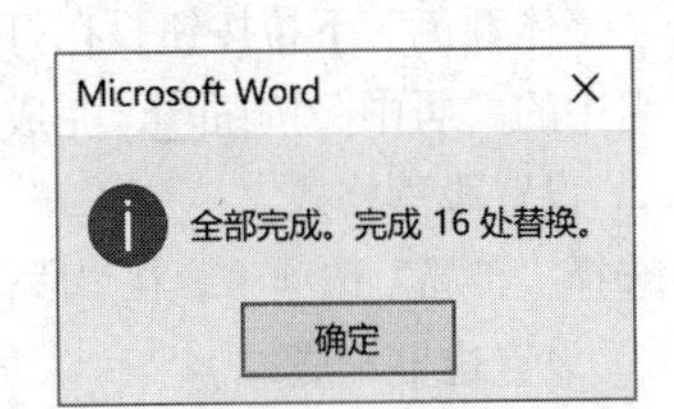

图 3-4　替换完成后的信息提示框

- 单击“查找和替换”对话框中的“更多”按钮，可展开“查找和替换”对话框，在“搜索选项”区域可设置搜索范围、是否区分大小写、是否使用通配符等，在“查找”区域可设置字符的格式（如字体、段落及字符颜色）和特殊字符（如分节符、手动换行符、省略号等）。
- 在使用“搜索选项”时，一定要注意光标所处的位置，因为所有搜索选项的设置对象都以光标位置为准，其设置结果针对光标所在的文本框中的内容。如上例中应将光标置于“替换为”文本框中，而后再设置“搜索选项”区域。

（3）删除“多媒体.docx”文件中所有的空行。

具体操作步骤如下。

依次将光标放在每个空行起始处，按【Delete】键即可删除空行。

（4）将“多媒体.docx”文件中标题为“7. 家庭信息中心”与“8. 远程学习和远程医疗保健”的两部分内容互换位置，并修改编号。

具体操作步骤如下。

① 选中小标题“8. 远程学习和远程医疗保健”及其相应内容并右击，在弹出的快捷菜单中选择“剪切”选项，或直接按【Ctrl+X】组合键，完成剪切。

② 将光标放在小标题“7. 家庭信息中心”前面并右击，在弹出的快捷菜单中选择“粘贴”选项；或直接在光标处按【Ctrl+V】组合键，完成位置交换。

③ 更改编号，将小标题“7. 家庭信息中心”的编号“7”改为“8”，将小标题“8. 远程学习和远程医疗保健”的编号“8”改为“7”。

- 对局部文本的移动或复制，还可以用拖动鼠标的方法。如果只对选中的文本使用鼠标进行拖动，所执行的操作是移动所选文字；如果在拖动的同时按住【Ctrl】键，则执行复制所选文本的操作。
- 对文本执行小范围的移动、复制操作时，使用拖动鼠标的方法比较方便；如果执行移动、复制操作时需要跨页，则应采用剪贴板方式实现。
- 如果要选择的文本内容很多，可使用手动方式，即在按住【Shift】键的同时按【↑】、【↓】、【←】或【→】方向键进行选择。

（5）将文章标题“用多媒体系统能干什么”的格式设置为水平居中、黑体、三号字、蓝色、段前间距 0.5 行、段后间距 0.5 行，并为其添加蓝色 0.5 磅双线方框和灰色（10%）的底纹。

具体操作步骤如下。

① 设置字体格式。

选中标题“用多媒体系统能干什么”，选择“开始”选项卡，在“字体”组中单击“字体”下拉按钮，选择“黑体”选项，单击“字号”下拉按钮，在打开的下拉列表中选择“三号”选项，单击“字体颜色”下拉按钮，在打开的下拉列表中选择“标准色”下的“蓝色”选项。单击“段落”组中的“居中”按钮，完成水平居中设置。

② 设置段落格式。

选择“布局”选项卡，在“段落”组中将“间距”下“段前”“段后”的值均调整为“0.5 行”。

③ 设置边框和底纹。

选择“开始”选项卡，单击“段落”组中“边框”下拉按钮，在打开的下拉列表中选择“边框和底纹”选项，打开“边框和底纹”对话框，如图 3-5 所示。选择“边框”选项卡（图 3-5（a）），先选择“设置”下的“方框”选项，而后在“样式”列表框中选择双线对应的选项，在“颜色”下拉列表中选择“标准色”下的“蓝色”选项，在“宽度”下拉列表中选择“0.5 磅”，单击“应用于”下拉按钮，选择“文字”选项。

选择“底纹”选项卡（见图 3-5（b）），在“图案”下“样式”的下拉列表中选择“10%”选项，在“应用于”下拉列表中选择“文字”选项，而后单击“确定”按钮。

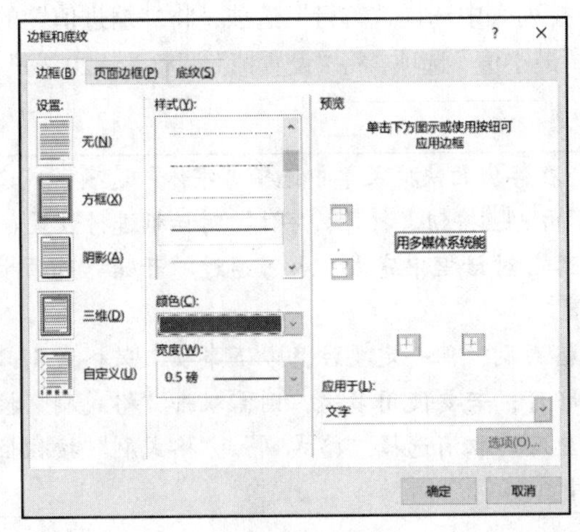

（a）“边框”选项卡

（b）“底纹”选项卡

图 3-5　“边框和底纹”对话框

（6）将“多媒体.docx”文件中的小标题格式设置为悬挂缩进 2 字符、左对齐、1.5 倍行距、楷体、蓝色、小四号、加粗。

具体操作步骤如下。

① 选中小标题。

首先选中小标题“1. 多媒体出版”，而后按住【Ctrl】键，再选择小标题“2. 多媒体办公自动化和计算机会议系统”，直至将 9 个小标题全部选中，最后松开【Ctrl】键。

② 设置字体格式。

单击“开始”选项卡下“字体”组中的“字体”和“字号”下拉按钮，设置小标题的格式为“楷体”“小四”，单击“加粗”按钮 **B** 进行加粗设置，单击“字体颜色”下拉按钮，在打开的下拉列表中选择“标准色”下的“蓝色”选项。

③ 设置段落格式。

单击“开始”选项卡下“段落”组右下角的按钮，打开“段落”对话框，在“对齐方式”下拉列表中选择“左对齐”选项，在“特殊”下拉列表中选择“悬挂”选项，将“缩进值”设置为“2 字符”，单击“行距”下拉按钮，选择“1.5 倍行距”选项，如图 3-6 所示，最后单击“确定”按钮完成设置。

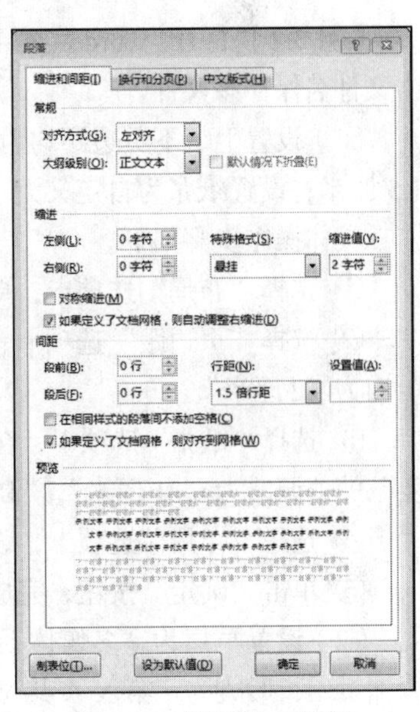

图 3-6　“段落”对话框

（7）将“多媒体.docx”文件中的其余部分（除标题和小标题以外的部分）设置为首行缩进 2 字符、两端对齐、行距为最小值 20 磅。

具体操作步骤如下。

① 选中除标题和小标题以外的段落。

首先选中除标题和小标题外的第 1 个段落，然后按住【Ctrl】键，分别选择其他段落，最后松开【Ctrl】键。

② 设置段落格式。

单击“开始”选项卡下“段落”组右下角的◪按钮，打开“段落”对话框。在“对齐方式”下拉列表中选择“两端对齐”选项，在“特殊”下拉列表中选择“首行”选项，将“缩进值”的值调整为“2 字符”，单击“行距”下拉按钮，选择“最小值”选项，将“设置值”调整为“20 磅”，最后单击“确定”按钮完成设置。

说明

- 对于字体的设置，可右击选中的文本，在弹出的快捷菜单中选择“字体”选项，或者单击“开始”选项卡中“字体”组右下角的◪按钮，打开“字体”对话框进行设置。
- 对于段落对齐方式的设置，可在“段落”对话框中完成，也可通过“开始”选项卡中“段落”组的对齐方式按钮进行设置。

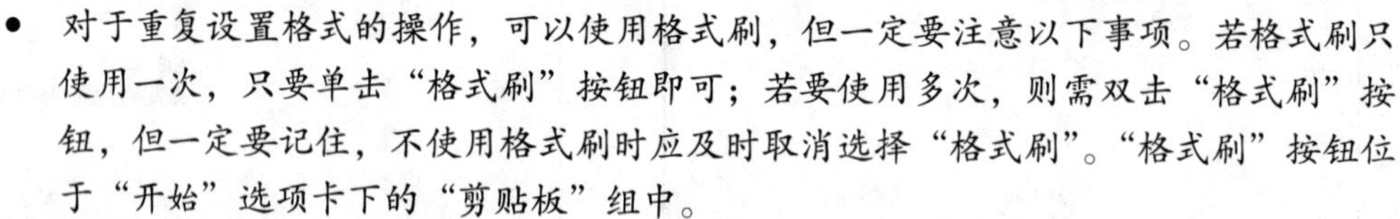

- 对于重复设置格式的操作，可以使用格式刷，但一定要注意以下事项。若格式刷只使用一次，只要单击“格式刷”按钮即可；若要使用多次，则需双击“格式刷”按钮，但一定要记住，不使用格式刷时应及时取消选择“格式刷”。“格式刷”按钮位于“开始”选项卡下的“剪贴板”组中。

（8）保存文件。

具体操作步骤如下。

选择“文件”选项卡，在打开的窗口左侧单击“另存为”按钮，打开“另存为”任务窗格，在任务窗格中单击“浏览”按钮，在打开的“另存为”对话框中指定文件的保存位置，并将文件名修改为“Word 实验 1_1.docx”，而后单击“保存”按钮。

说明

- 若文件不需要更改保存的位置、文件名称或文件类型，则可直接单击“快速访问工具栏”上的“保存”按钮进行保存，或直接单击标题栏右上角的“关闭”按钮，在打开的提示是否保存文件的对话框中单击“保存”按钮，完成文档的保存。

【例 3.2】 打开“Word 实验 1_1.docx”文件，依次完成下列操作，而后以“Word 实验 1_2.docx”为文件名保存该文件。

（1）设置上、下页边距均为 3 厘米，左、右页边距均为 2 厘米；设置页眉、页脚距边界均为 1.5 厘米；设置纸张为自定义大小（21 厘米 × 29 厘米）。

具体操作步骤如下。

① 选择“布局”选项卡，单击“页面设置”组右下角的◪按钮，打开“页面设置”对话框。

② 选择“页边距”选项卡，设置“上”“下”页边距均为“3 厘米”，设置“左”“右”页边距均为“2 厘米”。

③ 选择“纸张”选项卡，在“纸张大小”下拉列表中选择“自定义大小”选项，而后将“宽度”的值调整为“21 厘米”，“高度”的值调整至“29 厘米”。

④ 选择“布局”选项卡，设置“页眉”“页脚”的值均为“1.5 厘米”。

⑤ 单击“确定”按钮，完成页面设置。

（2）设置页眉为“多媒体系统”，字体格式为楷体、五号、右对齐。在文档的页面底端右侧添加页码，形式为“第 X 页共 Y 页”。其中，X 是当前页码，Y 是总页数。

具体操作步骤如下。

① 进入页眉和页脚编辑状态。

选择“插入”选项卡，单击“页眉和页脚”组中的“页眉”按钮，在打开的下拉列表中选择“编辑页眉”选项，光标停在页眉编辑区，同时功能区中显示“页眉和页脚工具”下的“页眉和页脚”选项卡。

② 设置页眉。

在页眉编辑区的光标处直接输入页眉文字“多媒体系统”。选中页眉文字，选择“开始”选项卡，单击“字体”组中的“字体”和“字号”下拉按钮，分别设置为“楷体”“五号”；单击“段落”组中的“右对齐”按钮，设置页眉文字为右对齐。

③ 设置页脚。

在“页眉和页脚工具”下的“页眉和页脚”选项卡中，单击“导航”组中的“转至页脚”按钮，使光标切换到页脚编辑区。单击“页眉和页脚”组中的“页码”下拉按钮，在打开的下拉列表中选择“页面底端”选项，再选择“X/Y”下的“加粗显示的数字 3”选项，而后将其修改为“第 X 页 共 Y 页”的形式即可。

④ 退出页眉和页脚编辑状态。

双击页眉和页脚区域以外的任意位置，退出页眉和页脚编辑状态，完成页眉和页脚的设置。

- 页眉、页脚和正文分别处于两个不同的层面，因此，在设置页眉、页脚时，正文内容是不可操作的，显示为灰色。
- 双击页眉、页脚区域，也可进入页眉和页脚编辑状态。
- 同一篇文档可以有不同的页面设置，也就是说可以有多个节，而且每一节都有自己的版面设置。因此，可以在同一篇文档中设置不同的页眉和页脚。
- 设置页脚的另一种方法为：在页脚编辑区的光标处直接输入页脚文字“第页共页”；而后将光标置于“第”“页”之间，单击“插入”组中的“文档部件”按钮，在打开的下拉列表中选择“域”选项，打开“域”对话框，在“域名”下拉列表中选择“Page”选项，单击“确定”按钮，可插入当前页码；将光标置于“共”“页”之间，再次打开“域”对话框，在“域名”下拉列表中选择“NumPages”选项，单击“确定”按钮，可插入当前文档的页数；选择“开始”选项卡，在“段落”组中单击“右对齐”按钮。
- 页码一般是阿拉伯数字。要改变页码格式，可单击“页眉和页脚”组中的“页码”按钮，在打开的下拉列表中选择“设置页码格式”选项，打开“页码格式”对话框，如图 3-7 所示。在“编号格式”下拉列表中选择一种数字格式，如“1, 2, 3, …”“a, b, c, …”“A, B, C, …”“i, ii, iii, …”“Ⅰ,Ⅱ,Ⅲ, …”等。
- 默认情况下，多章节的文档是连续编号的。如果要使文档的每章的节都从 1 开始编号（例如 1-1、1-2、1-3 和 2-1、2-2、2-3），先要确保文档已经按章分节，然后在“页码格式”对话框中“页码编号”下选中“续前节”单选按钮，页码将延续前一节的页码；如果选中“起始页码”单选按钮，就可以指定起始页码。

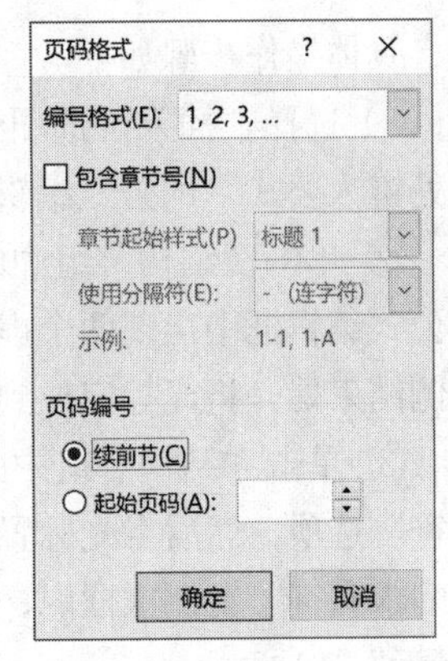

图 3-7 “页码格式”对话框

（3）将标题为“9. 媒体空间、赛博空间”的整段内容（包含标题）分为两栏。

具体操作步骤如下。

选中标题为“9. 媒体空间、赛博空间”的整段内容，而后选择“布局”选项卡，单击“页面设置”组中的“栏”下拉按钮，在打开的下拉列表中选择“两栏”选项。

- 利用水平标尺可以调整栏宽或栏间距，操作步骤为将鼠标指针置于水平标尺的分栏标记上，此时鼠标指针变成一个双向箭头，按住鼠标左键不放，向左或向右拖动分栏标记，即可改变栏宽与栏间距。
- 利用“栏”对话框也可以改变栏宽与栏间距，方法是单击“页面设置”组中的“栏”下拉按钮，在打开的下拉列表中选择“更多栏”选项打开“栏”对话框，可在“宽度”和“间距”微调框中指定或输入合适的数值。

（4）对文章中的第 1 段内容（“我们通过感觉、视觉……”）设置首字下沉，下沉行数为 3。

具体操作步骤如下。

将光标置于第 1 段内容中的任意位置，选择“插入”选项卡，单击“文本”组中的“首字下沉”下拉按钮，在打开的下拉列表中选择“首字下沉选项”选项，打开“首字下沉”对话框，选择“位置”下的“下沉”选项，并将“下沉行数”设置为“3”，如图 3-8 所示，而后单击“确定”按钮。

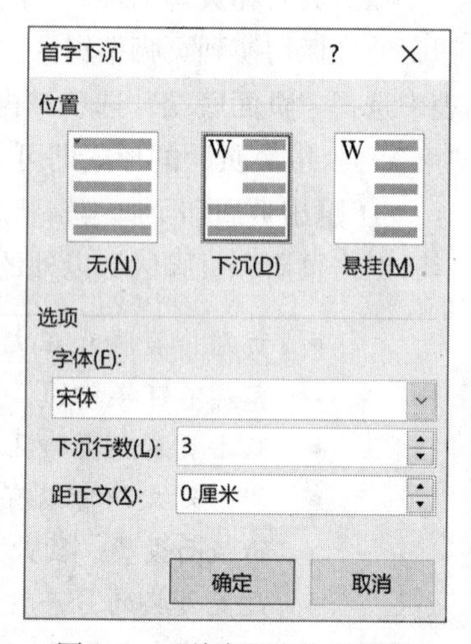

图 3-8 “首字下沉”对话框

（5）保存文件。

具体操作步骤如下。

选择“文件”选项卡，在打开的窗口中单击“另存为”按钮，打开“另存为”任务窗格，在任务窗格中单击“浏览”按钮，在打开的“另存为”对话框中将文件名修改为“Word 实验 1_2.docx”，而后单击“保存”按钮。

【例 3.3】 新建 Word 文档，输入以下数学公式，而后以“Word 实验 1_3.docx”为文件名保存。

$$S_{ij}=\sum_{k-1}^{n}\alpha_{ik}\times\beta_{kj}$$

具体操作步骤如下。

① 选择“插入”选项卡，单击“符号”组中的“公式”按钮，则光标处出现显示文字“在此处键入公式”的公式编辑框，功能区中显示“公式工具”下的“设计”选项卡。

② 单击“结构”组中的“上下标”下拉按钮，在打开的下拉列表中选择“下标”选项，此时公式编辑框中出现两个虚线框，在左侧框中输入“S”，在右侧的下标框内输入“ij”；单击公式右侧结束处，将光标定位到公式右侧位置，然后输入“=”。

③ 单击“结构”组中的“大型运算符”下拉按钮，在打开的下拉列表中选择“有极限的求和符”选项，然后将光标置于公式编辑框相应的位置，分别输入“n”“k-1”；将光标置于“有极限的求和符”右侧虚框内，单击“结构”组中的“上下标”下拉按钮，在打开的下拉列表中选择“下标”选项。

④ 单击“符号”组中的“其他”按钮，打开“基础数学”符号列表，如图 3-9 所示。单击

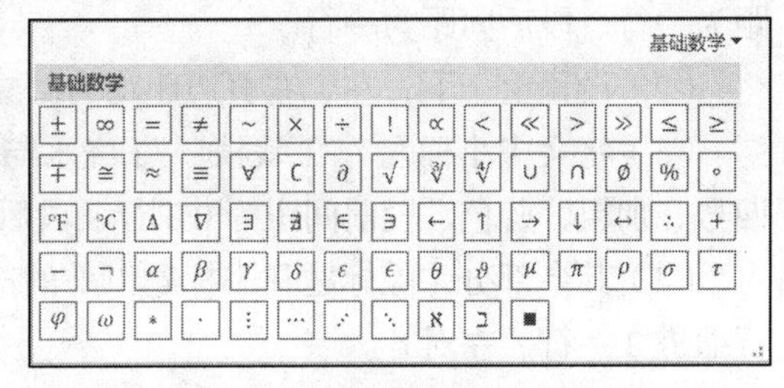

图 3-9　“基础数学”下拉列表

“基础数学”下拉按钮，从其下拉列表中选择“希腊字母”选项，此时在“符号”组中显示希腊字母符号，从中选择“α”选项，在其右侧的下标框内输入“ik”，而后单击公式右侧结束处，将光标定位到公式右侧。

⑤ 在图 3-9 中单击右上角的下拉按钮，在下拉列表中选择“运算符”选项，而后选择“常用二元运算符”中的乘号。同样，再插入“β”及其下标，完成公式的输入，如图 3-10 所示。

⑥ 单击公式编辑框以外的任意位置，退出公式编辑状态。

⑦ 将编辑好的文档以“Word 实验 1_3.docx”为文件名存盘。

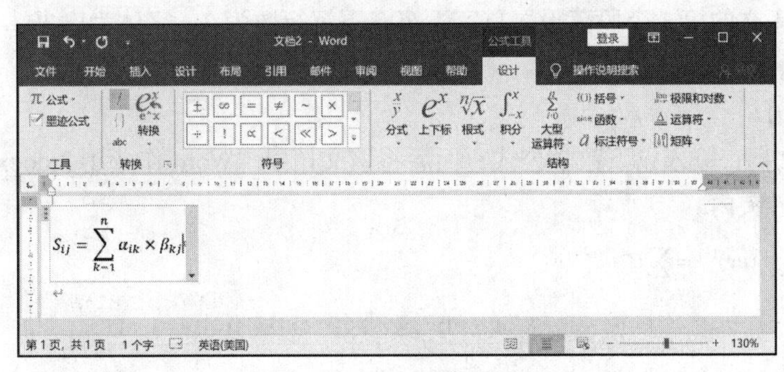

图 3-10　公式编辑状态

三、实验内容

【实验内容 1】

打开 Word 实验素材库文件夹中的“牡丹花.docx”文件，按如下要求进行编辑，而后将其以“Word 作业 1_1.docx”为文件名另存到自己所建的文件夹中。

（1）将 Word 实验素材库文件夹中“Word21.docx”文件的内容复制到“牡丹花.docx”文件的尾部。

（2）在第 1 段前插入一行，添加标题“牡丹花”。

（3）将文中段落前后的所有空行删除。

（4）将文中所有的手动换行符“↓”替换为段落标记“↲”。

（5）将文中标题为“2.光照与温度”和“3.浇水与施肥”的两部分内容互换位置（包括标题及内容），并更改编号。

（6）将文中所有的“穆旦”替换为红色的“牡丹”。

（7）将文中所有英文的“.”替换为中文的“。”

（8）将文中所有英文的“()”替换为中文的“（ ）”。（提示：应将左、右括号分别进行替换。）

（9）将该文件以“Word 作业 1_1.docx”为文件名另存到自己所建的文件夹中。

【实验内容 2】

对“Word 作业 1_1.docx”文件继续进行下列操作，最后将其以“Word 作业 1_2.docx”为文件名另存在自己所建的文件夹中。

（1）将文章标题“牡丹花”的格式设置为隶书、红色、小初号字、粗体、水平居中、段前间距为一行、段后间距为一行。

（2）设置上、下、左、右页边距均为 2.5 厘米，纸张大小为 A4。

（3）将文中小标题（“1.栽植”“2.浇水与施肥”……“5.花期控制”）的格式设置为黑体、小四号、加粗、蓝色、段前间距为 0.3 行、段后间距为 0.3 行、向左缩进 2 字符。

（4）其余部分（除标题和小标题以外的部分）的格式设置为宋体、小四号、1.5 倍行距、首行缩进 2 字符、左对齐。

（5）设置页眉为“牡丹花”，字体格式为宋体、五号、水平居中。

（6）在页面底端插入页码，居中对齐，页码样式为“X/Y”，其中 X 为当前页码，Y 为总页数。

（7）将文中小标题为“4.整形修剪”和“5.花期控制”的两个段落（包括小标题和内容）分为两栏，形式为左宽右窄，带分隔线。

（8）为文章正文的第 1 个段落设置首字下沉，下沉行数为 2，字体为隶书。

（9）将编辑好的文档存盘。

【实验内容 3】

新建 Word 文档，输入以下数学公式，而后将该文档以“Word 作业 1_3.docx”为文件名保存在自己所建的文件夹内。

$$
\begin{aligned}
(uv)^{(n)} &= \sum_{k=0}^{n} C_n^k u^{(n-k)} v^{(k)} \\
&= u^{(n)}v + nu^{(n-1)}v' + \frac{n(n-1)}{2!}u^{(n-2)}v'' + \cdots + \frac{n(n-1)\cdots(n-k+1)}{k!}u^{(n-k)}v^{(k)} + \cdots + uv^{(n)}
\end{aligned}
$$

实验二　图 文 操 作

一、实验目的

（1）掌握文本框的使用方法。

（2）掌握图片的插入和图形格式的设置方法。

（3）了解如何创建和编辑图形对象。

（4）掌握艺术字的使用方法。

（5）了解图形对象的修饰方法。

二、实验示例

【例 3.4】 新建 Word 文档，创建图 3-11 所示的文本框，并将该文件以“Word 实验 2_1.docx”为文件名保存在自己建立的文件夹中。

（1）插入文本框。

具体操作步骤如下。

① 新建 Word 文档，选择“插入”选项卡，单击“文本”组中的“文本框”下拉按钮，在打开的下拉列表中选择“绘制横排文本框”选项，此时鼠标指针变成“+”形状，按住鼠标左键拖动到适当位置后释放鼠标，即可绘制一个文本框。

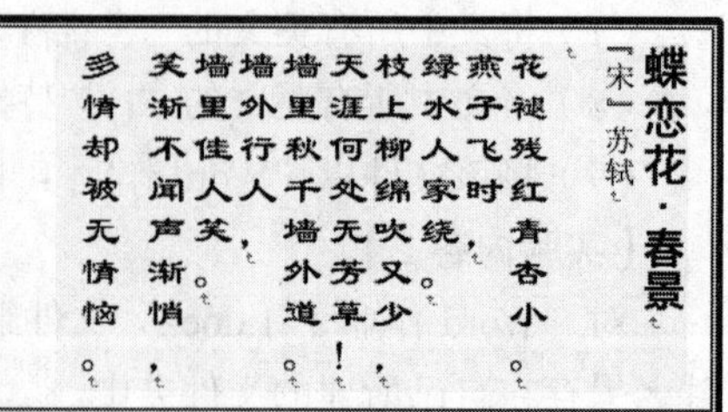

图 3-11　文本框样例

② 在文本框中输入图 3-11 所示文本框样例中的文字。

（2）编辑文本及更改文字方向。

具体操作步骤如下。

① 选择“开始”选项卡，利用“字体”组中的相应下拉按钮分别将文章主标题格式设置为“三号”“黑体”，单击“加粗”按钮将主标题加粗；将副标题格式设置为“五号”“宋体”；将正文格式设置为“四号”“隶书”。

② 单击文本框边框选中文本框，选择“绘图工具”下的“形状格式”选项卡，单击“文本”组中的“文字方向”下拉按钮，在打开的下拉列表中选择“垂直”选项。

说明

- 在插入文本框时，可选择“绘制竖排文本框”选项，从而插入一个文字方向为竖排的文本框。
- 将光标置于文本框内，右击，在弹出的快捷菜单中选择“文字方向”选项，可打开“文字方向-文本框”对话框，从中可对文字的方向进行修改。

（3）设置文本框格式。

具体操作步骤如下。

① 选中文本框，将“大小”组中的“形状高度”和“形状宽度”的值分别调整为“4.68 厘米”和“8.94 厘米”。

② 右击文本框边框，在弹出的快捷菜单中选择“设置形状格式”选项，在窗口右侧打开“设置形状格式”窗格。

③ 单击“形状选项”下的“填充与线条”按钮，显示“填充”和“线条”两个选项。选择“填充”选项，而后选中“纯色填充”单选按钮，将“颜色”设置为“白色”，如图 3-12（a）所示。

④ 选择“线条”选项，选中“实线”单选按钮（默认），而后将“颜色”设置为“标准色”下的“深红”，如图 3-12（b）所示。设置“宽度”为“4.5 磅”，单击“复合类型”下拉按钮，在打开的下拉列表中选择“由粗到细”选项，如图 3-12（c）所示。

⑤ 单击“文本选项”下的“布局属性”按钮，设置“左边距”“右边距”均为“0.25 厘米”，“上边距”“下边距”均为“0.2 厘米”，如图 3-12（d）所示。

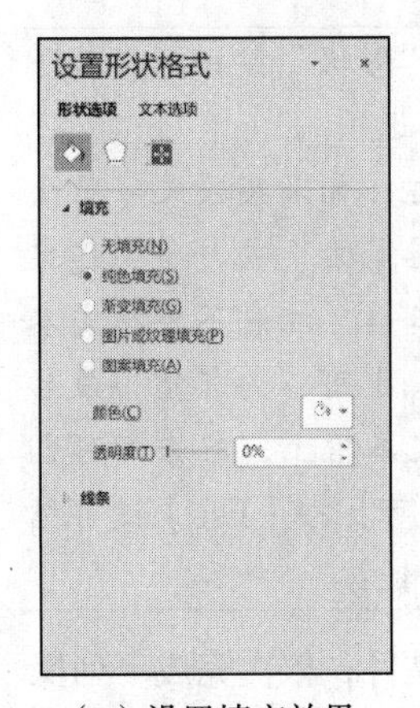

（a）设置填充效果

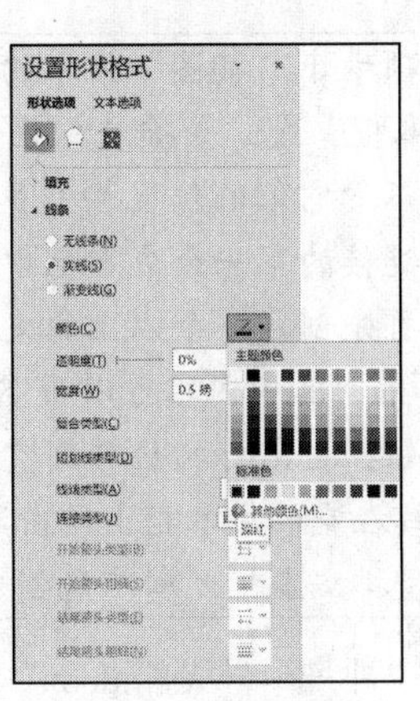

（b）设置线条颜色

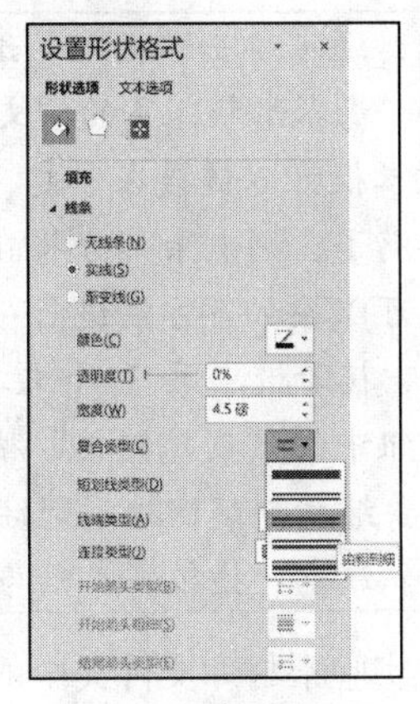

（c）设置线型

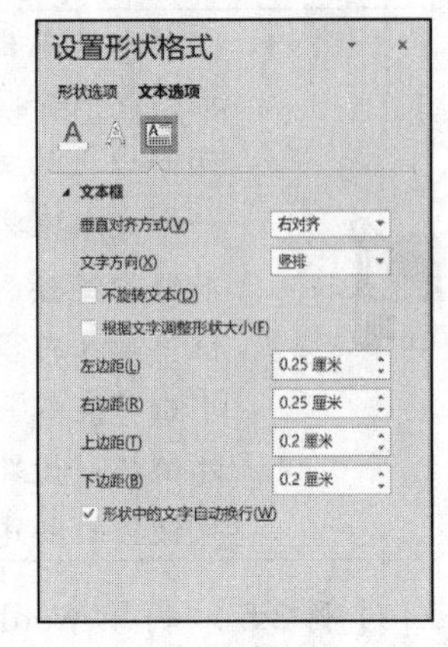

（d）设置边距

图 3-12　“设置形状格式”窗格

（4）将文本框中文字的底纹设置为自定义颜色，其中，“红色”为“255”，“绿色”为“255”，“蓝色”为“153”。

具体操作步骤如下。

① 选中文本框中的文字。

② 选择“开始”选项卡，单击“段落”组中的“边框”下拉按钮，在打开的下拉列表中选择“边框和底纹”选项，打开“边框和底纹”对话框，如图3-13所示。选择“底纹”选项卡，在“填充”下拉列表中选择“其他颜色”选项，打开“颜色”对话框，选择“自定义”选项卡，分别将“红色”“绿色”和“蓝色”的值调整为“255”“255”和“153”，如图3-14所示。单击“确定”按钮返回“边框和底纹”对话框，而后单击“确定”按钮完成设置。

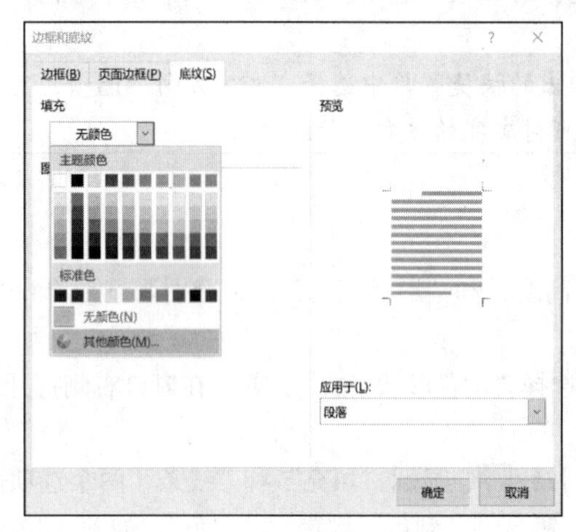

图3-13 “边框和底纹”对话框

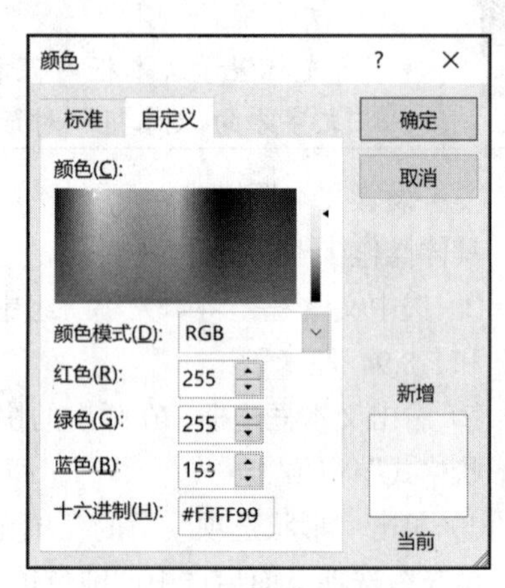

图3-14 “颜色”对话框

（5）保存文档。

具体操作步骤如下。

单击“快速访问工具栏”中的“保存”按钮，在打开的“另存为”窗格中单击“浏览”按钮，在“另存为”对话框中选择文件的保存位置，并将文件命名为“Word 实验 2_1.docx”，而后单击“保存”按钮。

- 要插入文本框，还可单击“插入”选项卡下“插图”组中的“形状”按钮，在其下拉列表中选择“基本形状”下的“文本框”或“竖排文本框”选项。
- 两个以上的文本框可以链接在一起，不管它们的位置相差多远，如果某段文字将上一个文本框排满了，则剩余部分将在链接的下一个文本框中接着排下去。要创建文本框的链接，可以按如下方法进行：首先创建一个以上的文本框，注意不要在文本框中输入内容，接着选中第 1 个文本框，其中内容可以为空，也可以为非空，最后单击“文本”组中的“创建链接”按钮，把鼠标指针移到空文本框上，单击即可创建链接；如果要继续创建链接，则继续在空的文本框上单击即可，按【Esc】键可结束链接的创建。注意：横排文本框与竖排文本框之间不能创建链接。

【例 3.5】 打开 Word 实验素材库文件夹中的“神舟十号飞船.docx”文件，依次完成下列操作，而后将其以“Word 实验 2_2.docx”为文件名另存到自己所建的文件夹中（见图3-15）。

（1）在文章中插入 Word 实验素材库文件夹中的图片文件“神舟十号.jpg”，设置图片宽度、高度均为原来的60%。

神舟十号

神舟十号飞船

“神舟十号”飞船是中国“神舟”号系列飞船之一，它是中国第五艘搭载太空人的飞船。

飞船由推进舱、返回舱、轨道舱和附加段组成。发射“神舟十号”的火箭型号与“神九”的相同，不过会在火箭的安全性和可靠性上进一步改进，确保航天员安全。升空后再和目标飞行器“天宫一号”对接，并对其进行短暂的有人照管试验。对接完成之后的任务将是打造太空实验室。

“神舟十号”在酒泉卫星发射中心“921 工位”，于 2013 年 6 月 11 日 17 时 38 分 02.666 秒，由“长征二号 F”改进型运载火箭（遥十）“神箭”成功发射。在轨飞行 15 天，并首次开展中国航天员太空授课活动。

飞行乘组由男航天员聂海胜、张晓光和女航天员王亚平组成，聂海胜担任指令长；6 月 26 日，“神舟十号”载人飞船返回舱返回地面。

根据任务计划，“神舟十号”飞船于 2013 年 6 月 11 日 17 时 38 分在酒泉卫星发射中心发射，3 名航天员驾乘飞船与在轨运行的“天宫一号”目标飞行器进行载人交会对接。这次任务的主要目的，一是为“天宫一号”在轨运营提供人员和物资天地往返运输服务，进一步考核交会对接、载人天地往返运输系统的功能和性能；二是进一步考核组合体对航天员生活、工作和健康的保障能力，

1

图 3-15 【例 3.5】样图

具体操作步骤如下。

① 将光标置于文档中合适位置，选择“插入”选项卡，单击“插图”组中的“图片”下拉按钮，从其下拉列表中选择“此设备”选项，打开“插入图片”对话框，选择 Word 实验素材库文件夹中的图片文件“神舟十号.jpg”，而后单击“插入”按钮，可将图片插入文档中。

② 右击刚刚插入的图片，在弹出的快捷菜单中选择“大小和位置”选项，打开“布局”对话框。选择“大小”选项卡，设置“缩放”下的“高度”“宽度”均为“60%”（见图 3-16（a））；选择“文字环绕”选项卡，将“环绕方式”设置为“四周型”（见图 3-16（b）），而后单击“确定”按钮。

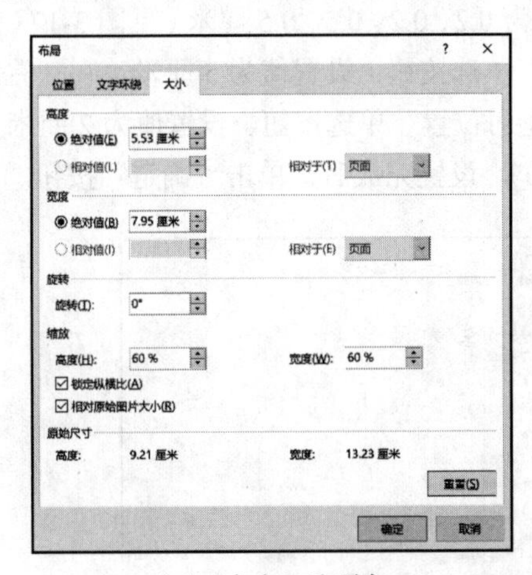

（a）“大小”选项卡

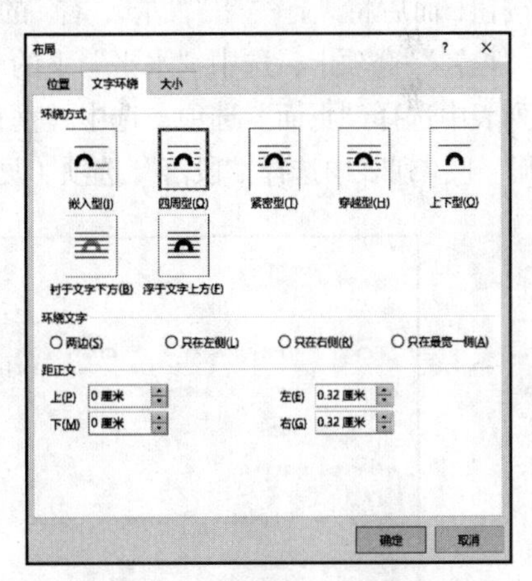

（b）“文字环绕”选项卡

图 3-16 “布局”对话框

- 刚插入图片的方式为嵌入方式，使用这种方式时，对象被看成一个普通字符，不能与其他对象（如文本框、自选图形或其他图片）一起被选中进行组合、叠放或对齐的操作。要进行这些操作，必须先更改文字的环绕方式。

（2）为图片添加图注“神舟十号”（使用文本框），文字格式为楷体、小三号、加粗、蓝色，文本框宽度为 3 厘米，高度为 1.1 厘米，文字相对文本框水平居中对齐，文本框无填充颜色、无线条颜色。

具体操作步骤如下。

① 创建一个文本框，输入“神舟十号”。

② 选中文本框，选择“开始”选项卡，分别单击“字体”组中的“字体”“字号”下拉按钮将文字设置为“楷体”“小三”，单击“加粗”按钮B设置加粗效果，单击“字体颜色”下拉按钮A，选择“蓝色”选项；单击“段落”组中的“居中”按钮设置水平居中效果。

③ 选中文本框，选择“绘图工具”下的“形状格式”选项卡，调整“大小”组中的“形状高度”和“形状宽度”的值分别为“1.1 厘米”“3 厘米”。

④ 右击文本框边框，在弹出的快捷菜单中选择“设置形状格式”选项，打开“设置形状格式”窗格，从中设置“填充”为“无填充”，“线条”的“颜色”为“无线条”。

（3）将图片和图注水平居中对齐、垂直底端对齐后组合。将组合后的图形环绕方式设置为“四周型”，“环绕文字”设置为“两边”，图片距正文左、右两侧均为 0.5 厘米，上、下均为 0.2 厘米。组合图形水平距页面右侧 5 厘米，垂直距段落下侧 2 厘米。

具体操作步骤如下。

① 同时选中文本框和图片，选择“绘图工具”下的“形状格式”选项卡，单击“排列”组中的“对齐”下拉按钮，在打开的下拉列表中选择“水平居中”选项，设置两个对象水平居中对齐，而后再次单击“对齐”下拉按钮，选择“底端对齐”选项，设置两个对象垂直底端对齐。

② 同时选中文本框和图片，选择“绘图工具”下的“形状格式”选项卡，单击“排列”组中的“组合”下拉按钮，在打开的下拉列表中选择“组合”选项，完成组合的设置。

③ 右击组合后的对象，在弹出的快捷菜单中选择“其他布局选项”选项，打开“布局”对话框，如图 3-17 所示。选择“文字环绕”选项卡，设置“环绕方式”为“四周型”，选中“两边”单选按钮，而后将“上”“下”“左”“右”的值分别调整为 0.2、0.2、0.5、0.5 厘米（见图 3-17（a））。选择“位置”选项卡，选中“水平”下的“绝对位置”单选按钮，设置值为 5 厘米，在“右侧”下拉列表中选择“页面”选项；选中“垂直”下的“绝对位置”单选按钮，设置值为 2 厘米，在“下侧”下拉列表中选择“段落”选项（见图 3-17（b））。设置完成后，单击“确定”按钮。

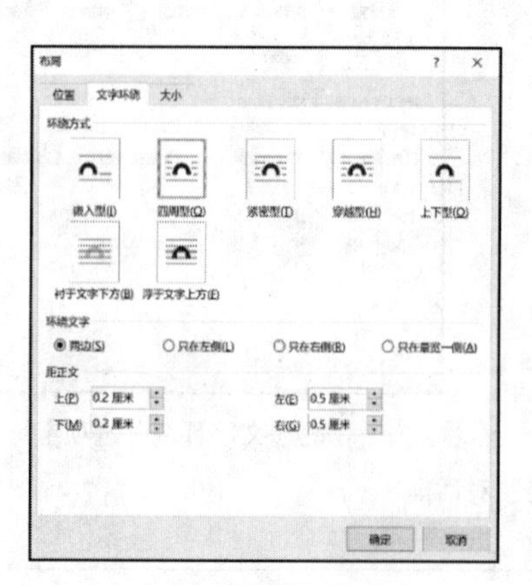

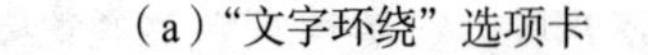
（a）“文字环绕”选项卡

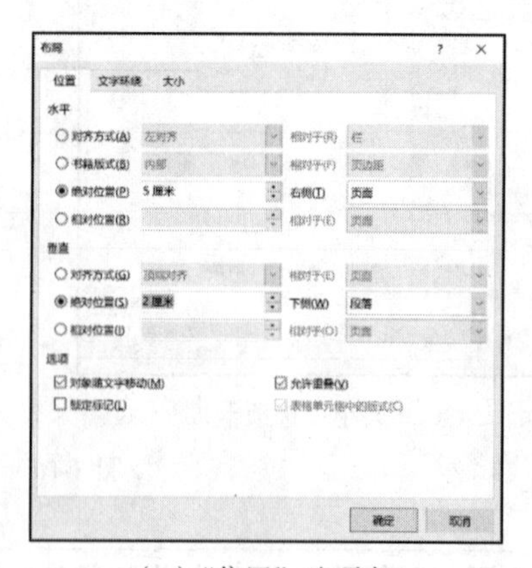

（b）“位置”选项卡

图 3-17 “布局”对话框

（4）将标题文字“神舟十号飞船”设置成艺术字效果，艺术字样式选择第 3 行第 1 列的样式，设置艺术字的形状为“双波形:上下”，填充效果为渐变填充的“底部聚光灯-个性色 1”，类型为“矩形”，方向为“从中心”。艺术字版式设置为“上下型”，艺术字水平居中。

具体操作步骤如下。

① 选中标题文字，选择“插入”选项卡，单击“文本”组中的“艺术字”下拉按钮，在打开的艺术字下拉列表中选择第 3 行第 1 列的样式。

② 右击艺术字，在弹出的快捷菜单中选择“其他布局选项”选项，打开“布局”对话框。选择“文字环绕”选项卡，设置“环绕方式”为“上下型”；选择“位置”选项卡，选中“水平”下的“对齐方式”单选按钮，从其下拉列表中选择“居中”选项，单击“相对于”下拉按钮，选择“页面”选项，如图 3-18 所示，而后单击“确定”按钮。

③ 选中艺术字，选择“绘图工具”下的“形状格式”选项卡，单击“艺术字样式”组中的“文本效果”下拉按钮，在打开的下拉列表中选择“转换”选项，而后选择“弯曲”下的“双波形:上下”选项。

④ 单击“艺术字样式”组右下角的按钮，打开“设置形状格式”窗格，在窗格中选择“文本填充”选项，选中“渐变填充”单选按钮，单击“预设渐变”下拉按钮，在打开的下拉列表中选择“底部聚光灯-个性色 1”选项，在“类型”下拉列表中选择“矩形”选项，在“方向”下拉列表中选择“从中心”选项，如图 3-19 所示，设置完成后单击“关闭”按钮。

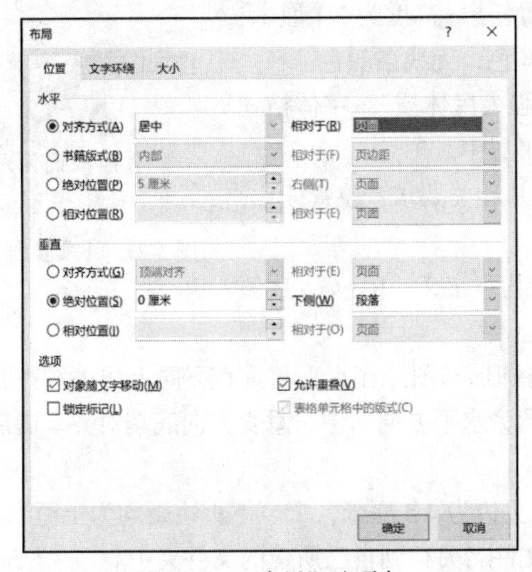

图 3-18　“布局”选项卡

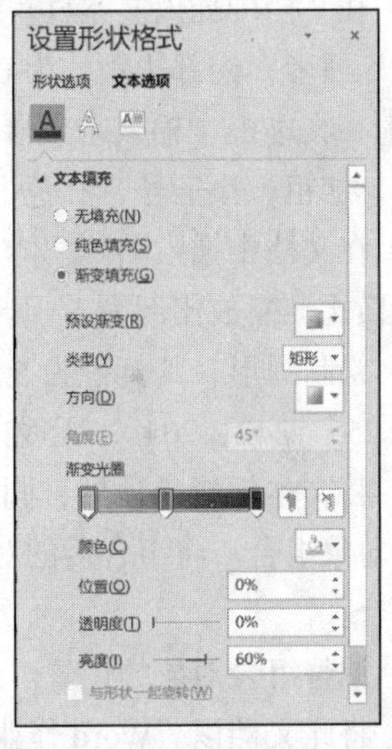

图 3-19　“设置形状格式”窗格

（5）保存文档。

具体操作步骤如下。

选择“文件”选项卡，在打开的窗口中单击“另存为”按钮，在打开的“另存为”窗格中单击“浏览”按钮，在“另存为”对话框中选择文件的保存位置，并将文件命名为“Word 实验 2_2.docx”，而后单击“保存”按钮。

三、实验内容

【实验内容 1】

创建一个文本框，输入图 3-20 所示的内容，并按如下要求进行操作，最后将其保存为“Word

作业 2_1.docx”文件。

（1）文本框格式设置。

① 文本框填充颜色设置为紫色；线条设置为深蓝色；线型设置为三线边框，即中间粗线、两边细线的线型；粗细为 6 磅。

② 文本框大小的设置。文本框高度为 8 厘米、宽度为 14 厘米。

③ 文本框内部边距的设置。文本框左、右边距均为 0.25 厘米，上、下边距均为 0.2 厘米。

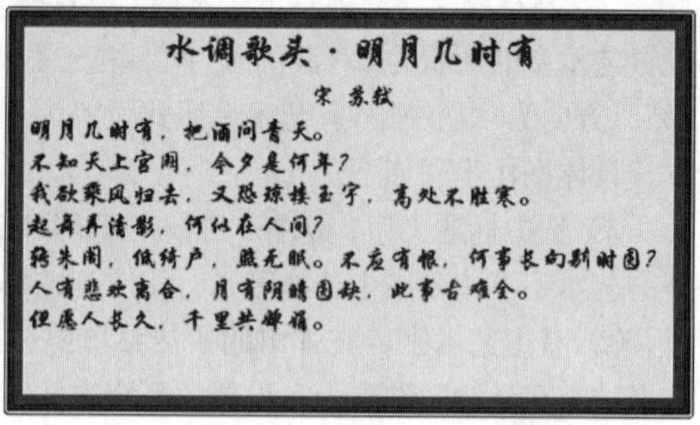

水调歌头·明月几时有

宋 苏轼

明月几时有，把酒问青天。
不知天上宫阙，今夕是何年？
我欲乘风归去，又恐琼楼玉宇，高处不胜寒。
起舞弄清影，何似在人间？
转朱阁，低绮户，照无眠。不应有恨，何事长向别时圆？
人有悲欢离合，月有阴晴圆缺，此事古难全。
但愿人长久，千里共婵娟。

图 3-20 【实验内容 1】样图

（2）文字格式设置。

① 主标题格式设置为二号、加粗、水平居中、单倍行距。

② 副标题格式设置为四号、加粗、水平居中、单倍行距。

③ 正文格式设置为小三号、加粗、行距为固定值 18 磅。

④ 所有文字均设置为华文行楷、深红色。

⑤ 文本的底纹设置为图案样式中的 10%。

【实验内容 2】

创建新文档，并按图 3-21 所示的样式制作。

① 在文档中插入文本框。文本框要求：位置任意；高度为 2.1 厘米、宽度为 5 厘米；内部边距均为 0 厘米；无填充颜色，无线条颜色。

② 在文本框中输入“发展体育运动”“增强人民体质”，字体格式为楷体、加粗、小三号、红色、单倍行距、水平居中。

③ 在文档中插入图片“体育锻炼.jpg”。图片相关要求：位置任意，锁定纵横比，缩放比例为 50%。

图 3-21 【实验内容 2】样图

④ 绘制圆形，其直径为 5 厘米，填充颜色为自定义（R、G、B 值分别为 255、242、204），无线条颜色。

⑤ 将文本框置于顶层，圆形置于底层，将圆形与图片在水平与垂直方向上居中对齐，而后将两个对象组合。将组合后的对象与文本框设置为水平方向居中、垂直方向底端对齐，而后再次进行组合。

⑥ 调整组合对象的位置。组合对象水平距页边为 4.5 厘米，上、下页边距均为 1 厘米。

⑦ 将此文档以“Word 作业 2_2.docx”为文件名另存到自己所建的文件夹中。

实验三 表格操作

一、实验目的

（1）掌握创建表格的多种方法。

（2）熟练掌握表格的调整和格式设置方法。

（3）学会表格和文本的转换操作。

（4）熟悉表格中的公式计算与排序操作。

二、实验示例

【例 3.6】 表格的基本操作。

新建一个空白 Word 文档，创建图 3-22 所示的表格，而后将其以“Word 实验 3_1.docx”为文件名保存在自己创建的文件夹中。

（1）创建一个 6 行 7 列的空白表格。

具体操作步骤如下。

① 新建一个空白的 Word 文档。

② 选择“插入”选项卡，单击“表格”组中的“表格”下拉按钮，在打开的下拉列表中选择“插入表格”选项，打开图 3-23 所示的“插入表格”对话框，在“列数”微调框中输入“7”，在“行数”微调框中输入“6”。

③ 单击“确定”按钮，则生成一个 6 行 7 列的空白表格。

<table>
<tr><td colspan="2">星期
时间</td><td>一</td><td>二</td><td>三</td><td>四</td><td>五</td></tr>
<tr><td rowspan="4">上午</td><td>1</td><td rowspan="2">高等数学</td><td rowspan="2">英语</td><td rowspan="2">高等数学</td><td rowspan="2">体育</td><td rowspan="2">大学计算机</td></tr>
<tr><td>2</td></tr>
<tr><td>3</td><td rowspan="2">工程图学</td><td rowspan="2">物理</td><td rowspan="2">工程图学</td><td rowspan="2">英语</td><td rowspan="2">高等数学</td></tr>
<tr><td>4</td></tr>
<tr><td colspan="7"></td></tr>
<tr><td rowspan="4">下午</td><td>5</td><td rowspan="2">物理</td><td rowspan="2">法学</td><td rowspan="2">听力</td><td rowspan="2">实验</td><td rowspan="4">课外活动</td></tr>
<tr><td>6</td></tr>
<tr><td>7</td><td rowspan="2"></td><td rowspan="2"></td><td rowspan="2">大学计算机</td><td rowspan="2"></td></tr>
<tr><td>8</td></tr>
</table>

图 3-22 【例 3.6】样表

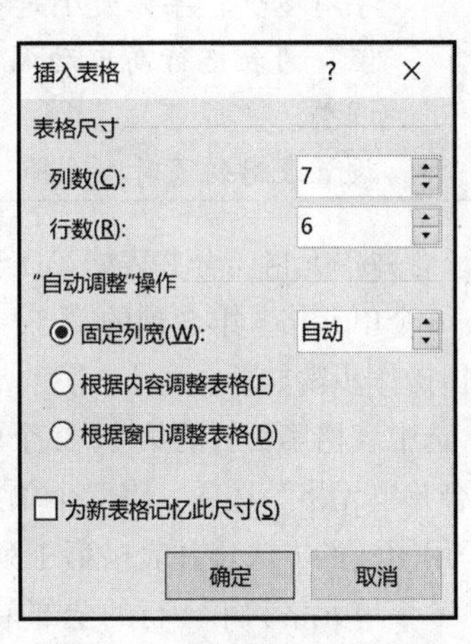

图 3-23 “插入表格”对话框

- 生成一个表格可以使用多种方法，除上述方法外，还可以通过“绘制表格”选项，根据需要自行绘制表格。
- 为了适应 Web 版式视图的需要，Word 2016 允许在已生成的表格单元格中再嵌入一个表格、图形或图片。

（2）设置表格第 1 行行高为固定值 1.6 厘米，第 4 行行高为固定值 0.2 厘米，其余所有行行高为固定值 1.4 厘米；设置表格第 1、2 列列宽为 0.8 厘米，其余列列宽为 2 厘米。

具体操作步骤如下。

① 单击表格左上角的表格移动图标，选中整个表格。

② 选择“表格工具”下的“布局”选项卡，单击“表”组中的“属性”按钮，打开“表格属性”对话框，如图 3-24 所示。在“行”选项卡中设置“行高值是”为“固定值”，“指定高度”为“1.4 厘米”；用同样的方法在“列”选项卡中设置“指定宽度”为“2 厘米”，然后单击“确定”按钮。

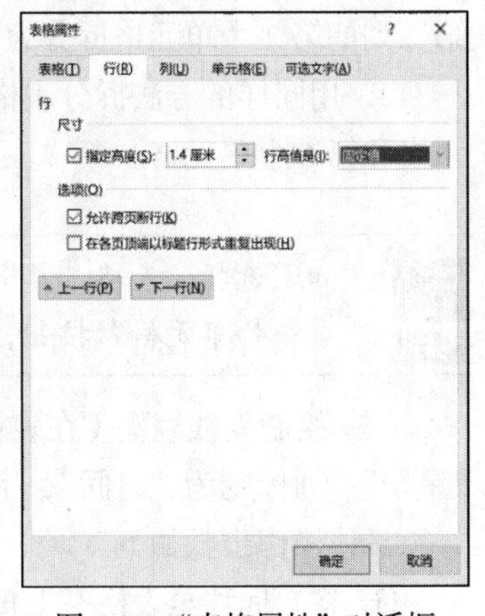

图 3-24 “表格属性”对话框

③ 选中表格第 1 行，再次打开“表格属性”对话框。在“行”

选项卡中修改“行高值是”为“固定值”，“指定高度”为“1.6 厘米”，连续单击 3 次“下一行”按钮，选中表格第 4 行，修改第 4 行“行高值是”为“固定值”，“指定高度”为“0.2 厘米”。

④ 选择“列”选项卡，单击“后一列”按钮，可选中表格第 1 列，在“列”选项卡中设置“指定宽度”为“0.8 厘米”；而后再次单击“后一列”按钮，选中表格第 2 列，设置“指定宽度”为“0.8 厘米”，最后单击“确定”按钮。

- 选中表格的方法有很多种，选择“表格工具”下的“布局”选项卡，单击“表”组中的“选择”下拉按钮，在打开的下拉列表中选择“选择表格”选项。
- 在选中的表格上右击，在弹出的快捷菜单中选择“表格属性”选项，或在“表格工具”的“布局”选项卡下，单击“单元格大小”组右下角的按钮，均可打开“表格属性”对话框。
- 设置表格行高时，有“固定值”和“最小值”的区别。“固定值”表示无论输入文字有多少、字体大小是多少，或在调整表格大小时，其行高始终保持不变；“最小值”为表格行高自动调整的下限值，行高会随输入内容或在调整表格大小时自行调整。
- 设置表格列宽时，选择“表格属性”对话框的“列”选项卡，操作与设置行高类似。

（3）合并单元格。合并表格第 1 行的第 1、2 个单元格，第 1 列的第 2、3 个单元格，第 1 列的第 5、6 个单元格，第 7 列的第 5、6 个单元格和第 4 行的全部单元格。

具体操作步骤如下。

① 选中表格第 1 行的第 1、2 个单元格，而后在选中的单元格上右击，在弹出的快捷菜单中选择“合并单元格”选项，将两个单元格合并为一个单元格。

② 用同样的方法合并表格第 1 列的第 2、3 个单元格，第 1 列的第 5、6 个单元格，第 7 列的第 5、6 个单元格和第 4 行的全部单元格。

（4）拆分单元格。将表格第 2 列的第 2 个单元格、第 3 个单元格、第 5 个单元格和第 6 个单元格分别拆分为两行。

具体操作步骤如下。

① 右击表格第 2 列的第 2 个单元格，在弹出的快捷菜单中选择“拆分单元格”选项，打开图 3-25 所示的“拆分单元格”对话框，设置“列数”为 1、“行数”为 2，单击“确定”按钮，即可将第 2 列的第 2 个单元格拆分为两行。

② 用同样的方法拆分表格第 2 列的第 3 个单元格、第 5 个单元格和第 6 个单元格。

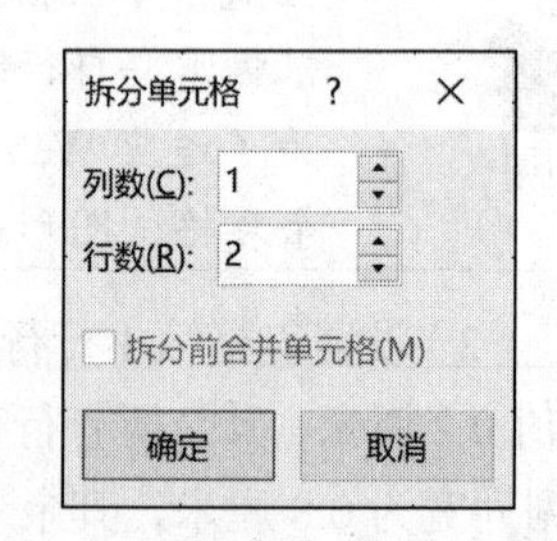

图 3-25 “拆分单元格”对话框

- 选择“表格工具”下的“布局”选项卡，单击“合并”组中的“合并单元格”或“拆分单元格”按钮，也可完成单元格的合并与拆分。

（5）绘制斜线表头（在表格的第 1 行第 1 列），其格式为 0.5 磅单线、蓝色，并设置行标题为“星期”、列标题为“时间”，字号均为小五。

具体操作步骤如下。

① 将光标移至表格左上角的单元格中。

② 选择“表格工具”下的“表设计”选项卡，单击“边框”组中的“笔样式”下拉按钮，设置线型为单线；单击“笔划粗细”下拉按钮，在打开的下拉列表中选择 0.5 磅；单击“笔颜色”下拉按钮，在打开的下拉列表中选择“标准色”中的“蓝色”选项。

③ 单击“边框”下拉按钮，在打开的下拉列表中选择“斜下框线”选项，如图 3-26 所示。

下框线(B)
上框线(P)
左框线(L)
右框线(R)
无框线(N)
所有框线(A)
外侧框线(S)
内部框线(I)
内部横框线(H)
内部竖框线(V)
斜下框线(W)
斜上框线(U)
横线(Z)
绘制表格(D)
查看网格线(G)
边框和底纹(O)...

图 3-26　“边框”下拉列表

④ 输入行标题“星期”，而后按【Enter】键换行，输入列标题“时间”。选中输入的文字，选择“开始”选项卡，单击“字体”组中的“字号”下拉按钮，选择“小五”选项。

⑤ 选中行标题“星期”，而后选择“开始”选项卡，单击“段落”组中的“右对齐”按钮，而后选中列标题“时间”，单击“段落”组中的“左对齐”按钮。

（6）将表格的外侧框线设置为双细线、1.5 磅、蓝色。

具体操作步骤如下。

① 选中整个表格，选择“表格工具”下的“表设计”选项卡，单击“边框”组中的“笔样式”下拉按钮，设置线型为双细线；单击“笔划粗细”下拉按钮，在打开的下拉列表中选择“1.5 磅”选项；单击“笔颜色”下拉按钮，在打开的下拉列表中选择“标准色”中的“蓝色”选项。

② 单击“边框”下拉按钮，在打开的下拉列表中选择“外侧框线”选项，即可完成外侧框线的设置。

（7）将其余内部框线设置为单线、0.5 磅、蓝色。

具体操作步骤如下。

① 选中整个表格，选择“表格工具”下的“表设计”选项卡，单击“边框”组中的“笔样式”下拉按钮，设置线型为单线；单击“笔划粗细”下拉按钮，在打开的下拉列表中选择 0.5 磅；单击“笔颜色”下拉按钮，在打开的下拉列表中选择“标准色”中的“蓝色”选项。

② 单击“边框”下拉按钮，在打开的下拉列表中选择“内部框线”选项，则取消当前的内部框线，再次选择“内部框线”选项即可完成内部框线的设置。

（8）按照图 3-22 的样表在相应单元格中添加文字，文字格式为宋体、五号、水平居中、垂直居中。

具体操作步骤如下。

① 将光标移动至需输入文字的单元格中，按照样表提供的信息，依次输入文字。

② 选中表格中除斜线表头外所有的文字，选择“开始”选项卡，单击“字体”组中的“字体”下拉按钮，在打开的下拉列表中选择“宋体”选项；同样在“字号”下拉列表中选择“五号”选项。

③ 选中表格中除斜线表头外所有的文字，选择“表格工具”下的“布局”选项卡，单击“对齐方式”组中的“水平居中”按钮。

（9）将整个表格相对于页面水平居中对齐。

具体操作步骤如下。

① 选中整个表格。

② 右击表格，在弹出的快捷菜单中选择“表格属性”选项，打开“表格属性”对话框。选

择“表格”选项卡，选择“对齐方式”下的“居中”选项，而后单击“确定”按钮，如图3-27所示。

说明

- 选中表格后，选择“开始”选项卡，单击“段落”组中的“居中”按钮也可将表格设置为水平居中。

图3-27 “表格属性”对话框

（10）将表格的第1行填充为“白色，背景1，深色15%”，将第4行填充为蓝色。

具体操作步骤如下。

① 选中表格的第1行。

② 选择“表格工具”下的“表设计”选项卡，单击“表格样式”组中的“底纹”下拉按钮，在打开的下拉列表中选择“主题颜色”中的“白色，背景1，深色15%”选项，完成表格第1行的填充。

③ 用同样的方法完成表格第4行的蓝色填充。

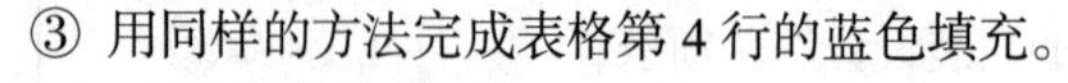

说明

- 设置表格的边框和填充底纹还可以通过“边框和底纹”对话框实现。打开“边框和底纹”对话框的方法为：在选中的表格上右击，在弹出的快捷菜单中选择“表格属性”选项，在打开的对话框中单击“边框和底纹”按钮；或选择“表格工具”下的“表设计”选项卡，而后单击“边框”组右下角的按钮。

（11）在右下角单元格中插入Word实验素材库文件夹下的“课外活动.jpg”图片，设置其大小为原尺寸的90%。

具体操作步骤如下。

① 将光标移到表格右下角的单元格中。

② 选择“插入”选项卡，单击“插图”组中的“图片”按钮，在打开的“插入图片”对话框中选择Word实验素材库文件夹下的“课外活动.jpg”文件，而后单击“插入”按钮。

③ 右击插入图片，在弹出的快捷菜单中选择“大小和位置”选项，打开“布局”对话框。选择“大小”选项卡，将“缩放”下的“高度”和“宽度”的值均调整为“90%”，而后单击“确定”按钮。

（12）保存文件。

选择“文件”选项卡，单击“另存为”按钮，将编辑好的表格所在文件以“Word实验3_1.docx”为文件名另存到自己所建的文件夹中。

【例3.7】 打开Word素材库文件夹下的“电视销量.docx”文件，完成以下操作后将其以“Word实验3_2.docx”为文件名另存到自己所建的文件夹中（见图3-28）。

品　牌	一季度（台）	二季度（台）	三季度（台）	四季度（台）	平均销量
海信	1000	901	930	950	945
三星	911	1058	974	1102	1,011
创维	855	785	821	782	811
东芝	1030	912	1051	910	976
康佳	1120	853	1250	800	1,006
长虹	1140	930	1060	951	1,020
合计	6040	5170	5930	4990	5,533

图3-28 表格样图

（1）在表格最后一列的右侧插入一个空列，输入列标题“平均销量”。在最后一行的下方插入一个空行，输入行标题“合计”。

具体操作步骤如下。

① 选中表格最后一列，而后选择“表格工具”下的“布局”选项卡，单击“行和列”组中的“在右侧插入”按钮，则在表格最后一列的右侧插入了一列，最后输入列标题“平均销量”。

② 选中表格最后一行，而后选择“表格工具”下的“布局”选项卡，单击“行和列”组中的“在下方插入”按钮，则在表格最后一行的下方插入了一行，输入行标题“合计”。

- 插入行或列的另一种方法：选中某一行或某一列，而后右击，在弹出的快捷菜单中选择“插入”选项，在其级联菜单中可选择相应选项完成在左侧或右侧插入列、在上方或下方插入行的操作。

（2）在“合计”行的各单元格中计算其上方相应 6 项数据的总和。

具体操作步骤如下。

① 将光标置于“合计”右侧的第 1 个单元格内，选择“表格工具”下的“布局”选项卡，单击“数据”组中的“公式”按钮，打开“公式”对话框，如图 3-29 所示。

② 在“公式”框内输入的公式为“=SUM(ABOVE)”，其中，“SUM”为求和函数，“ABOVE”表示求和项为当前单元格之上的数值型数据。单击“确定”按钮，即可完成相应的计算。

③ 按照同样方法填充另外 3 个季度的“合计”单元格。

（3）在“平均销量”列的各单元格中计算其左侧相应 4 项数据的平均值，数字格式为“#,##0”。

① 将光标置于“平均销量”下的第 1 个单元格内，选择“表格工具”下的“布局”选项卡，单击“数据”组中的“公式”按钮，打开“公式”对话框。

② 在“公式”框内输入“=AVERAGE(LEFT)”，其中“AVERAGE”为求和函数，“LEFT”表示计算项为当前单元格左侧的各个数值型数据。

③ 单击“编号格式”下拉按钮，在打开的下拉列表中选择“#,##0”选项，如图 3-30 所示，而后单击“确定”按钮。

④ 按照同样方法填充“平均销量”列的其他单元格。

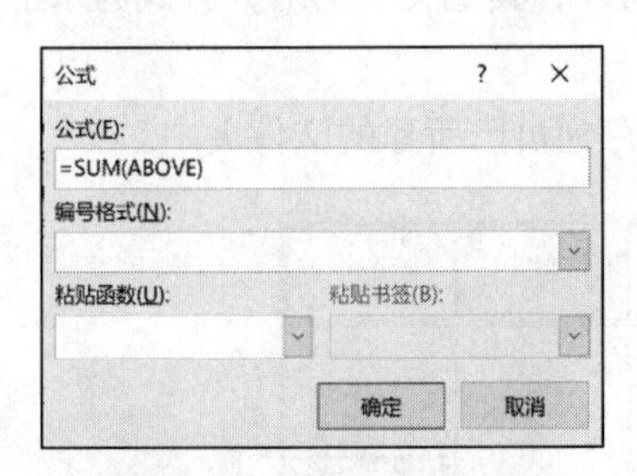

图 3-29　计算“合计”行

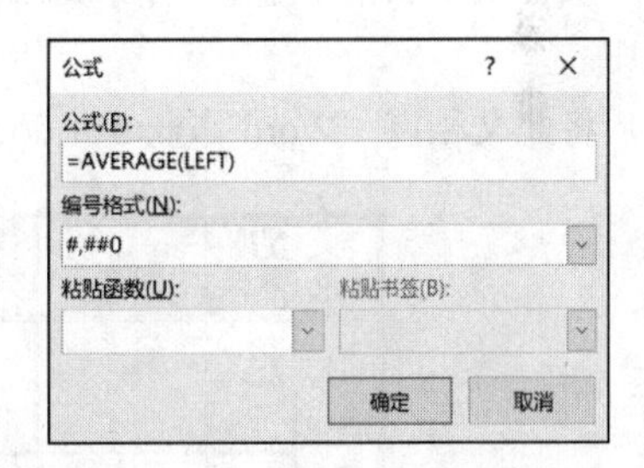

图 3-30　计算“平均销量”列

（4）保存文件。

选择“文件”选项卡，单击“另存为”按钮，再单击“浏览”按钮，在打开的“另存为”对话框中选择文件的保存位置，并输入文件名“Word 实验 3_2.docx”，而后单击“保存”按钮。

【例 3.8】 打开 Word 素材库文件夹下的“职工信息表.docx”文件，将其按照“年龄”升序排列，若年龄相同，则按照“职称”降序排列，完成后将其以“Word 实验 3_3.docx”为文件名另存到自己所建的文件夹中。

具体操作步骤如下。

① 将光标置于表格的任一单元格内，选择“表格工具”下的“布局”选项卡，单击“数据”

组中的“排序”按钮，打开“排序”对话框，如图 3-31 所示。

② 单击“主要关键字”下拉按钮，在打开的下拉列表中选择“年龄”选项，单击“类型”下拉按钮，选择“数字”选项，选中“升序”单选按钮；在“次要关键字”下拉列表中选择“职称”选项，“类型”设置为“拼音”，选中“降序”单选按钮；选中“列表”下的“有标题行”单选按钮，然后单击“确定”按钮。

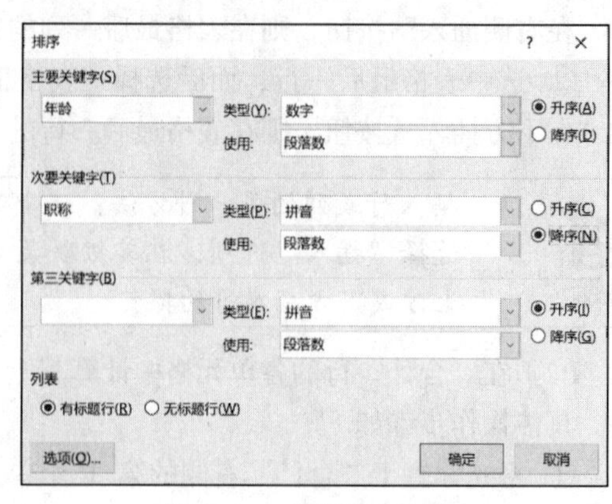

图 3-31 “排序”对话框

③ 选择“文件”选项卡，单击“另存为”按钮，再单击“浏览”按钮，在打开的“另存为”对话框中选择保存文件的位置，并输入文件名“Word 实验 3_3.docx”，然后单击“保存”按钮。

三、实验内容

【实验内容 1】

新建 Word 空白文档，创建一个 9 行 7 列的表格，按下述要求进行操作（样表如图 3-32 所示）。

（1）设置表格第 1 行行高为固定值 1.06 厘米，其余各行行高均为固定值 0.8 厘米。

（2）设置表格第 1、2 列列宽为 1 厘米，其余各列列宽为 2 厘米。

（3）按图 3-32 所示样表合并单元格，并在表格左上角的第 1 个单元格中添加 1 磅的左斜线，并添加相应文本，文本格式为宋体、五号，将第 1 行文本设为红色。

（4）按图 3-32 所示样表设置表格线：双细线、0.5 磅、蓝色。

（5）设置表格第 1 行为浅绿色底纹。

（6）设置整个表格水平居中，除左上角第 1 个单元格外，其他文字的对齐方式为水平居中和垂直居中。

最后将此文档以“Word 作业 3_1.docx”为文件名另存到自己所建的文件夹中。

<table>
<tr><td colspan="2">星期
节次</td><td>星期一</td><td>星期二</td><td>星期三</td><td>星期四</td><td>星期五</td></tr>
<tr><td rowspan="4">上午</td><td>1</td><td rowspan="2"></td><td rowspan="2"></td><td rowspan="4"></td><td rowspan="3"></td><td rowspan="2"></td></tr>
<tr><td>2</td></tr>
<tr><td>3</td><td rowspan="2"></td><td rowspan="2"></td><td rowspan="2"></td></tr>
<tr><td>4</td><td></td></tr>
<tr><td rowspan="4">下午</td><td>5</td><td></td><td rowspan="3"></td><td rowspan="2"></td><td rowspan="2"></td><td rowspan="2"></td></tr>
<tr><td>6</td><td></td></tr>
<tr><td>7</td><td rowspan="2"></td><td rowspan="2"></td><td></td><td rowspan="2"></td></tr>
<tr><td>8</td><td></td><td></td></tr>
</table>

图 3-32 表格样图

【实验内容 2】

打开 Word 实验素材库文件夹下的“成绩表.docx”文件，按如下要求进行操作。

（1）在表格第 1 行的上方插入一个空行作为标题行，而后依次输入“姓名”“语文”“英语”“数学”“计算机”。

（2）在表格最后一列的右侧插入一空列，输入列标题“平均成绩”，在这一列下面的各单元格中计算其左边相应 4 项成绩的平均值，数字格式为“0.00”。

（3）将表格中的所有文字的格式设置为黑体、五号、水平居中、垂直居中。

（4）将标题行的底纹设置为浅黄色。

（5）将表格按照“平均成绩”进行降序排列。

（6）将此文档以“Word 作业 3_2.docx”为文件名另存到自己所建的文件夹中。

实验四　上机练习系统典型试题讲解

一、实验目的

（1）掌握上机练习系统中 Word 2016 操作典型问题的解决方法。

（2）熟悉 Word 2016 操作中各种综合应用的操作技巧。

（3）本实验的例题取自上机练习系统中的典型试题，读者若能配合使用与本书配套的上机练习系统，将会达到更好的学习效果。

二、模拟练习

【模拟练习 A】

1. 编辑、排版

打开 Wordkt 文件夹下的“Word14A.docx”文件，按如下要求进行编辑、排版。

（1）基本编辑的要求如下。

A. 将 Wordkt 文件夹下“Word14A1.docx”文件的内容插入“Word14A.docx”文件的尾部。

B. 将标题为“2.过程控制”和“3.信息处理”的两部分内容互换位置（包括标题及内容），并修改编号。

C. 将文中所有的“空置”替换为“控制”。

具体操作步骤如下。

① 插入已有文件的内容。

a. 打开 Wordkt 文件夹下的“Word14A1.docx”文件，按【Ctrl+A】组合键，或选择“开始”选项卡，单击“编辑”组中的“选择”下拉按钮，从打开的下拉列表中选择“全选”选项，均可将文档中的内容全部选中。

b. 单击“剪贴板”组中的“复制”按钮，或按【Ctrl+C】组合键，将选中的内容复制到剪贴板中。

c. 将光标置于“Word14A.docx”文件的末尾，单击“剪贴板”组中的“粘贴”按钮，或按【Ctrl+V】组合键完成粘贴。

② 段落互换。

a. 选中小标题“3.信息处理”及其内容，单击“剪贴板”组中的“剪切”按钮，或按【Ctrl+X】组合键完成剪切。

b. 将光标放在小标题“2.过程控制”前面，单击“剪贴板”组中的“粘贴”按钮，或按【Ctrl+V】组合键完成交换。

c. 更改编号，将小标题“3.信息处理”的编号“3”改为“2”，将小标题“2.过程控制”的编号“2”改为“3”。

③ 查找并替换内容。

a. 选择“开始”选项卡，单击“编辑”组中的“替换”按钮，打开“查找和替换”对话框。在“查找内容”文本框中输入“空置”，在“替换为”文本框中输入“控制”，如图3-33所示。

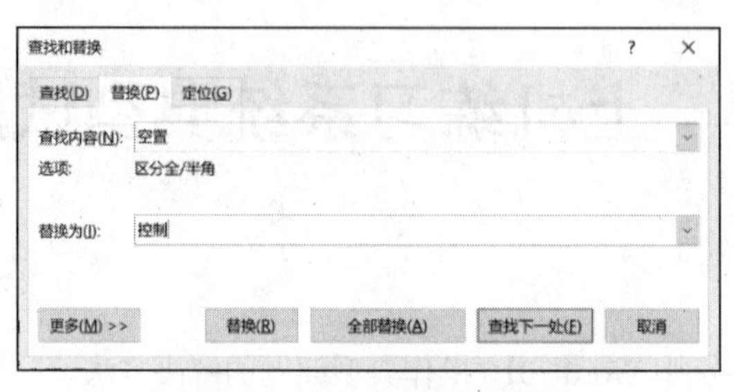

图3-33 “查找和替换”对话框

b. 单击“全部替换”按钮，在弹出的提示框中单击“确定”按钮，返回“查找和替换”对话框，而后将“查找和替换”对话框关闭。

④ 保存文件。

单击“快速访问工具栏”上的“保存”按钮，保存文件。

（2）排版的要求如下。

A. 上、下页边距均为2.5厘米，左、右页边距均为2厘米；页眉、页脚距边界均为1.3厘米；纸张大小为A4。

B. 将文章标题“计算机的应用领域”设置为隶书、二号、加粗、标准色中的红色、水平居中、段前和段后间距均为0.5行。

C. 将小标题（“1.科学计算”“2.过程控制”……“6.多媒体应用”）设置为黑体、小四号、标准色中的蓝色、左对齐、段前和段后间距均为0.3行。

D. 将其余部分（除上面两种标题以外的部分）设置为楷体、小四号、首行缩进2字符、两端对齐。

E. 将排版后的文件以原文件名存盘。

具体操作步骤如下。

① 页面设置。

a. 选择“布局”选项卡，单击“页面设置”组右下角的按钮，打开“页面设置”对话框，如图3-34所示。

b. 选择“页边距”选项卡，设置“上”“下”页边距均为“2.5厘米”，设置“左”“右”页边距均为“2厘米”，如图3-34（a）所示。

c. 选择“纸张”选项卡，在“纸张大小”下拉列表中选择“A4”选项。

d. 选择“布局”选项卡，设置“页眉”“页脚”距边界均为“1.3厘米”，如图3-34（b）所示。

e. 单击“确定”按钮，完成页面设置。

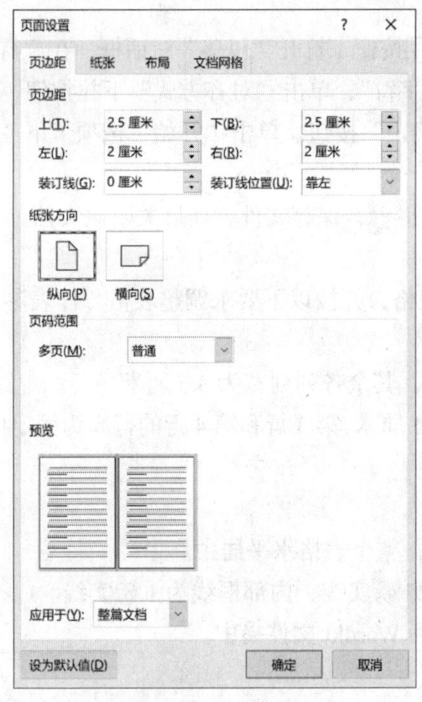

（a）“页边距”选项卡

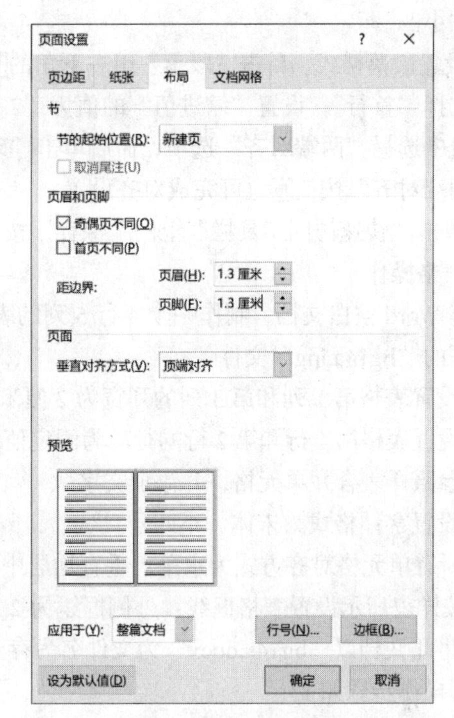

（b）“布局”选项卡

图 3-34　“页面设置”对话框

② 设置标题格式。

a. 选中文章标题“计算机的应用领域”。

b. 设置字体格式。选择“开始”选项卡，在“字体”组中单击“字体”下拉按钮，选择“隶书”选项；单击“字号”下拉按钮，在打开的下拉列表中选择“二号”选项；单击“字体颜色”下拉按钮，在打开的下拉列表中选择“标准色”下的“红色”选项；单击“加粗”按钮B。

c. 设置标题的段落格式。单击“段落”组中的“居中”按钮≡，将标题设置为水平居中，单击“段落”组右下角的↘按钮，打开“段落”对话框，分别将“段前”和“段后”的值设置为“0.5 行”，而后单击“确定”按钮完成设置。

③ 设置小标题格式。

a. 选中小标题。首先选中小标题“1.科学计算”，而后按住【Ctrl】键，再选择小标题“2.信息处理”……“6.多媒体应用”，将 6 个小标题全部选中，最后松开【Ctrl】键。

b. 设置字体格式。分别单击“开始”选项卡下“字体”组中的“字体”“字号”“字体颜色”下拉按钮，设置小标题的格式为黑体、小四、标准色中的蓝色。

c. 设置段落格式。单击“段落”组右下角的↘按钮，打开“段落”对话框，设置“段前”为“0.3 行”，“段后”为“0.3 行”；在“对齐方式”下拉列表中选择“左对齐”选项，单击“确定”按钮完成设置。

④ 设置正文格式

a. 选中除标题和小标题外的段落。首先选中除标题和小标题外的第 1 个段落，然后按住【Ctrl】键，分别选择其他段落，最后松开【Ctrl】键。

b. 设置字体格式。选择“开始”选项卡，单击“字体”组中的相应下拉按钮设置字体格式为

“楷体”“小四”。

c. 设置段落格式。单击“段落”组右下角的按钮，打开“段落”对话框，在“特殊”下拉列表中选择“首行”，设置“缩进值”的值为“2 字符”，单击“对齐方式”下拉按钮，在打开的下拉列表中选择“两端对齐”选项，而后单击“确定”按钮。单击“开始”选项卡下“段落”组中的“两端对齐”按钮也可完成对齐设置。

d. 单击“快速访问工具栏”上的“保存”按钮，保存文件，而后关闭该文档。

2. 表格操作

新建 Word 空白文档，制作一个 4 行 5 列的表格，并按以下要求调整表格（样表参见 Wordkt 文件夹下的“bg14a.jpg”文件）。

A. 设置表格第 1 列和第 3 列的列宽为 2 厘米，其余各列列宽为 3.5 厘米。

B. 设置表格第 1 行和第 2 行的行高为固定值 1 厘米，第 3 行和第 4 行的行高为固定值 2 厘米。

C. 参照样表合并单元格，并添加文字。

D. 设置字体格式为宋体、小四号。

E. 所有单元格对齐方式为水平、垂直均居中，整个表格水平居中。

F. 按样表所示设置表格框线：外侧框线为 2.25 磅实线，内部框线为 1 磅实线。

G. 将此文档以“bg14a.docx”为文件名另存到 Wordkt 文件夹中。

具体操作步骤如下。

① 插入表格。

a. 打开 Word 2016 应用程序，创建空白文档。

b. 选择“插入”选项卡，单击“表格”组中的“表格”下拉按钮，在打开的下拉列表中选择“插入表格”选项，打开“插入表格”对话框，在“列数”微调框中输入“5”，在“行数”微调框中输入“4”，如图 3-35 所示。

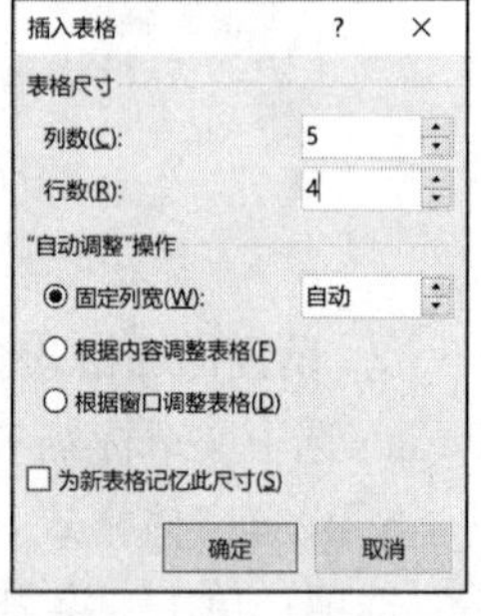

图 3-35 “插入表格”对话框

c. 单击“确定”按钮，则创建一个 4 行 5 列的空白表格。

② 设置行高与列宽。

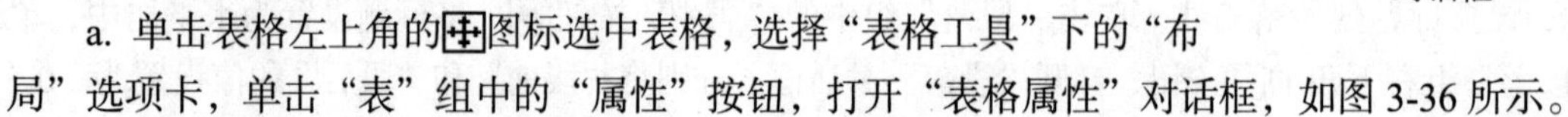

a. 单击表格左上角的图标选中表格，选择“表格工具”下的“布局”选项卡，单击“表”组中的“属性”按钮，打开“表格属性”对话框，如图 3-36 所示。

b. 设置列宽。选择“列”选项卡，在“指定宽度”微调框中设置表格第 1 ~ 5 列的列宽为“3.5 厘米”，如图 3-36（a）所示；而后通过单击“后一列”按钮，分别选中表格第 1 列和第 3 列，将“指定宽度”值设置为“2 厘米”。

c. 设置行高。选择“行”选项卡，选中“指定高度”复选框，设置其值为“1 厘米”，设置“行高值是”为“固定值”，这样可先将所有行的行高均设置为 1 厘米，如图 3-36（b）所示；而后单击“下一行”按钮，分别选中表格第 3 行和第 4 行，将“指定高度”设置为“2 厘米”。

d. 单击“确定”按钮，完成行高与列宽的设置。

③ 合并单元格。

a. 同时选中表格第 1 行的第 3、4、5 个单元格，选择“表格工具”下的“布局”选项卡，单击“合并”组中的“合并单元格”按钮，或右击选中的单元格，在弹出的快捷菜单中选择“合并单元格”选项。

b. 参考样表，用同样的方法设置其他需要合并的单元格，并在相应单元格中输入文字。

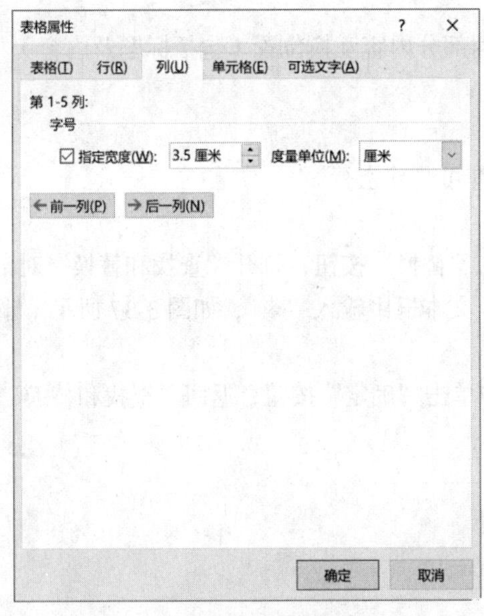

（a）“列”选项卡

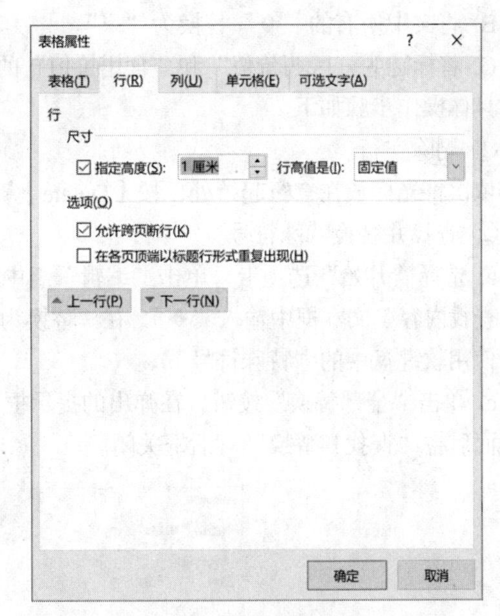

（b）“行”选项卡

图 3-36 “表格属性”对话框

④ 设置文字字体格式。

选中表格，选择“开始”选项卡，在“字体”组中设置文字的“字体”为“宋体”、“字号”为“小四”。

⑤ 设置单元格对齐方式和表格的对齐方式。

a. 设置单元格对齐方式。选中表格，选择“表格工具”下的“布局”选项卡，单击“对齐方式”组中的“水平居中”按钮。

b. 设置表格的对齐方式。选中表格，选择“开始”选项卡，单击“段落”组中的“居中”按钮，将表格的对齐方式设置为“居中”。

⑥ 设置表格框线。

a. 设置外侧框线。单击表格左上角的图标选中表格，选择“表格工具”下的“表设计”选项卡，单击“边框”组中的“笔划粗细”下拉按钮，选择“2.25 磅”选项，单击“边框”下拉按钮，在打开的下拉列表中选择“外侧框线”选项，完成外侧框线的设置。

b. 设置内部框线。单击“边框”组中的“笔划粗细”下拉按钮，选择“1 磅”选项，单击“边框”下拉按钮，在打开的下拉列表中选择“内部框线”选项，完成内部框线的设置。

⑦ 保存文件。

单击“快速访问工具栏”上的“保存”按钮，再单击“浏览”按钮，打开“另存为”对话框，选择文件保存的位置，并以“bg14a.docx”为文件名进行保存，而后关闭文件并退出 Word 2016 应用程序。

【模拟练习 B】

1. 编辑、排版

打开 Wordkt 文件夹下的“Word14B.docx”文件，按以下要求进行编辑、排版。

（1）基本编辑的要求如下。

A. 删除文章中的所有空行。

B. 将文中所有的“◆”替换为“※”。

C. 将标题为“医药价值”和“食用价值”的两部分内容互换位置（包括标题及内容）。

具体操作步骤如下。

① 删除空行。

依次将光标放在空行起始处，按【Delete】键即可删除空行。

② 查找并替换特殊符号。

a. 选择“开始”选项卡，单击“编辑”组中的“替换”按钮，打开“查找和替换”对话框，在“查找内容”文本框中输入“◆”，在“替换为”文本框中输入“※”，如图 3-37 所示（输入符号可使用软键盘中的“特殊符号”）。

b. 单击“全部替换”按钮，在弹出的提示框中单击“确定”按钮，返回“查找和替换”对话框，而后将“查找和替换”对话框关闭。

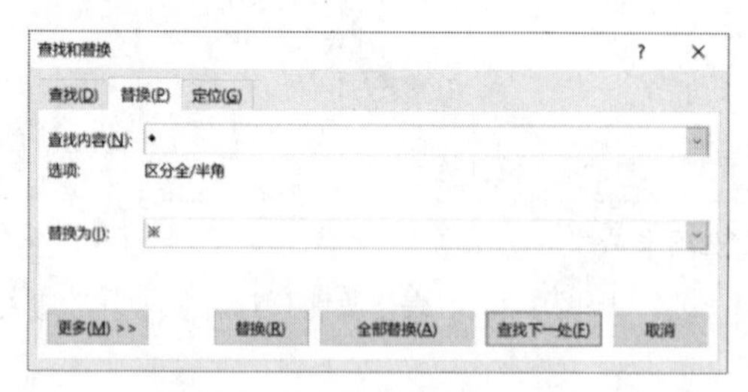

图 3-37 “查找和替换”对话框

③ 段落互换。

a. 选中标题“食用价值”及其内容，单击“剪贴板”组中的“剪切”按钮，或按【Ctrl+X】组合键完成剪切。

b. 将光标放在标题“医药价值”前面，单击“剪贴板”组中的“粘贴”按钮，或按【Ctrl+V】组合键完成交换。

④ 保存文件。

单击“快速访问工具栏”上的“保存”按钮，保存文件。

（2）排版的要求如下。

A. 上、下、左、右页边距均为 2 厘米；装订线位置为靠左的 0.5 厘米处；纸张大小为自定义大小，其宽度为 21 厘米，高度为 26 厘米。

B. 将文章标题“茉莉”的格式设置为华文新魏、二号、标准色中的红色、水平居中、段后间距为 1 行。

C. 将小标题（“1.生长环境”“2.主要价值”）的格式设置为隶书、四号、加粗、标准色中的绿色、左对齐、1.5 倍行距，并为其添加双下划线。

D. 将其余部分（除上面两种标题以外的部分）的格式设置为楷体、五号、首行缩进 2 字符、两端对齐、行距为固定值 16 磅。

E. 将排版后的文件以原文件名存盘。

具体操作步骤如下。

① 页面设置。

a. 选择“布局”选项卡，单击“页面设置”组右下角的按钮，打开“页面设置”对话框，如图 3-38 所示。

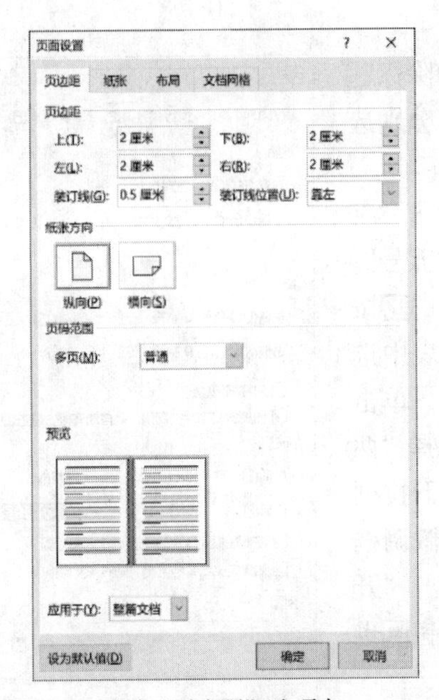

（a）“页边距”选项卡

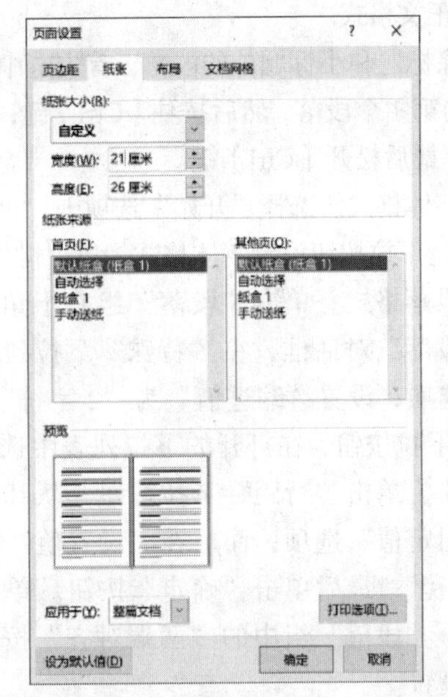

（b）“纸张”选项卡

图 3-38　“页面设置”对话框

b. 选择“页边距”选项卡，设置“上”“下”“左”“右”的值均为“2 厘米”，将“装订线”的值设置为“0.5 厘米”，“装订线位置”设置为“靠左”，如图 3-38（a）所示。

c. 选择“纸张”选项卡，在“纸张大小”下拉列表中选择“自定义”选项，将“宽度”的值设置为“21 厘米”，将“高度”的值设置为“26 厘米”，如图 3-38（b）所示。

d. 单击“确定”按钮，完成页面设置。

② 设置标题格式。

a. 选中文章标题“茉莉”。

b. 设置字体格式。选择“开始”选项卡，在“字体”组中单击“字体”下拉按钮，选择“华文新魏”选项；单击“字号”下拉按钮，在打开的下拉列表中选择“二号”选项；单击“字体颜色”下拉按钮，在打开的下拉列表中选择“标准色”下的“红色”选项。

c. 设置标题的段落格式。单击“段落”组中的“居中”按钮设置标题为水平居中，单击“段落”组右下角的按钮，打开“段落”对话框，将“段后”设置为“1 行”，而后单击“确定”按钮完成设置。

③ 设置小标题格式。

a. 选中小标题。先选中小标题“1.生长环境”，而后按住【Ctrl】键，再选择小标题“2.主要价值”，松开【Ctrl】键。

b. 设置字体格式。分别单击“开始”选项卡下“字体”组中的“字体”“字号”“字体颜色”下拉按钮，设置小标题的格式为“隶书”“四号”以及“标准色”中的“蓝色”，单击“加粗”按钮进行加粗设置，单击“下划线”下拉按钮，在打开的下拉列表中选择“双下划线”选项。

c. 设置段落格式。单击“段落”组右下角的按钮，打开“段落”对话框，在“对齐方式”下拉列表中选择“左对齐”选项，将“行距”设置为“1.5 倍行距”，如图 3-39 所示，而后单击“确定”按钮完成设置。

④ 设置正文格式。

a. 选中除标题和小标题外的段落。首先选中除标题和小标题外的第 1 个段落，然后按住【Ctrl】键，分别选择其他段落，最后松开【Ctrl】键。

b. 设置字体格式。选择“开始”选项卡，单击“字体”组中的相应下拉按钮设置字体格式为“楷体”“五号”。

c. 设置段落格式。单击“段落”组右下角的按钮，打开“段落”对话框，在“特殊”下拉列表中选择“首行”选项，设置“缩进值”为“2 字符”，单击“对齐方式”下拉按钮，在打开的下拉列表中选择“两端对齐”选项，单击“行距”下拉按钮，从其下拉列表中选择“固定值”选项，而后在“设置值”微调框内输入“16 磅”，最后单击“确定”按钮。单击“开始”选项卡下“段落”组中的“两端对齐”按钮也可完成对齐设置。

d. 单击“快速访问工具栏”上的“保存”按钮，保存文件，而后关闭该文档。

2. 表格操作

打开 Wordkt 文件夹下的“bg14b.docx”文件，按以下要求调整表格（样表参见 Wordkt 文件夹下的“bg14b.jpg”文件）。

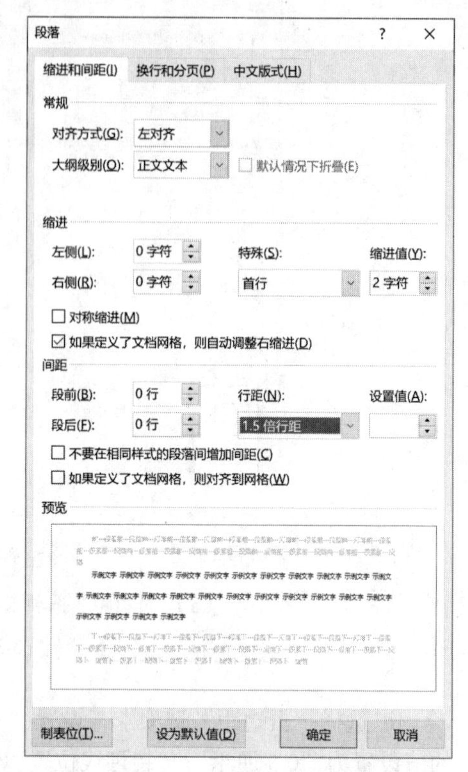

图 3-39 “段落”对话框

A. 设置表格第 1 列和第 6 列的列宽为 2.8 厘米，其余各列列宽为 2 厘米。

B. 设置表格第 1 行的行高为固定值 1.5 厘米，其余各行的行高为 0.8 厘米。

C. 按样表所示在表格左上角的第 1 个单元格中添加斜下框线，并添加相应文本。

D. 在列标题为“合计”的列下面的各单元格中计算其左边相应数据的总和。

E. 除表格左上角的第 1 个单元格外，表格中其余文字的对齐方式为水平、垂直都居中。

F. 按样表所示设置表格框线：粗线为 2.25 磅实线，细线为 1 磅实线。

G. 表格第 1 行的底纹设置为标准色中的黄色。

H. 将此文档以原文件名存盘。

具体操作步骤如下。

① 设置行高与列宽。

a. 双击 Wordkt 文件夹下的“bg14b.docx”文件，将其打开。

b. 单击表格左上角的图标选中表格，选择“表格工具”下的“布局”选项卡，单击“表”组中的“属性”按钮，打开“表格属性”对话框，如图 3-40 所示。

c. 设置列宽。选择“列”选项卡，在“指定宽度”微调框中设置表格第 1 ~ 6 列的列宽为“2 厘米”，如图 3-40（a）所示；而后通过单击“后一列”按钮，分别选中表格第 1 列和第 6 列，将“指定宽度”设置为“2.8 厘米”。

d. 设置行高。选择“行”选项卡，选中“指定高度”复选框，设置其值为“0.8 厘米”，设置“行高值是”为“固定值”，这样可先将所有行的行高均设置为 0.8 厘米，如图 3-40（b）所示；而后通过单击“下一行”按钮选中表格第 1 行，可将“指定高度”设置为“1.5 厘米”。

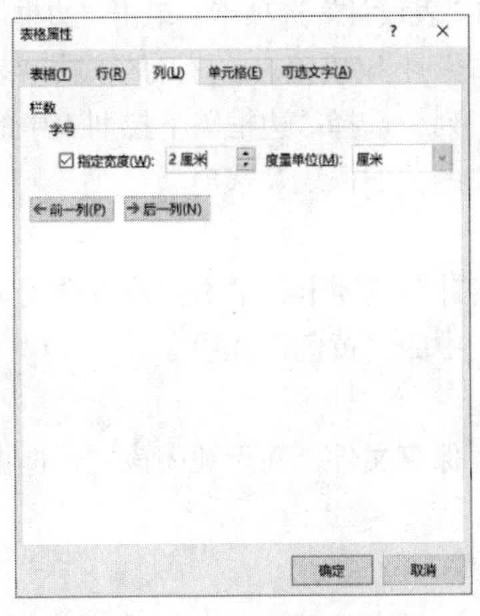

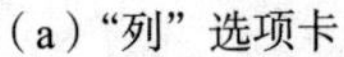
（a）“列”选项卡

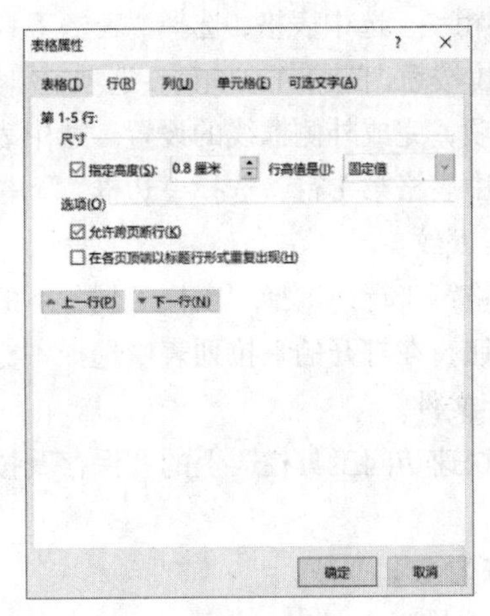

（b）“行”选项卡

图 3-40　“表格属性”对话框

e. 单击“确定”按钮，完成行高与列宽的设置。

② 设置表格左上角单元格的格式。

a. 将光标置于表格左上角单元格内，选择“表格工具”下的“表设计”选项卡，单击“边框”组中的“笔划粗细”下拉按钮，选择“1 磅”选项，而后单击“边框”下拉按钮，在打开的下拉列表中选择“斜下框线”选项，可为该单元格添加 1 磅的斜下框线。

b. 先输入“品牌”，而后按【Enter】键进行换行，再输入“种类”。

③ 计算“合计”列数据。

a. 将光标置于“合计”列下的第 1 个空白单元格内，选择“表格工具”下的“布局”选项卡，单击“数据”组中的“公式”按钮，打开“公式”对话框，如图 3-41 所示。此时“公式”框中自动显示求和公式“=SUM(LEFT)”，单击“确定”按钮进行确认。

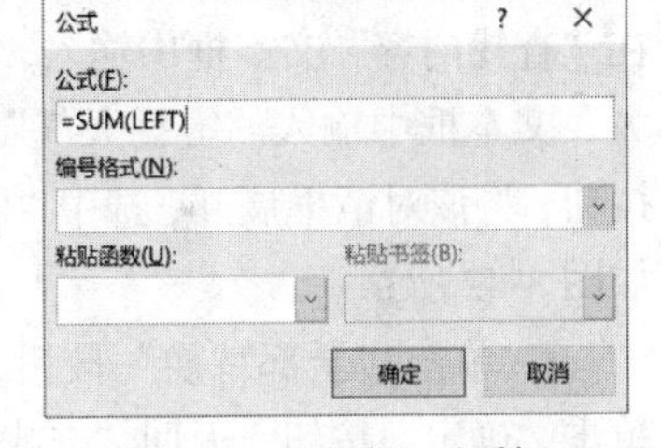

图 3-41　“公式”对话框

b. 将光标置于“合计”列下的第 2 个空白单元格内，再次将“公式”对话框打开，此时“公式”框内显示“=SUM(ABOVE)”，将其中的“ABOVE”修改为“LEFT”，单击“确定”按钮，即可对该单元格左侧各单元格内的数据进行求和计算。

c. 按步骤 b 的方法，依次计算“合计”列的其他单元格的值。

④ 设置单元格的对齐方式。

a. 选中表格，选择“表格工具”下的“布局”选项卡，单击“对齐方式”组中的“水平居中”按钮，可将所有单元格的对齐方式均设置为水平、垂直均居中。

b. 选中表格斜上角单元格内的文字“品牌”，选择“开始”选项卡，单击“段落”组中的“右对齐”按钮；选中文字“种类”，单击“段落”组中的“左对齐”按钮。

⑤ 设置表格框线。

a. 绘制细线。单击表格左上角的图标选中表格，选择“表格工具”下的“表设计”选项卡，单击“边框”组中的“笔划粗细”下拉按钮，选择“1 磅”选项，单击“边框”下拉按钮，在打开的下拉列表中选择“内部框线”选项，完成内部框线的设置。

b. 绘制粗线。选中表格，选择“表格工具”下的“表设计”选项卡，单击“边框”组中的“笔划粗细”下拉按钮，选择“2.25 磅”选项，单击“边框”下拉按钮，在打开的下拉列表中选择“外侧框线”选项，完成外侧框线的设置。选中表格第 1 列，选择“边框”下拉列表中的“右框线”选项，再选中表格第 1 行，选择“边框”下拉列表中的“下框线”选项。

⑥ 设置底纹。

选中表格第 1 行，选择“表格工具”下的“表设计”选项卡，单击“表格样式”组中的“底纹”下拉按钮，在打开的下拉列表中选择“标准色”中的“黄色”选项。

⑦ 保存文件。

单击“快速访问工具栏”上的“保存”按钮，保存文件，而后关闭该文档退出 Word 2016 应用程序。

【模拟练习 C】

1. 编辑、排版

打开 Wordkt 文件夹下的“Word14C.docx”文件，按以下要求进行编辑、排版。

（1）基本编辑的要求如下。

A. 将文章中的所有空行删除。

B. 将文章中的所有“雾 X 天气”替换为“雾霾天气”（其中“X”为任意字符）。

具体操作步骤如下。

① 删除空行。

依次将光标放在空行起始处，按【Delete】键即可删除空行。

② 查找并替换内容。

a. 选择“开始”选项卡，单击“编辑”组中的“替换”按钮，打开“查找和替换”对话框，在“查找内容”文本框中输入“雾?天气”，在“替换为”文本框中输入“雾霾天气”，而后单击“更多”按钮，将该对话框展开，选中“使用通配符”复选框，如图 3-42 所示。

b. 单击“全部替换”按钮，在弹出的提示框中单击“确定”按钮，返回“查找和替换”对话框，而后将“查找和替换”对话框关闭。

③ 保存文件。

单击“快速访问工具栏”上的“保存”按钮，保存文件。

图 3-42 “查找和替换”对话框

（2）排版的要求如下。

A. 上、下页边距均为 2.2 厘米，左、右页边距均为 3 厘米；纸张大小为 A4。

B. 将文章标题“雾霾天气的防治”的格式设置为华文行楷、一号、加粗、标准色中的深红色、水平居中、段后间距为 1 行。

C. 将小标题（“一、雾霾天气的防治措施”“二、如何改善雾霾天气”）的格式设置为隶书、四号、标准色中的深蓝色、左对齐、段前、段后间距均为 0.2 行。

D. 将其余部分（除上面两种标题以外的部分）的格式设置为楷体、小四号、首行缩进 2 字符、两端对齐、行距为固定值 15 磅。

E. 将排版后的文件以原文件名存盘。

具体操作步骤如下。

① 页面设置。

a. 选择“布局”选项卡，单击“页面设置”组右下角的按钮，打开“页面设置”对话框。

b. 选择“页边距”选项卡，设置“上”“下”的值均为“2.2 厘米”，将“左”“右”的值均设置为“3 厘米”，如图 3-43 所示。

c. 选择“纸张”选项卡，在“纸张大小”下拉列表中选择“A4”选项。

d. 单击“确定”按钮，完成页面设置。

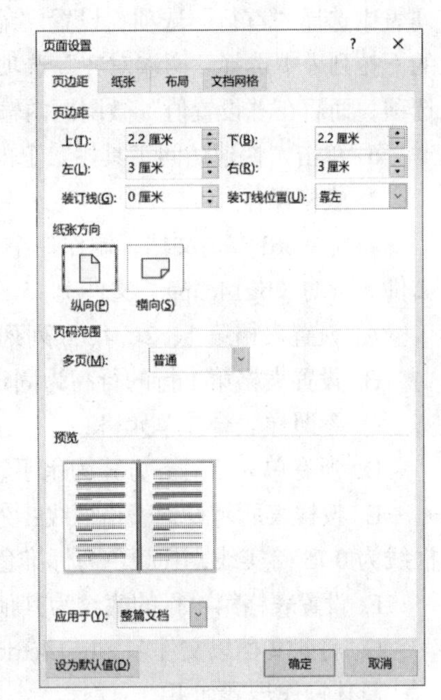

图 3-43 “页面设置”对话框

② 设置标题格式。

a. 选中文章标题“雾霾天气的防治”。

b. 设置字体格式。选择“开始”选项卡，在“字体”组中单击“字体”下拉按钮，选择“华文行楷”选项；单击“字号”下拉按钮，在打开的下拉列表中选择“一号”选项；单击“字体颜色”下拉按钮，在打开的下拉列表中选择“标准色”下的“深红”选项。

c. 设置标题的段落格式。单击“段落”组中的“居中”按钮将标题设置为水平居中，单击“段落”组右下角的按钮，打开“段落”对话框，将“段后”的值设置为“1 行”，而后单击“确定”按钮完成设置。

③ 设置小标题格式。

a. 选中小标题。首先选中小标题“一、雾霾天气的防治措施”，而后按住【Ctrl】键，再选择小标题“二、如何改善雾霾天气”，最后松开【Ctrl】键。

b. 设置字体格式。分别单击“开始”选项卡下“字体”组中的“字体”“字号”“字体颜色”下拉按钮设置小标题的格式为“隶书”“四号”以及“标准色”中的“深蓝”。

c. 设置段落格式。单击“段落”组右下角的按钮，打开“段落”对话框，在“对齐方式”下拉列表中选择“左对齐”选项，将“段前”与“段后”的值均设置为“0.2 行”，将“行距”设置为“1.5 倍行距”，如图 3-44 所示，而后单击“确定”按钮完成设置。

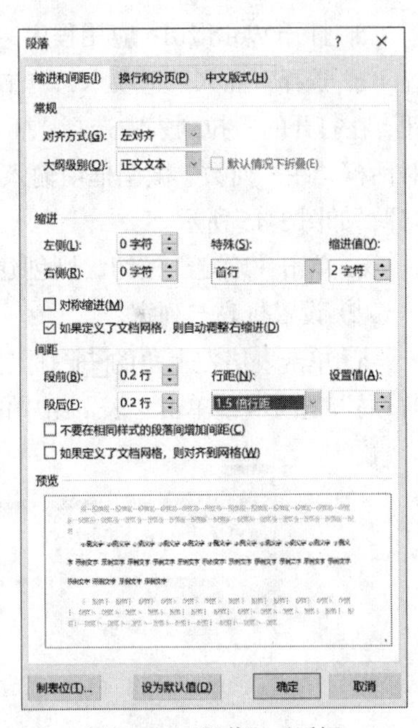

图 3-44 “段落”对话框

④ 设置正文格式。

a. 选中除标题和小标题外的段落。首先选中除标题和小标题外的第 1 个段落，然后按住【Ctrl】键，分别选择其他段落，最后松开【Ctrl】键。

b. 设置字体格式。选择“开始”选项卡，单击“字体”组中的相应下拉按钮设置字体格式为“楷体”“小四”。

c. 设置段落格式。单击“段落”组右下角的按钮，打开“段落”对话框，在“特殊”下拉列表中选择“首行”选项，设置“缩进值”为“2 字符”，单击“对齐方式”下拉按钮，在打开的下拉列表中选择“两端对齐”选项，单击“行距”下拉按钮，从其下拉列表中选择“固定值”选项，而后在“设置值”微调框内输入“15 磅”，最后单击“确定”按钮。

d. 单击“快速访问工具栏”上的“保存”按钮，保存文件，而后关闭该文档。

2. 表格操作

新建 Word 空白文档，制作一个 5 行 7 列的表格，并按以下要求调整表格（样表参见 Wordkt 文件夹下的“bg14c.jpg”文件）。

A. 设置表格第 1、2、4、6 列列宽为 1.3 厘米，其余各列列宽为 2.2 厘米。

B. 设置表格第 1 行的行高为固定值 1.2 厘米，其余各行行高为固定值 0.8 厘米。

C. 参照样表合并单元格。

D. 所有单元格对齐方式为水平、垂直均居中，整个表格水平居中。

E. 按样表所示设置表格框线：外侧框线为 2.25 磅实线，其颜色为标准色中的浅蓝色；内部框线为 0.75 磅实线，其颜色为标准色中的红色。

F. 设置表格第 1 行的底纹为其他颜色，R、G、B 值分别为 255、255、153。

G. 将此文档以文件名“bg14c.docx”另存到 Wordkt 文件夹中。

具体操作步骤如下。

① 插入表格。

a. 打开 Word 2016 应用程序，创建空白文档。

b. 选择“插入”选项卡，单击“表格”组中的“表格”下拉按钮，在打开的下拉列表中选择“插入表格”选项，打开“插入表格”对话框，在“列数”微调框中输入“7”，在“行数”微调框中输入“5”，如图 3-45 所示。

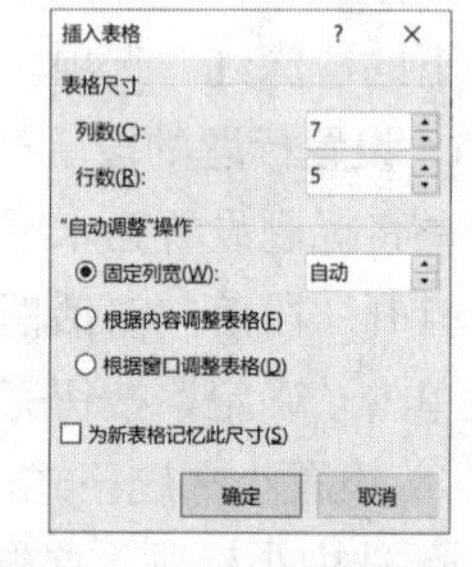

图 3-45 “插入表格”对话框

c. 单击“确定”按钮，则创建一个 5 行 7 列的空白表格。

② 设置行高与列宽。

a. 单击表格左上角的图标选中表格，选择“表格工具”下的“布局”选项卡，单击“表”组中的“属性”按钮，打开“表格属性”对话框，如图 3-46 所示。

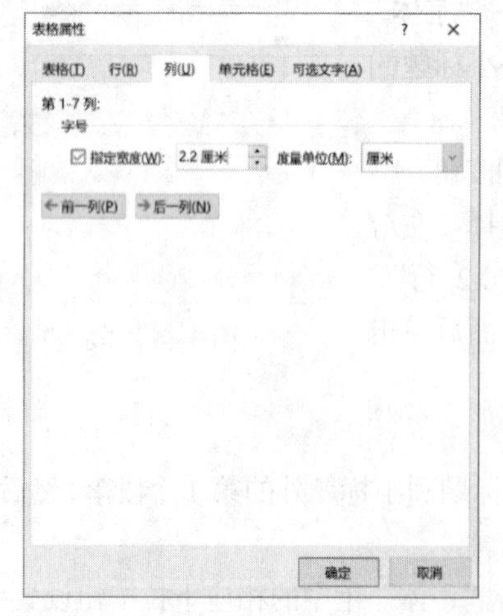

（a）“列”选项卡

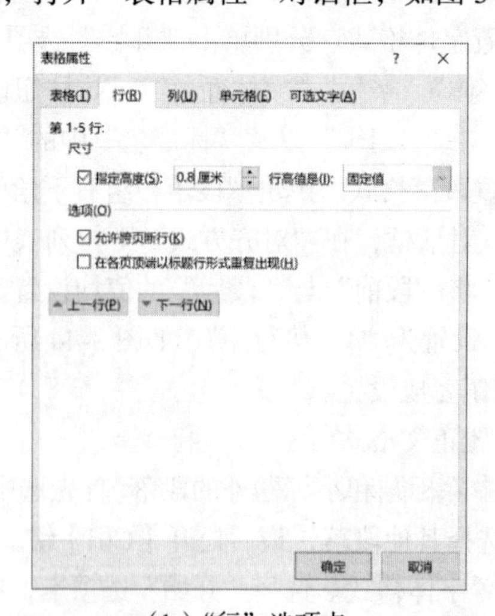

（b）“行”选项卡

图 3-46 “表格属性”对话框

b. 设置列宽。选择“列”选项卡，在“指定宽度”微调框中设置表格第 1 ~ 7 列的列宽均为“2.2 厘米”，如图 3-46（a）所示；而后通过单击“后一列”按钮，分别选中表格第 1、2、4、6 列，将“指定宽度”设置为“1.3 厘米”。

c. 设置行高。选择“行”选项卡，选中“指定高度”复选框，设置其值为“0.8 厘米”，设置“行高值是”为“固定值”，这样可先将所有行的行高均设置为 0.8 厘米，如图 3-46（b）所示；而后通过单击“下一行”按钮选中表格第 1 行，将“指定高度”设置为“1.2 厘米”。

d. 单击“确定”按钮，完成行高与列宽的设置。

③ 合并单元格。

a. 同时选中表格第 1 行的第 1、2 个单元格，选择“表格工具”下的“布局”选项卡，单击“合并”组中的“合并单元格”按钮，或右击选中的单元格，在弹出的快捷菜单中选择“合并单元格”选项。

b. 参考样表，用同样的方法设置其他需要合并的单元格。

④ 设置单元格对齐方式和表格的对齐方式。

a. 设置单元格对齐方式。选中表格，选择“表格工具”下的“布局”选项卡，单击“对齐方式”组中的“水平居中”按钮。

b. 设置表格的对齐方式。选中表格，选择“开始”选项卡，单击“段落”组中的“居中”按钮，将表格的对齐方式设置为“居中”。

⑤ 设置表格框线。

a. 设置外侧框线。单击表格左上角的图标选中表格，选择“表格工具”下的“表设计”选项卡，单击“边框”组中的“笔划粗细”下拉按钮，选择“2.25 磅”选项；单击“笔颜色”下拉按钮，在打开的下拉列表中选择“标准色”下的“浅蓝”选项；单击“边框”下拉按钮，在打开的下拉列表中选择“外侧框线”选项，完成外侧框线的设置。

b. 设置内部框线。单击“边框”组中的“笔划粗细”下拉按钮，选择“1 磅”，单击“笔颜色”下拉按钮，在打开的下拉列表中选择“标准色”下的“红色”选项；单击“边框”下拉按钮，在打开的下拉列表中选择“内部框线”选项，完成内部框线的设置。

⑥ 设置底纹。

选中第 1 行，单击“表格样式”组中的“底纹”下拉按钮，在打开的下拉列表中选择“其他颜色”选项，打开“颜色”对话框，选择“自定义”选项卡，将“红色”“绿色”“蓝色”的值分别设置为“255”“255”“153”，如图 3-47 所示，而后单击“确定”按钮。

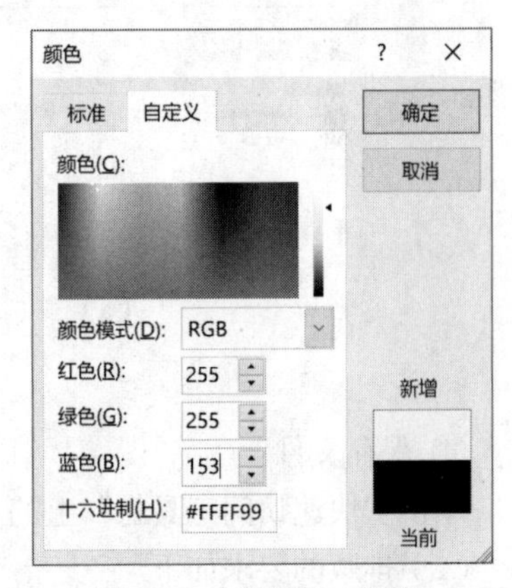

图 3-47 “颜色”对话框

⑦ 保存文件。

单击“快速访问工具栏”上的“保存”按钮，再单击“浏览”按钮，打开“另存为”对话框，选择文件保存的位置，并将其以“bg14c.docx”为文件名进行保存，而后关闭文件并退出 Word 2016 应用程序。

【模拟练习 D】

1. 编辑、排版

打开 Wordkt 文件夹下的“Word14D.docx”文件，按如下要求进行编辑、排版。

（1）基本编辑的要求如下。

A. 将 Wordkt 文件夹下的“Word14D1.txt”文件中的内容插入“Word14D.docx”文件的末尾。

B. 删除文章中的所有空行。

C. 将文章中所有的“（）”替换为“【 】”。

具体操作步骤如下。

① 插入已有文件的内容。

a. 打开 Wordkt 文件夹下的“Word14D1.txt”文件，按【Ctrl+A】组合键，或选择“开始”选项卡，单击“编辑”组中的“选择”下拉按钮，从打开的下拉列表中选择“全选”选项，均可将该文本文件中的内容全部选中。

b. 单击“剪贴板”组中的“复制”按钮，或按【Ctrl+C】组合键，将选中的内容复制到剪贴板中。

c. 将光标置于“Word14D.docx”文件的末尾，单击“剪贴板”组中的“粘贴”按钮，或按【Ctrl+V】组合键完成粘贴。

② 删除空行。

依次将光标放在空行起始处，按【Delete】键即可删除空行。

③ 查找并替换内容。

a. 选择“开始”选项卡，单击“编辑”组中的“替换”按钮，打开“查找和替换”对话框。在“查找内容”文本框中输入“（”，在“替换为”文本框中输入“【”，如图 3-48（a）所示。

b. 单击“全部替换”按钮，在弹出的提示框中单击“确定”按钮，返回“查找和替换”对话框。

c. 在“查找内容”文本框中输入“）”，在“替换为”文本框中输入“】”，如图 3-48（b）所示。

d. 单击“全部替换”按钮，在弹出的提示框中单击“确定”按钮，返回“查找和替换”对话框，而后将“查找和替换”对话框关闭。

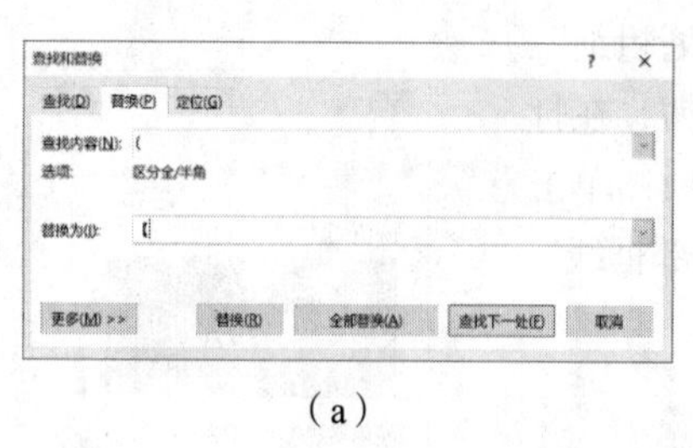

（a）

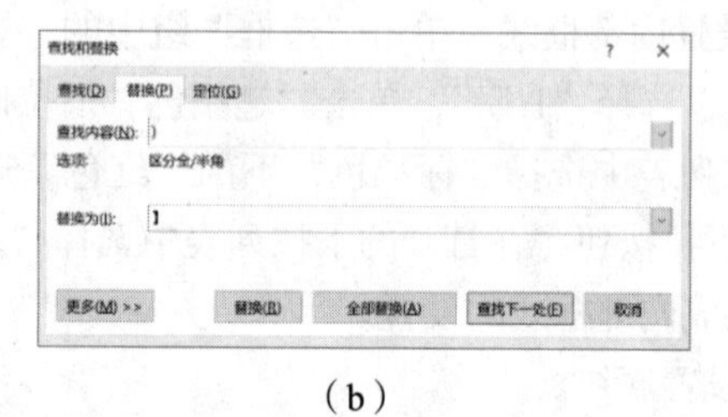

（b）

图 3-48 “查找和替换”对话框

④ 保存文件。

单击“快速访问工具栏”上的“保存”按钮，保存文件。

（2）排版的要求如下。

A. 上、下、左、右页边距均为 2 厘米；纸张大小为 A4；页眉距边界 1 厘米，页脚距边界 1.5 厘米。

B. 将文章标题“IPV6：让每粒沙子都能连上网”的格式设置为仿宋、小二号、加粗、标准色中的绿色、水平居中、段后间距为 1 行。

C. 将小标题“（一）IPV4：5 亿中国网民用 3 亿地址”和“（二）IPV6：每一粒沙子都有地址”的格式设置为黑体、小四号、加下划线、标准色中的红色、左对齐、1.5 倍行距。

D. 将其余部分（除上面两种标题以外的部分）的中文的字体设置为仿宋，英文的字体设置为

Times New Roman，其他格式均设置为小四号、首行缩进 2 字符、两端对齐、行距为固定值 18 磅。

E. 将排版后的文件以原文件名存盘。

具体操作步骤如下。

① 页面设置。

a. 选择“布局”选项卡，单击“页面设置”组右下角的按钮，打开“页面设置”对话框，如图 3-49 所示。

b. 选择“页边距”选项卡，设置“上”“下”“左”“右”的值均为“2 厘米”，如图 3-49（a）所示。

c. 选择“纸张”选项卡，在“纸张大小”下拉列表中选择“A4”选项。

d. 选择“布局”选项卡，将“页眉”设置为“1 厘米”，将“页脚”设置为“1.5 厘米”，如图 3-49（b）所示。

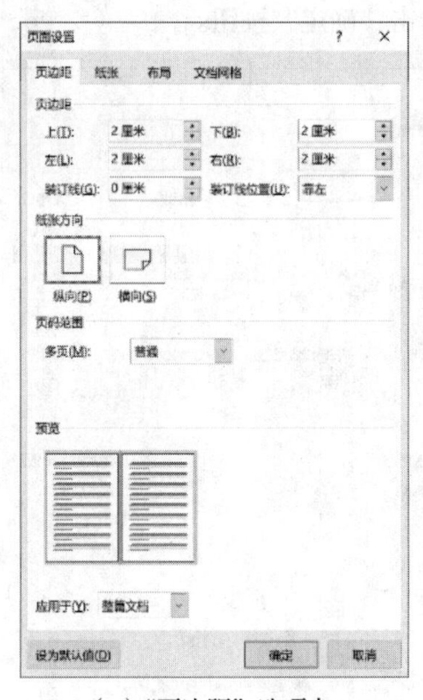

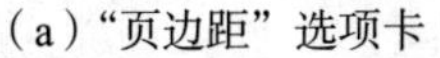

（a）“页边距”选项卡

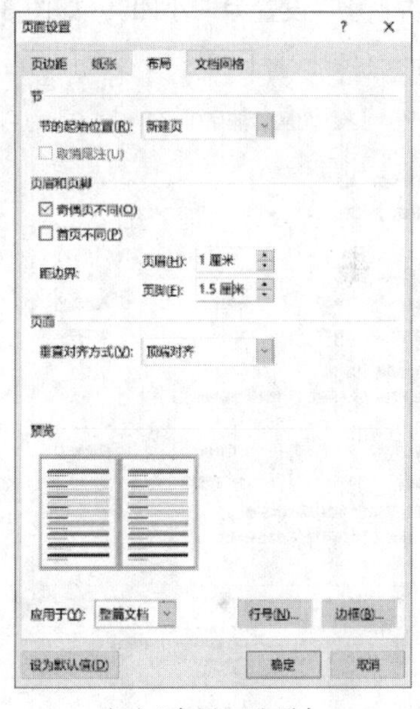

（b）“布局”选项卡

图 3-49　“页面设置”对话框

e. 单击“确定”按钮，完成页面设置。

② 设置标题格式。

a. 选中文章标题“IPV6：让每粒沙子都能连上网”。

b. 设置字体格式。选择“开始”选项卡，在“字体”组中单击“字体”下拉按钮，选择“仿宋”选项；单击“字号”下拉按钮，在打开的下拉列表中选择“小二”选项；单击“字体颜色”下拉按钮，在打开的下拉列表中选择“标准色”下的“绿色”选项。

c. 设置标题的段落格式。单击“段落”组中的“居中”按钮设置标题为水平居中，单击“段落”组右下角的按钮，打开“段落”对话框，将“段后”设置为“1 行”，而后单击“确定”按钮完成设置。

③ 设置小标题格式。

a. 选中小标题。首先选中小标题“（一）IPV4：5 亿中国网民用 3 亿地址”，而后按住【Ctrl】键，再选择小标题“（二）IPV6：每一粒沙子都有地址”，最后松开【Ctrl】键。

b. 设置字体格式。分别单击“开始”选项卡下“字体”组中的“字体”“字号”“字体颜色”下拉按钮设置小标题的格式为“黑体”“小四”以及“标准色”中的“红色”，而后单击“下划线”按钮。

c. 设置段落格式。单击“段落”组右下角的按钮，打开“段落”对话框，在“对齐方式”下拉列表中选择“左对齐”选项，将“行距”设置为“1.5 倍行距”，如图 3-50 所示，而后单击“确定”按钮完成设置。

④ 设置正文格式。

a. 选中除标题和小标题外的段落。首先选中除标题和小标题外的第 1 个段落，然后按住【Ctrl】键，分别选择其他段落，最后松开【Ctrl】键。

b. 设置字体格式。选择“开始”选项卡，单击“字体”组右下角的按钮，打开“字体”对话框，将“中文字体”设置为“仿宋”，在“西文字体”下拉列表中选择“Times New Roman”选项，将“字号”设置为“小四”，如图 3-51 所示，而后单击“确定”按钮。

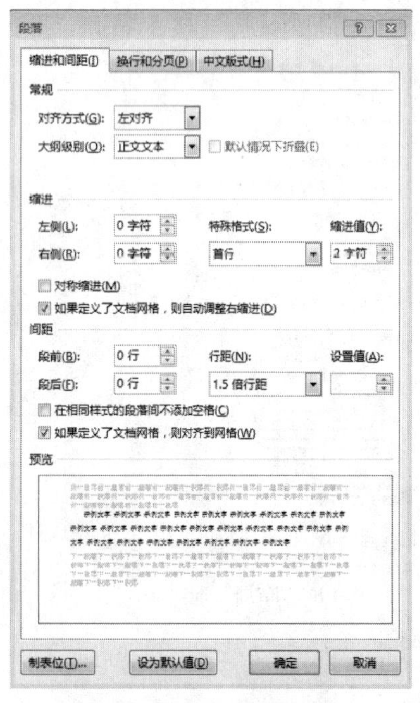

图 3-50 “段落”对话框

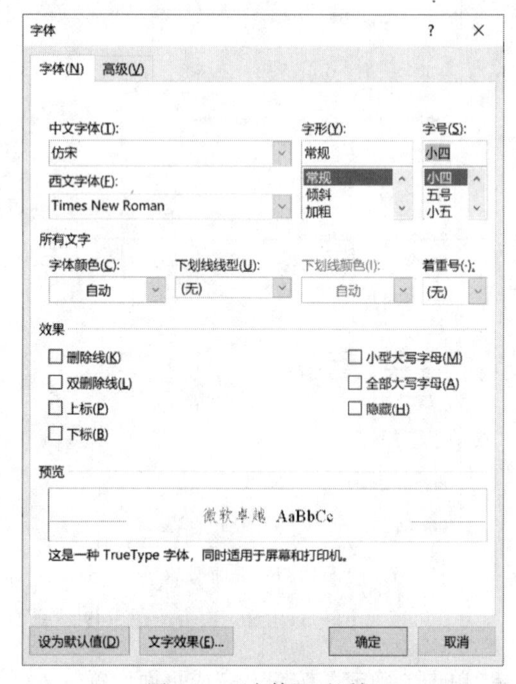

图 3-51 “字体”对话框

c. 设置段落格式。单击“段落”组右下角的按钮，打开“段落”对话框，在“特殊”下拉列表中选择“首行”选项，设置“缩进值”的值为“2 字符”，单击“对齐方式”下拉按钮，在打开的下拉列表中选择“两端对齐”选项，单击“行距”下拉按钮，从中选择“固定值”选项，而后在“设置值”微调框内输入“18 磅”，最后单击“确定”按钮。

d. 单击“快速访问工具栏”上的“保存”按钮，保存文件，而后关闭该文档。

2. 表格操作

打开 Wordkt 文件夹下的“bg14d.docx”文件，按以下要求调整表格（样表参见 Wordkt 文件夹下的“bg14d.jpg”文件）。

A. 将文字转换为 5 行 5 列的表格。

B. 设置表格第 1 行行高为固定值 1.5 厘米，设置第 2 行行高为固定值 1.8 厘米，其余各行行高为固定值 1.2 厘米。

C. 设置表格第 1、2、3 列的列宽均为 2.5 厘米，其余各列的列宽为 3 厘米。

D. 设置表格第 1 行的文字格式为黑体、小四号，其余文字格式为楷体、五号。

E. 所有单元格的对齐方式为水平、垂直均居中，整个表格水平居中。

F. 按样表所示设置表格框线：粗线为 1.5 磅双实线，其颜色为标准色中的红色；细线为 0.75 磅单实线，其颜色为标准色中的紫色。

G. 将此文档以原文件名存盘。

具体操作步骤如下。

① 将文字转换为表格。

a. 双击 Wordkt 文件夹下的“bg14d.docx”文件，将其打开，而后选中文档中的所有文字。

b. 选择“插入”选项卡，单击“表格”组中的“表格”下拉按钮，在打开的下拉列表中选择“文本转换为表格”选项，打开“将文字转换成表格”对话框，如图 3-52 所示，单击“确定”按钮。

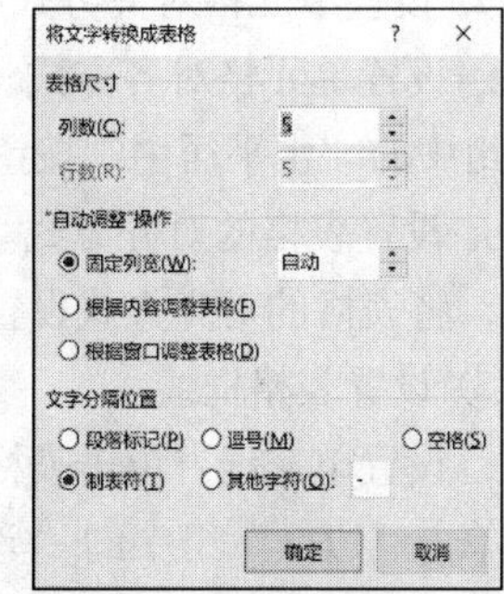

图 3-52 “将文字转换成表格”对话框

② 设置行高与列宽。

a. 单击表格左上角的⊞图标选中表格，选择“表格工具”下的“布局”选项卡，单击“表”组中的“属性”按钮，打开“表格属性”对话框，如图 3-53 所示。

b. 设置列宽。选择“列”选项卡，在“指定宽度”微调框中设置表格第 1～5 列的列宽均为“3 厘米”，如图 3-53（a）所示；而后通过单击“后一列”按钮，分别选中表格第 1、2、3 列，将“指定宽度”设置为“2.5 厘米”。

c. 设置行高。选择“行”选项卡，选中“指定高度”复选框，设置其值为“1.2 厘米”，设置“行高值是”为“固定值”，这样可先将所有行的行高均设置为 1.2 厘米，如图 3-53（b）所示；而后通过单击“下一行”按钮分别选中表格第 1 行和第 2 行，分别将“指定高度”设置为“1.5 厘米”和“1.8 厘米”。

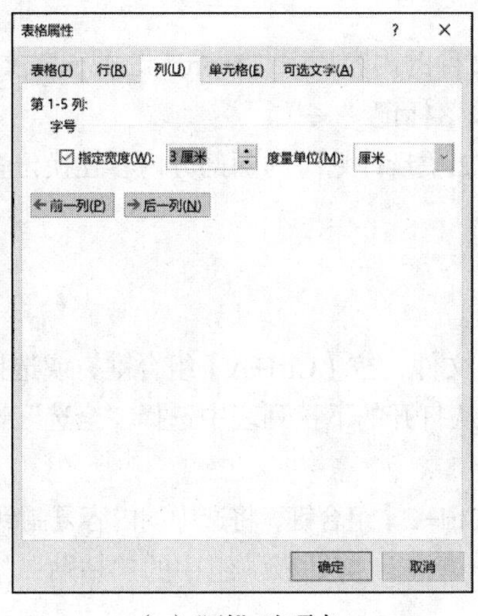

（a）“列”选项卡

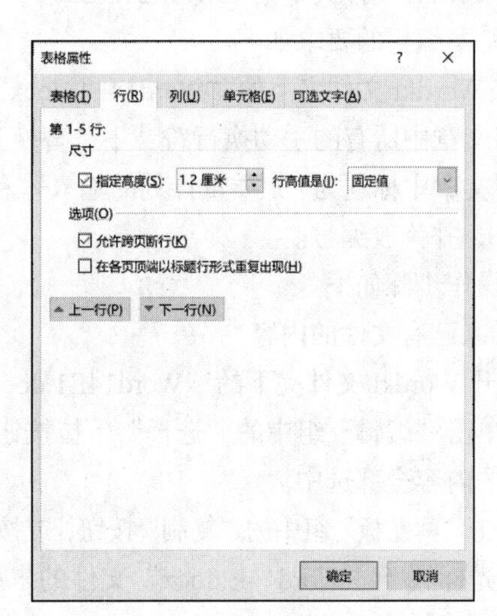

（b）“行”选项卡

图 3-53 “表格属性”对话框

d. 单击“确定”按钮，完成行高与列宽的设置。

③ 设置文字字体格式。

a. 选中表格，选择“开始”选项卡，在“字体”组中设置文字的“字体”为“楷体”、“字号”为“五号”。

b. 选中表格第 1 行，在“字体”组中设置文字的“字体”为“黑体”、“字号”为“小四”。

④ 设置单元格对齐方式和表格的对齐方式。

a. 设置单元格对齐方式。选中表格，选择“表格工具”下的“布局”选项卡，单击“对齐方式”组中的“水平居中”按钮。

b. 设置表格的对齐方式。选中表格，选择“开始”选项卡，单击“段落”组中的“居中”按钮，将表格的对齐方式设置为“居中”。

⑤ 设置表格框线。

a. 设置单实线。单击表格左上角的图标选中表格，选择“表格工具”下的“表设计”选项卡，单击“边框”组中的“笔划粗细”下拉按钮，选择“0.75 磅”选项，单击“笔颜色”下拉按钮，在打开的下拉列表中选择“标准色”下的“紫色”选项，单击“边框”下拉按钮，在打开的下拉列表中选择“内部框线”选项，完成内部框线的设置。

b. 设置双实线。选中表格，选择“表格工具”下的“表设计”选项卡，单击“边框”组中的“笔样式”下拉按钮，选择双实线，单击“笔划粗细”下拉按钮，选择“1.5 磅”选项，单击“笔颜色”下拉按钮，在打开的下拉列表中选择“标准色”下的“红色”选项，单击“边框”下拉按钮，在打开的下拉列表中选择“外侧框线”选项，完成外侧框线的设置；选中第 1 行，单击“边框”下拉按钮，在打开的下拉列表中选择“下框线”选项。

⑥ 保存文件。

单击“快速访问工具栏”上的“保存”按钮，而后关闭文件并退出 Word 2016 应用程序。

【模拟练习 E】

1. 编辑、排版

打开 Wordkt 文件夹下的“Word14E.docx”文件，按如下要求进行编辑、排版。

（1）基本编辑的要求如下。

A. 将 Wordkt 文件夹下的“Word14E1.docx”文件的内容插入“Word14E.docx”文件的尾部。

B. 将文章中所有的手动换行符“↓”替换为段落标记“↵”。

C. 将文章中标题为“1.质量计划的输入”和“2.质量计划”的两部分内容互换位置（包括标题及内容），并修改编号。

具体操作步骤如下。

① 插入已有文件的内容。

a. 打开 Wordkt 文件夹下的“Word14E1.docx”文件，按【Ctrl+A】组合键，或选择“开始”选项卡，单击“编辑”组中的“选择”下拉按钮，从打开的下拉列表中选择“全选”选项，均可将文档中的内容全部选中。

b. 单击“剪贴板”组中的“复制”按钮，或按【Ctrl+C】组合键，将选中的内容复制到剪贴板中。

c. 将光标置于“Word14E.docx”文件的末尾，单击“剪贴板”组中的“粘贴”按钮，或按【Ctrl+V】组合键完成粘贴。

② 查找并替换内容。

a. 选择“开始”选项卡，单击“编辑”组中的“替换”按钮，打开“查找和替换”对话框，单击“更多”按钮，将该对话框展开。将光标置于“查找内容”文本框，而后单击“特殊格式”下拉按钮，从中选择“手动换行符”选项，再将光标置于“替换为”文本框内，单击“特殊格式”下拉按钮，从中选择“段落标记”选项，如图 3-54 所示。

图 3-54 “查找和替换”对话框

b. 单击“全部替换”按钮，在弹出的提示框中单击“确定”按钮，返回“查找和替换”对话框，而后将“查找和替换”对话框关闭。

③ 段落互换。

a. 选中小标题“2.质量计划”及其内容，单击“剪贴板”组中的“剪切”按钮，或按【Ctrl+X】组合键完成剪切。

b. 将光标放在小标题“1.质量计划的输入”前面，单击“剪贴板”组中的“粘贴”按钮，或按【Ctrl+V】组合键完成交换。

c. 更改编号，将小标题“2.质量计划”的编号“2”改为“1”，小标题“1.质量计划的输入”的编号“1”改为“2”。

④ 保存文件。

单击“快速访问工具栏”上的“保存”按钮，保存文件。

（2）排版的要求如下。

A. 上、下页边距均为 2 厘米，左、右页边距均为 2.5 厘米；装订线位置为靠上的 0.5 厘米处；纸张大小为 16 开，纸张方向为横向。

B. 将文章标题“项目质量管理”的格式设置为华文新魏、二号、加粗、标准色中的红色、水平居中、段前和段后间距均为 0.5 行。

C. 将小标题（“1.质量计划”“2.质量计划的输入”“3.质量计划的手段和技巧”）的格式设置为黑体、四号、加粗、标准色中的深蓝色、左对齐、段前和段后间距均为 0.3 行。

D. 将其余部分（除上面两种标题以外的部分）的格式设置为仿宋、小四号、悬挂缩进 2 字符、两端对齐、1.5 倍行距。

E. 将排版后的文件以原文件名存盘。

具体操作步骤如下。

① 页面设置。

a. 选择“布局”选项卡，单击“页面设置”组右下角的按钮，打开“页面设置”对话框。

b. 选择“页边距”选项卡，设置“上”“下”的值为“2 厘米”，设置“左”“右”的值为“2.5 厘米”，将“装订线”的值设置为“0.5 厘米”，“装订线位置”设置为“靠上”，“纸张方向”选择“横向”选项，如图 3-55 所示。

c. 选择“纸张”选项卡，在“纸张大小”下拉列表中选择“16 开”（18.4 厘米 × 26 厘米）。

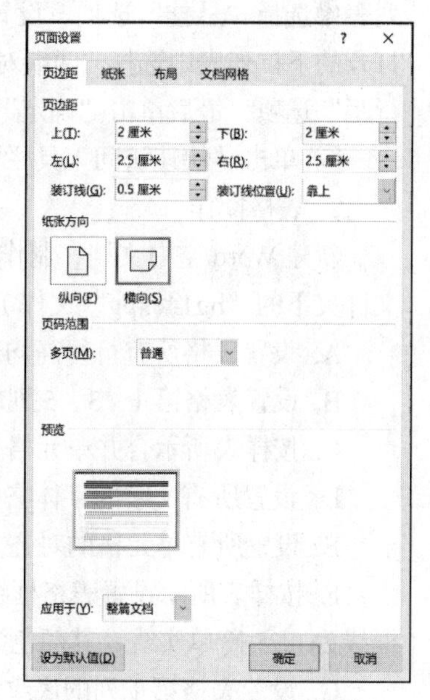

图 3-55 “页面设置”对话框

d. 单击“确定”按钮，完成页面设置。

② 设置标题格式。

a. 选中文章标题“项目质量管理”。

b. 设置字体格式。选择“开始”选项卡，在“字体”组中单击“字体”下拉按钮，选择“华文新魏”选项；单击“字号”下拉按钮，在打开的下拉列表中选择“二号”选项；单击“字体颜色”下拉按钮，在打开的下拉列表中选择“标准色”下的“红色”选项，最后单击“加粗”按钮B。

c. 设置标题的段落格式。单击“段落”组中的“居中”按钮设置标题为水平居中，单击“段落”组右下角的按钮，打开“段落”对话框，将“段前”“段后”均设置为“0.5 行”，而后单击“确定”按钮完成设置。

③ 设置小标题格式。

a. 选中小标题。首先选中小标题“1.质量计划”，而后按住【Ctrl】键，再分别选择小标题“2.质量计划的输入”“3.质量计划的手段和技巧”，最后松开【Ctrl】键。

b. 设置字体格式。分别单击“开始”选项卡下“字体”组中的“字体”“字号”“字体颜色”下拉按钮设置小标题的格式为“黑体”“四号”以及“标准色”中的“深蓝”，单击“加粗”按钮B进行加粗设置。

c. 设置段落格式。单击“段落”组右下角的按钮，打开“段落”对话框，在“对齐方式”下拉列表中选择“左对齐”选项，将“段前”“段后”的值均设置为“0.3 行”，而后单击“确定”按钮完成设置。

④ 设置正文格式。

a. 选中除标题和小标题外的段落。首先选中除标题和小标题外的第 1 个段落，然后按住【Ctrl】键，分别选择其他段落，最后松开【Ctrl】键。

b. 设置字体格式。选择“开始”选项卡，单击“字体”组中的相应下拉按钮设置字体格式为“仿宋”“小四”。

c. 设置段落格式。单击“段落”组右下角的按钮，打开“段落”对话框。在“特殊”下拉列表中选择“悬挂”选项，设置“缩进值”的值为“2 字符”，单击“对齐方式”下拉按钮，在打开的下拉列表中选择“两端对齐”选项，单击“行距”下拉按钮，从其下拉列表中选择“1.5 倍行距”选项，最后单击“确定”按钮。

⑤ 单击“快速访问工具栏”上的“保存”按钮，保存文件，而后关闭该文档。

2. 表格操作

新建 Word 空白文档，制作一个 6 行 6 列的表格，并按以下要求调整表格（样表参见 Wordkt 文件夹下的“bg14e.jpg”文件）。

A. 设置表格所有行行高均为固定值 0.8 厘米。

B. 设置表格第 1、3、5 列的列宽为 2.2 厘米，其余列列宽为 2.8 厘米。

C. 按样表所示合并单元格，并输入文字。

D. 设置所有文字的字体格式为楷体、小四号、加粗。

E. 设置所有单元格的对齐方式为水平、垂直均居中。

F. 按样表所示设置表格框线：外侧框线为 1.5 磅双实线，其颜色为标准色中的深红色；内部框线为 0.75 磅单实线，其颜色为标准色中的蓝色。

G. 设置表格第 1 列的底纹为其他颜色，R、G、B 值分别为 255、191、143。

H. 将此文档以文件名“bg14e.docx”另存到 Wordkt 文件夹中。

具体操作步骤如下。

① 插入表格。

a. 打开 Word 2016 应用程序，创建空白文档。

b. 选择“插入”选项卡，单击“表格”组中的“表格”按钮，在打开的下拉列表中选择“插入表格”选项，打开“插入表格”对话框，在“列数”微调框中输入“6”，在“行数”微调框中输入“6”，如图 3-56 所示。

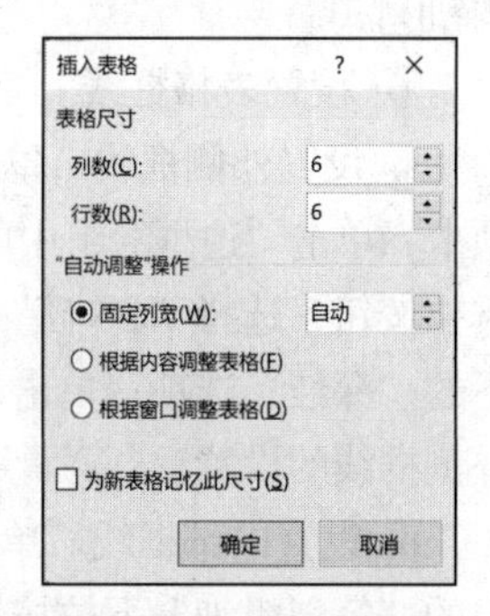

图 3-56 “插入表格”对话框

c. 单击“确定”按钮，则创建一个 6 行 6 列的空白表格。

② 设置行高与列宽。

a. 单击表格左上角的图标选中表格，选择“表格工具”下的“布局”选项卡，单击“表”组中的“属性”按钮，打开“表格属性”对话框，如图 3-57 所示。

b. 设置列宽。选择“列”选项卡，在“指定宽度”微调框中设置表格第 1 ~ 6 列的列宽均为“2.8 厘米”，如图 3-57（a）所示；而后通过单击“后一列”按钮，分别选中表格第 1、3、5 列，将“指定宽度”设置为“2.2 厘米”。

c. 设置行高。选择“行”选项卡，选中“指定高度”复选框，设置其值为“0.8 厘米”，设置“行高值是”为“固定值”，即可将所有行的行高均设置为 0.8 厘米，如图 3-57（b）所示。

d. 单击“确定”按钮，完成行高与列宽的设置。

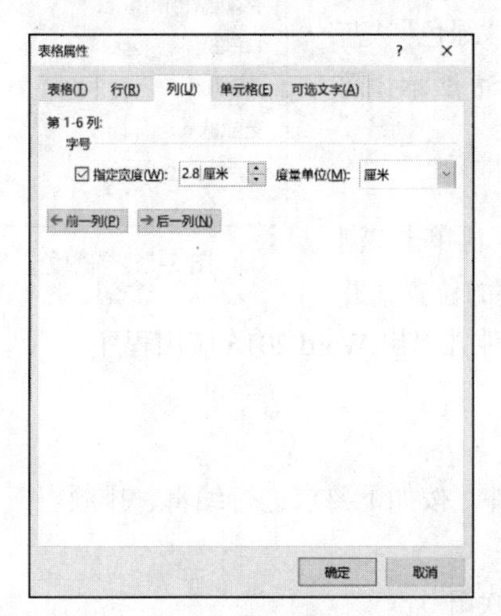

（a）“列”选项卡

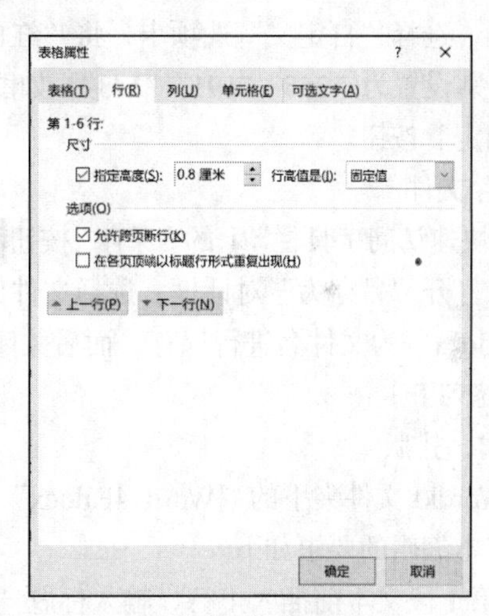

（b）“行”选项卡

图 3-57 “表格属性”对话框

③ 合并单元格并输入文字。

a. 同时选中表格第 2 行的第 2、3 个单元格，选择“表格工具”下的“布局”选项卡，单击“合并”组中的“合并单元格”按钮，或右击选中的单元格，在弹出的快捷菜单中选择“合并单元格”选项。

b. 选中表格第 1 列中的第 3、4 个单元格，单击“合并”组中的“合并单元格”按钮。

c. 参考样表，用同样的方法设置其他需要合并的单元格，而后输入文字。

④ 设置文字格式。

选中表格，选择“开始”选项卡，分别将“字体”组中的“字体”“字号”设置为“楷体”“小四”，单击“加粗”按钮，设置文字加粗。

⑤ 设置单元格对齐方式。

选中表格，选择“表格工具”下的“布局”选项卡，单击“对齐方式”组中的“水平居中”按钮。

⑥ 设置表格框线。

a. 设置外侧框线。单击表格左上角的图标选中表格，选择“表格工具”下的“表设计”选项卡，单击“边框”组中的“笔样式”下拉按钮，选择双实线；单击“边框”组中的“笔划粗细”下拉按钮，选择“1.5 磅”选项；单击“笔颜色”下拉按钮，在打开的下拉列表中选择“标准色”下的“深红”选项；单击“边框”下拉按钮，在打开的下拉列表中选择“外侧框线”选项，完成外侧框线的设置。

b. 设置内部框线。单击“边框”组中的“笔样式”下拉按钮，选择单实线；单击“边框”组中的“笔划粗细”下拉按钮，选择“0.75 磅”选项；单击“笔颜色”下拉按钮，在打开的下拉列表中选择“标准色”下的“蓝色”选项；单击“边框”下拉按钮，在打开的下拉列表中选择“内部框线”选项，完成内边框线的设置。

⑦ 设置底纹。

选中表格第 1 列，单击“表格样式”组中的“底纹”下拉按钮，在打开的下拉列表中选择“其他颜色”选项，打开“颜色”对话框，选择“自定义”选项卡，将“红色”“绿色”“蓝色”的值分别设置为“255”“191”“143”，如图 3-58 所示，而后单击“确定”按钮。

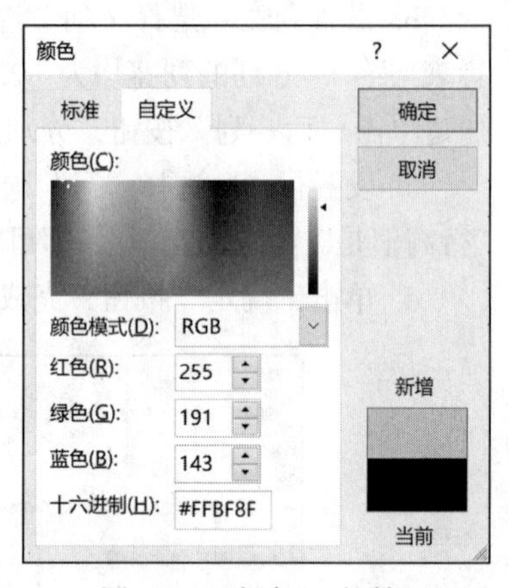

图 3-58 “颜色”对话框

⑧ 保存文件。

单击“快速访问工具栏”上的“保存”按钮，再单击“浏览”按钮，打开“另存为”对话框，选择文件保存的位置，并以“bg14e.docx”为文件名进行保存，而后关闭文件并退出 Word 2016 应用程序。

【模拟练习 F】

1. 编辑、排版

打开 Wordkt 文件夹下的“Word14F.docx”文件，按如下要求进行编辑、排版。

（1）基本编辑的要求如下。

A. 在第 1 段文本前插入 1 行，输入标题“水族馆”。

B. 将文章中标题为“（一）完善”和“（三）雏形”的两部分内容互换位置（包括标题及内容），并修改编号。

C. 将文章中所有的“水族管”替换为“水族馆”。

具体操作步骤如下。

① 插入新行。

a. 将光标置于第 1 段文本前，按下【Enter】键，可插入一个空行。

b. 输入标题“水族馆”。

② 段落互换。

a. 选中小标题“（三）雏形”及其内容，单击“剪贴板”组中的“剪切”按钮，或按【Ctrl+X】组合键完成剪切。

b. 将光标放在小标题“(一)完善”前面，单击“剪贴板”组中的“粘贴”按钮，或按【Ctrl+V】组合键完成交换。

c. 选中小标题“(二)发展”及其内容，单击“剪贴板”组中的“剪切”按钮，或按【Ctrl+X】组合键完成剪切。

d. 将光标放在小标题“(一)完善”前面，单击“剪贴板”组中的“粘贴”按钮，或按【Ctrl+V】组合键完成交换。

e. 更改编号，将小标题“(一)完善”的编号“一”改为“三”，小标题“(三)雏形”的编号“三”改为“一”。

③ 查找并替换内容。

a. 选择“开始”选项卡，单击“编辑”组中的“替换”按钮，打开“查找和替换”对话框。在“查找内容”文本框中输入“水族管”，在“替换为”文本框中输入“水族馆”，如图 3-59 所示。

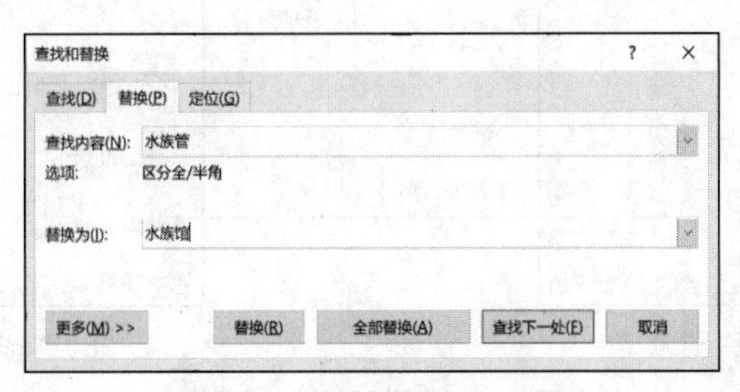

图 3-59　“查找和替换”对话框

b. 单击“全部替换”按钮，在弹出的提示框中单击“确定”按钮，返回“查找和替换”对话框，而后将“查找和替换”对话框关闭。

④ 保存文件。

单击“快速访问工具栏”上的“保存”按钮，保存文件。

(2)排版的要求如下。

A. 上、下页边距均为 2 厘米，左、右页边距均为 2.5 厘米；纸张大小为 A4，纸张方向为横向；页眉、页脚距边界均为 1 厘米。

B. 将文章标题“水族馆”的格式设置为华文彩云、小一号、标准色中的红色、水平居中、段前和段后间距均为 1 行。

C. 将小标题“(一)雏形”“(二)发展”“(三)完善”的格式设置为楷体、四号、加粗、倾斜、标准色中的深红色、左对齐、段前间距为 0.5 行。

D. 将其余部分(除上面两种标题以外的部分)的中文的字体设置为黑体，英文的字体格式设置为 Times New Roman，其他格式均为小四、两端对齐、悬挂缩进 2 字符、1.25 倍行距。

E. 将排版后的文件以原文件名存盘。

具体操作步骤如下。

① 页面设置。

a. 选择“布局”选项卡，单击“页面设置”组右下角的按钮，打开“页面设置”对话框，如图 3-60 所示。

b. 选择“页边距”选项卡，设置“上”“下”的值均为“2 厘米”，将“左”“右”的值均设置为“2.5 厘米”，如图 3-60(a)所示。

c. 选择“纸张”选项卡，在“纸张大小”下拉列表中选择“A4”选项。

d. 选择“布局”选项卡，将“页眉”设置为“1 厘米”，将“页脚”设置为“1 厘米”，如图 3-60（b）所示。

e. 单击“确定”按钮，完成页面设置。

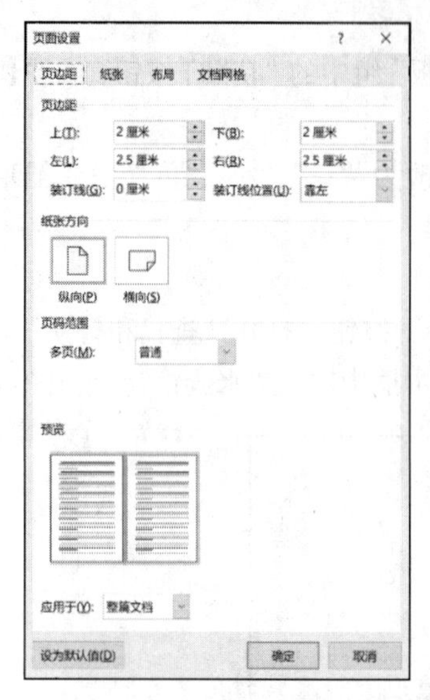

（a）“页边距”选项卡

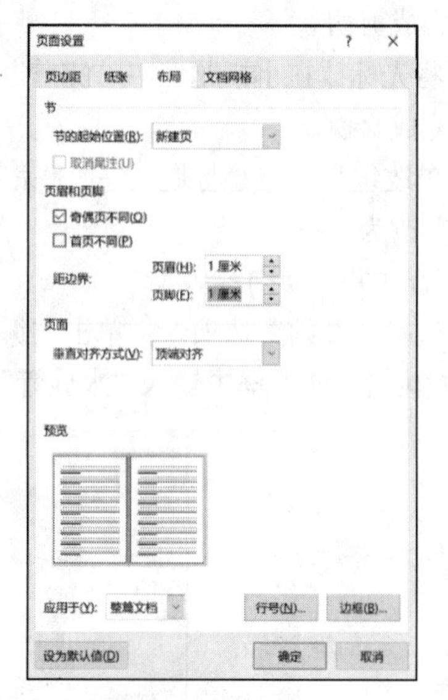

（b）“布局”选项卡

图 3-60 “页面设置”对话框

② 设置标题格式。

a. 选中文章标题“水族馆”。

b. 设置字体格式。选择“开始”选项卡，在“字体”组中单击“字体”下拉按钮，选择“华文彩云”选项；单击“字号”下拉按钮，在打开的下拉列表中选择“小一”选项；单击“字体颜色”下拉按钮，在打开的下拉列表中选择“标准色”下的“红色”选项。

c. 设置标题的段落格式。单击“段落”组中的“居中”按钮设置标题为水平居中，单击“段落”组右下角的按钮，打开“段落”对话框，将“段前”“段后”的值均设置为“1 行”，而后单击“确定”按钮完成设置。

③ 设置小标题格式。

a. 选中小标题。首先选中小标题“（一）雏形”，而后按住【Ctrl】键，再分别选择小标题“（二）发展”“（三）完善”，最后松开【Ctrl】键。

b. 设置字体格式。分别单击“开始”选项卡下“字体”组中的“字体”“字号”“字体颜色”下拉按钮设置小标题的格式为“楷体”“四号”以及“标准色”中的“深红”，单击“加粗”按钮进行加粗设置，单击“倾斜”下拉按钮。

c. 设置段落格式。单击“段落”组右下角的按钮，打开“段落”对话框，在“对齐方式”下拉列表中选择“左对齐”选项，将“段前”设置为“0.5 行”，而后单击“确定”按钮完成设置。

④ 设置正文格式。

a. 选中除标题和小标题外的段落。首先选中除标题和小标题外的第 1 个段落，然后按住【Ctrl】键，分别选择其他段落，最后松开【Ctrl】键。

b. 设置字体格式。选择“开始”选项卡，单击“字体”组右下角的按钮，打开“字体”对话框，将“中文字体”设置为“黑体”，在“西文字体”下拉列表中选择“Times New Roman”选项，将“字号”设置为“小四”，如图 3-61 所示，而后单击“确定”按钮。

c. 设置段落格式。单击“段落”组右下角的按钮，打开“段落”对话框，在“特殊”下拉列表中选择“悬挂”选项，设置“缩进值”的值为“2 字符”，单击“对齐方式”下拉按钮，在打开的下拉列表中选择“两端对齐”选项，单击“行距”下拉按钮，从其下拉列表中选择“多倍行距”选项，而后在“设置值”微调框内输入“1.25”，如图 3-62 所示，最后单击“确定”按钮。

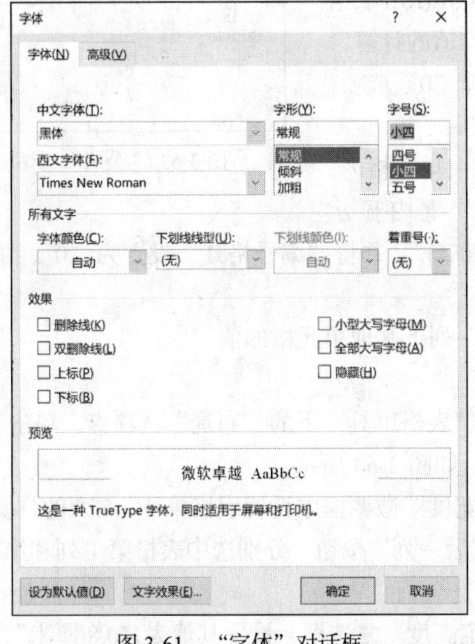

图 3-61　“字体”对话框

图 3-62　“段落”对话框

d. 单击“快速访问工具栏”上的“保存”按钮，保存文件，而后关闭该文档。

2. 表格操作

打开 Wordkt 文件夹下的“bg14f.docx”文件，按以下要求调整表格（样表参见 Wordkt 文件夹下的“bg14f.jpg”文件）。

A. 在表格最后一列的右侧插入一列，并输入列标题“平均销售量”。

B. 在“平均销售量”列下面的各单元格中计算其左边相应数据的平均值，编号格式为“0”。

C. 设置表格第 1 行行高为固定值 1.2 厘米，其余各行行高为固定值 0.8 厘米，各列列宽分别为 2 厘米、2.5 厘米、2.5 厘米、2.5 厘米、2.5 厘米、3 厘米。

D. 设置所有文字的字体格式为楷体、小四号、加粗。

E. 设置所有单元格的对齐方式为水平、垂直均居中。

F. 按样表所示设置表格框线：外部框线为 1.5 磅实线，其颜色为标准色中的红色；内部框线为 0.75 磅实线；第 1 行的底纹为标准色中的黄色。

G. 将此文档以原文件名存盘。

具体操作步骤如下。

① 插入新列。

a. 双击 Wordkt 文件夹下的“bg14f.docx”文件，将其打开。

b. 选中表格最右侧一列，选择“表格工具”下的“布局”选项卡，单击“行和列”组中“在右侧插入”按钮，即可在表格最右侧插入一空白列。

c. 在该空白列的第1个单元格内输入文字“平均销售量”，作为该列的标题。

② 计算“平均销售量”列数据。

a. 将光标置于“平均销售量”列下的第1个空白单元格内，选择“表格工具”下的“布局”选项卡，单击“数据”组中的“公式”按钮，打开“公式”对话框，此时“公式”框中自动显示求和公式“=SUM(LEFT)”，将其修改为“=AVERAGE(LEFT)”，即对该单元格左侧的各单元格内的数据进行求平均值的计算，单击“编号格式”下拉按钮，从其下拉列表中选择“0”选项，如图3-63所示，而后单击“确定”按钮。

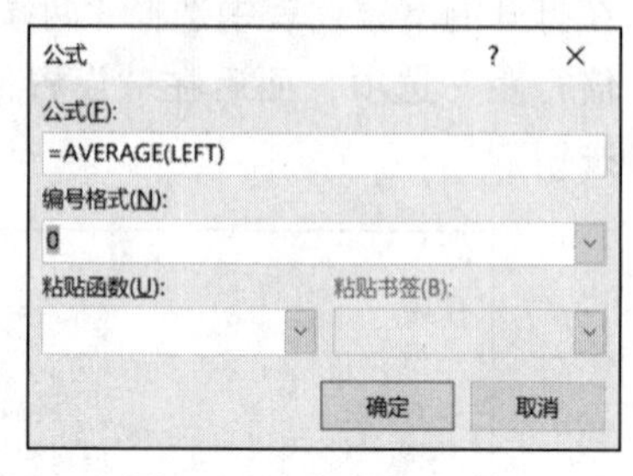

图3-63 “公式”对话框

b. 将光标置于“平均销售量”列下的第2个空白单元格内，再次将“公式”对话框打开，此时“公式”框内显示“=SUM(ABOVE)”，将其修改为“=AVERAGE(LEFT)”，并将“编号格式”设置为“0”，最后单击“确定”按钮。

c. 按步骤b的方法，依次计算“平均销售量”列下其他单元格的值。

③ 设置行高与列宽。

a. 单击表格左上角的⊞图标选中表格，选择“表格工具”下的“布局”选项卡，单击“表”组中的“属性”按钮，打开“表格属性”对话框，如图3-64所示。

b. 设置列宽。选择“列”选项卡，在“指定宽度”微调框中设置表格第1～6列的列宽均为“2.5厘米”，如图3-64（a）所示；而后通过单击“后一列”按钮，分别选中表格第1列和第6列，将“指定宽度”分别设置为“2厘米”“3厘米”。

c. 设置行高。选择“行”选项卡，选中“指定高度”复选框，设置其值为“0.8厘米”，设置“行高值是”为“固定值”，这样可先将所有行的行高均设置为0.8厘米，如图3-64（b）所示；而后通过单击“下一行”按钮选中表格第1行，将“指定高度”设置为“1.2厘米”。

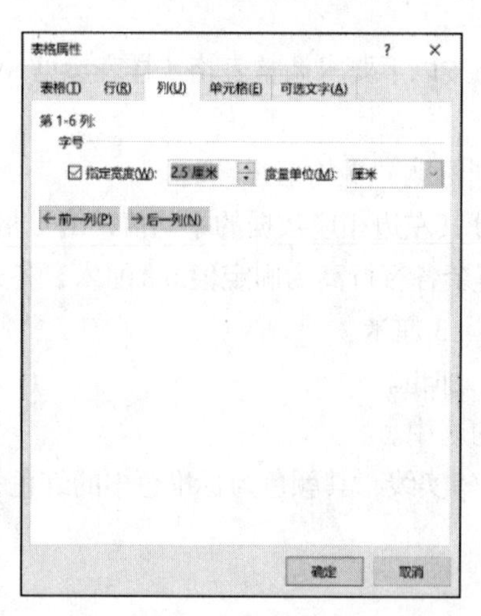

（a）“列”选项卡

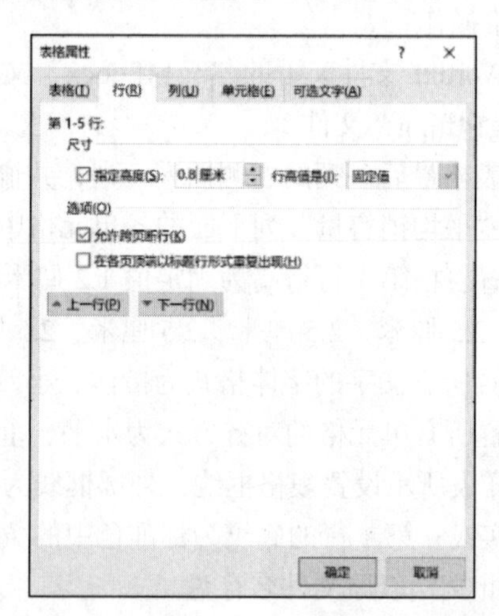

（b）“行”选项卡

图3-64 “表格属性”对话框

d. 单击“确定”按钮，完成行高与列宽的设置。

④ 设置文字字体格式。

选中表格，单击“开始”选项卡，在“字体”组中设置文字的“字体”为“楷体”、“字号”为“小四”，并单击“加粗”按钮。

⑤ 设置单元格的对齐方式。

选中表格，选择“表格工具”下的“布局”选项卡，单击“对齐方式”组中的“水平居中”按钮，可将所有单元格的对齐方式均设置为水平、垂直均居中。

⑥ 设置表格框线。

a. 设置外侧框线。单击表格左上角的图标选中表格，选择“表格工具”下的“表设计”选项卡，单击“边框”组中的“笔划粗细”下拉按钮，选择“1.5 磅”选项；单击“笔颜色”下拉按钮，在打开的下拉列表中选择“标准色”下的“红色”选项；单击“边框”下拉按钮，在打开的下拉列表中选择“外侧框线”选项，完成外侧框线的设置。

b. 设置内部框线。单击“边框”组中的“笔样式”下拉按钮，选择单实线，单击“边框”组中的“笔划粗细”下拉按钮，选择“0.75 磅”选项；单击“笔颜色”下拉按钮，在打开的下拉列表中选择“自动”选项；单击“边框”下拉按钮，在打开的下拉列表中选择“内部框线”选项，完成内边框线的设置。

⑦ 设置底纹。

选中表格第 1 行，选择“表格工具”下的“表设计”选项卡，单击“表格样式”组中的“底纹”下拉按钮，在打开的下拉列表中选择“标准色”中的“黄色”选项。

⑧ 保存文件。

单击“快速访问工具栏”上的“保存”按钮，保存文件，而后关闭该文档退出 Word 2016 应用程序。

【模拟练习 G】

1. 编辑、排版

打开 Wordkt 文件夹下的“Word14G.docx”文件，按以下要求进行编辑、排版。

（1）基本编辑的要求如下。

A. 将文章中标题为“3.大数距”和“5.云存储”的两部分内容互换位置（包括标题及内容），并修改编号。

B. 将文章中所有的“数距”替换为“数据”。

具体操作步骤如下。

① 段落互换。

a. 选中小标题“5.云存储”及其内容，单击“剪贴板”组中的“剪切”按钮，或按【Ctrl+X】组合键完成剪切。

b. 将光标放在小标题“3.大数距”前面，单击“剪贴板”组中的“粘贴”按钮，或按【Ctrl+V】组合键完成交换。

c. 选中小标题“4.云游戏”及其内容，单击“剪贴板”组中的“剪切”按钮，或按【Ctrl+X】组合键完成剪切。

d. 将光标放在小标题“3.大数距”前面，单击“剪贴板”组中的“粘贴”按钮，或按【Ctrl+V】组合键完成交换。

e. 更改编号，将小标题“5.云存储”的编号“5”改为“3”，小标题“3.大数距”的编号“3”改为“5”。

② 查找并替换内容。

a. 选择“开始”选项卡，单击“编辑”组中的“替换”按钮，打开“查找和替换”对话框。在“查找内容”文本框中输入“数距”，在“替换为”文本框中输入“数据”，如图 3-65 所示。

b. 单击“全部替换”按钮，在弹出的提示框中单击“确定”按钮，返回“查找和替换”对话框，而后将“查找和替换”对话框关闭。

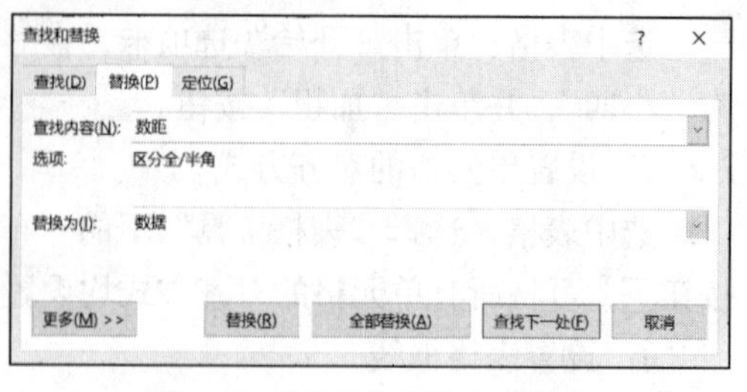

图 3-65 “查找和替换”对话框

③ 保存文件。

单击“快速访问工具栏”上的“保存”按钮，保存文件。

（2）排版的要求如下。

A. 上、下页边距均为 2.2 厘米，左、右页边距均为 3 厘米；纸张大小为 A4；页眉、页脚距边界均为 1 厘米。

B. 将文章标题“云计算的应用”的格式设置为华文行楷、二号、标准色中的红色、加下划线、水平居中、段前和段后间距均为 1 行。

C. 将文章小标题的格式设置为楷体、小四号、标准色中的蓝色、加粗、左对齐、段前间距为 0.5 行。

D. 将其余部分（除上面两种标题以外的部分）的中文的字体设置为仿宋，英文的字体设置为 Times New Roman、小四号、加粗、首行缩进 2 字符、两端对齐、1.25 倍行距。

E. 将排版后的文件以原文件名存盘。

具体操作步骤如下。

① 页面设置。

a. 选择“布局”选项卡，单击“页面设置”组右下角的按钮，打开“页面设置”对话框。

b. 选择“页边距”选项卡，设置“上”“下”的值均为“2.2 厘米”，将“左”“右”的值均设置为“3 厘米”。

c. 选择“纸张”选项卡，在“纸张大小”下拉列表中选择“A4”选项。

d. 选择“布局”选项卡，将“页眉”“页脚”均设置为“1 厘米”。

e. 单击“确定”按钮，完成页面设置。

② 设置标题格式。

a. 选中文章标题“云计算的应用”。

b. 设置字体格式。选择“开始”选项卡，在“字体”组中单击“字体”下拉按钮，选择“华文行楷”选项；单击“字号”下拉按钮，在打开的下拉列表中选择“二号”选项；单击“字体颜色”下拉按钮，在打开的下拉列表中选择“标准色”下的“红色”选项，单击“下划线”按钮为标题添加下划线。

c. 设置标题的段落格式。单击“段落”组中的“居中”按钮设置标题水平居中，单击“段落”组右下角的按钮，打开“段落”对话框，将“段前”“段后”的值均设置为“1 行”，而后单击“确定”按钮完成设置。

③ 设置小标题格式。

a. 选中小标题。首先选中小标题“1.云物联”，而后按住【Ctrl】键，再选择小标题“2.云安全”……“5.大数据”，最后松开【Ctrl】键。

b. 设置字体格式。分别单击“开始”选项卡下“字体”组中的“字体”“字号”“字体颜色”下拉按钮设置小标题的格式为“楷体”“小四”以及“标准色”中的“蓝色”，单击“加粗”按钮B进行加粗设置。

c. 设置段落格式。单击“段落”组右下角的按钮，打开“段落”对话框，在“对齐方式”下拉列表中选择“左对齐”选项，将“段后”的值设置为“0.5 行”，而后单击“确定”按钮完成设置。

④ 设置正文格式。

a. 选中除标题和小标题外的段落。首先选中除标题和小标题外的第 1 个段落，然后按住【Ctrl】键，分别选择其他段落，最后松开【Ctrl】键。

b. 设置字体格式。选择“开始”选项卡，单击“字体”组右下角的按钮，打开“字体”对话框，将“中文字体”设置为“仿宋”，在“西文字体”下拉列表中选择“Times New Roman”选项，将“字号”设置为“小四”，将“字形”设置为“加粗”，如图 3-66 所示，而后单击“确定”按钮。

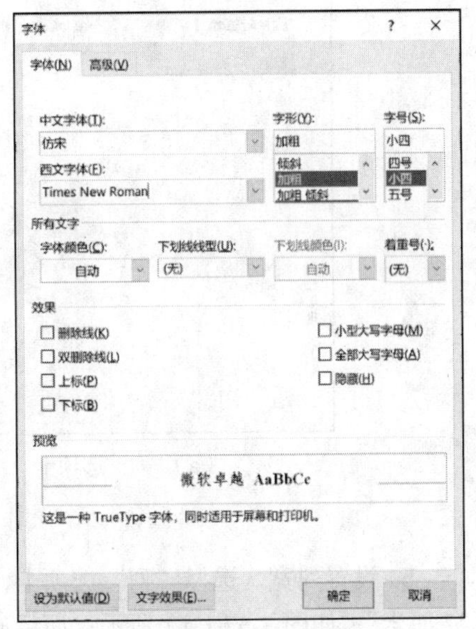

图 3-66 “字体”对话框

c. 设置段落格式。单击“段落”组右下角的按钮，打开“段落”对话框，在“特殊”下拉列表中选择“首行”选项，设置“缩进值”的值为“2 字符”，单击“对齐方式”下拉按钮，在打开的下拉列表中选择“两端对齐”选项，单击“行距”下拉按钮，从其下拉列表中选择“多倍行距”选项，而后将“设置值”微调框的值设置为“1.25”，最后单击“确定”按钮。

d. 单击“快速访问工具栏”上的“保存”按钮，保存文件，而后关闭该文档。

2. 表格操作

新建 Word 空白文档，制作一个 6 行 7 列的表格，并按以下要求调整表格（样表参见 Wordkt 文件夹下的“bg14g.jpg”文件）。

A. 设置表格第 1、2 行行高为固定值 1.2 厘米，其余各行行高为固定值 0.6 厘米。

B. 设置表格第 1、2 列的列宽为 1 厘米，其余各列列宽为 2 厘米。

C. 按样表所示合并单元格，并输入文字。设置第 1 行文字的格式为楷体、四号、加粗，其余文字的格式为宋体、五号。

D. 除表格第 2 行第 1 列单元格外，设置其他所有单元格对齐方式为水平、垂直均居中。

E. 按样表所示设置表格框线：粗线为 1.5 磅双实线，其颜色为标准色中的蓝色；细线为 0.75 磅单实线。

F. 设置表格第 1 行的底纹图案样式为 12.5%。

G. 将此文档以文件名“bg14g.docx”另存到 Wordkt 文件夹中。

具体操作步骤如下。

① 插入表格。

a. 打开 Word 2016 应用程序，创建空白文档。

b. 选择“插入”选项卡，单击“表格”组中的“表格”按钮，在打开的下拉列表中选择“插入表格”选项，打开“插入表格”对话框，在“列数”微调框中输入“7”，在“行数”微调框中输入“6”。

c. 单击“确定”按钮，则创建一个 6 行 7 列的空白表格。

② 设置行高与列宽。

a. 单击表格左上角的图标选中表格，选择“表格工具”下的“布局”选项卡，单击“表”组中的“属性”按钮，打开“表格属性”对话框，如图 3-67 所示。

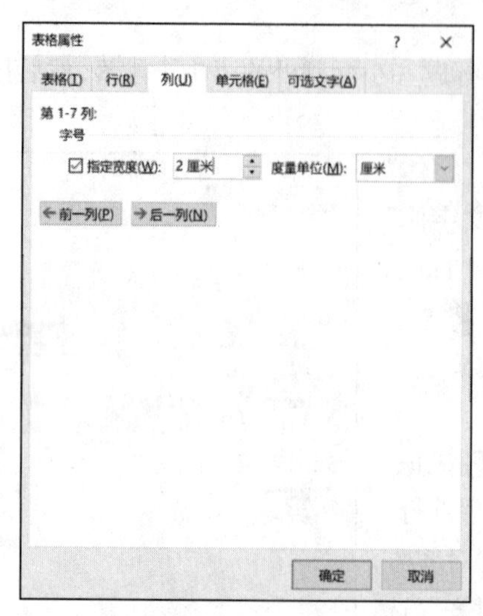

（a）“列”选项卡

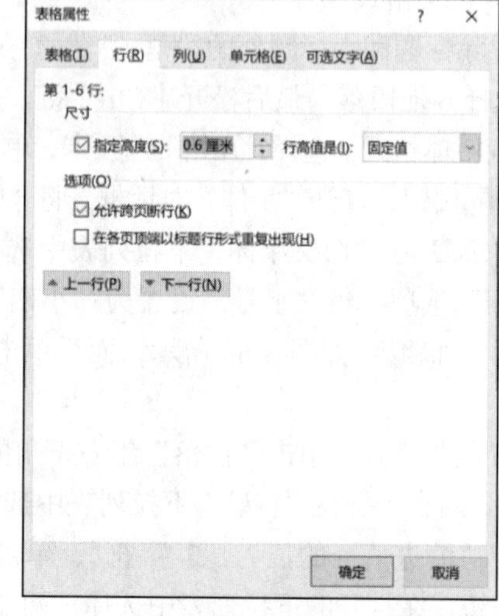

（b）“行”选项卡

图 3-67 “表格属性”对话框

b. 设置列宽。选择“列”选项卡，在“指定宽度”微调框中设置表格第 1 ~ 7 列的列宽均为“2 厘米”，如图 3-67（a）所示；而后通过单击“后一列”按钮，分别选中表格第 1 列和第 2 列，将“指定宽度”均设置为“1 厘米”。

c. 设置行高。选择“行”选项卡，选中“指定高度”复选框，设置其值为“0.6 厘米”，设置“行高值是”为“固定值”，这样可先将所有行的行高均设置为 0.6 厘米，如图 3-67（b）所示；而后通过单击“下一行”按钮，分别选中表格第 1 行和第 2 行，将“指定高度”均设置为“1.2 厘米”。

d. 单击“确定”按钮，完成行高与列宽的设置。

③ 合并单元格。

a. 选中表格第 1 行，选择“表格工具”下的“布局”选项卡，单击“合并”组中的“合并单元格”按钮，或右击选中的单元格，在弹出的快捷菜单中选择“合并单元格”选项。

b. 参考样表，用同样的方法设置其他需要合并的单元格，并在相应单元格中输入文字。

④ 设置文字字体格式。

选中表格，选择“开始”选项卡，在“字体”组中设置文字的“字体”为“宋体”、“字号”为“五号”，选中表格第 1 行，设置字体格式为“楷体”“四号”，并单击“加粗”按钮。

⑤ 设置单元格对齐方式。

a. 设置单元格对齐方式。选中表格，选择“表格工具”下的“布局”选项卡，单击“对齐方式”组中的“水平居中”按钮。

b. 选中第 2 行第 1 列单元格中的文字“星期”，单击“段落”组中的“右对齐”按钮，选中文字“节次”，单击“段落”组中的“左对齐”按钮。

⑥ 设置表格框线。

a. 设置单实线。单击表格左上角的图标选中表格，选择“表格工具”下的“表设计”选项卡，单击“边框”组中的“笔划粗细”下拉按钮，选择“0.75 磅”选项，单击“边框”下拉按钮，在打开的下拉列表中选择“内部框线”选项，完成内部框线的设置。

b. 设置双实线。选中表格，选择“表格工具”下的“表设计”选项卡，单击“边框”组中的“笔样式”下拉按钮，选择双实线，单击“笔划粗细”下拉按钮，选择“1.5 磅”选项，单击“笔颜色”下拉按钮，在打开的下拉列表中选择“标准色”下的“蓝色”，单击“边框”下拉按钮，在打开的下拉列表中选择“外侧框线”选项，完成外侧框线的设置；选中第 1 行，单击“边框”下拉按钮，在打开的下拉列表中选择“下框线”选项，依此方法分别设置其余双实线。

⑦ 设置底纹。

选中表格第 1 行，单击“边框”组右下角的按钮，打开“边框和底纹”对话框，选择“底纹”选项卡，单击“样式”下拉按钮，从打开的下拉列表中选择“12.5%”选项，如图 3-68 所示，而后单击“确定”按钮。

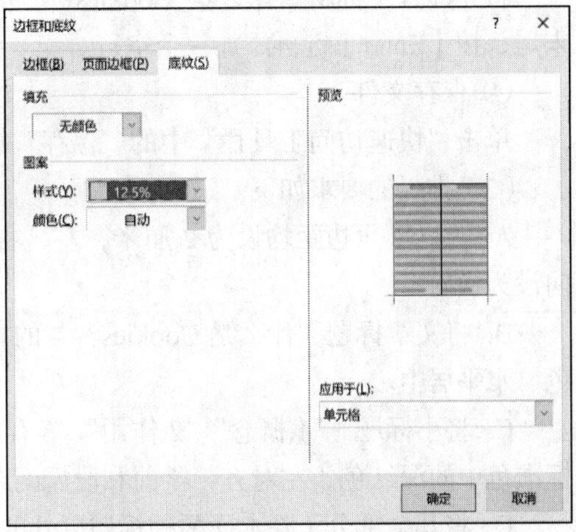

图 3-68　“边框和底纹”对话框

⑧ 保存文件。

单击“快速访问工具栏”上的“保存”按钮，再单击“浏览”按钮，打开“另存为”对话框，选择文件保存的位置，并以“bg14g.docx”为文件名进行保存，而后关闭文件并退出 Word 2016 应用程序。

【模拟练习 H】

1. 编辑、排版

打开 Wordkt 文件夹下的“Word14H.docx”文件，按如下要求进行编辑、排版。

（1）基本编辑的要求如下。

A. 将文章中最后一个段落中的“因私”替换为“隐私”。

B. 将标题为“1.作用”和“2.概念”的两部分内容互换位置（包括标题及内容），并修改编号。

C. 在文章标题“什么是 Cookies？”前后各添加一个空行。

具体操作步骤如下。

① 查找并替换内容。

a. 选择“开始”选项卡，单击“编辑”组中的“替换”按钮，打开“查找和替换”对话框。在“查找内容”文本框中输入“因私”，在“替换为”文本框中输入“隐私”，如图 3-69 所示。

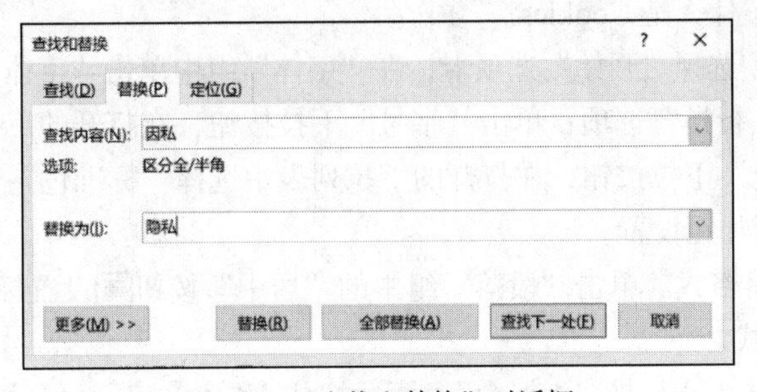

图 3-69　“查找和替换”对话框

b. 单击“全部替换”按钮，在弹出的提示框中单击“确定”按钮，返回“查找和替换”对话框，而后将“查找和替换”对话框关闭。

② 段落互换。

a. 选中小标题“2.概念”及其内容，单击“剪贴板”组中的“剪切”按钮，或按【Ctrl+X】组合键完成剪切。

b. 将光标放在小标题“1.作用”前面，单击“剪贴板”组中的“粘贴”按钮，或按【Ctrl+V】组合键完成内容位置互换。

c. 更改编号，将小标题“2.概念”的编号“2”改为“1”，小标题“1.作用”的编号“1”改为“2”。

③ 插入新行。

将光标置于标题“什么是 Cookies？”前面，按【Enter】键添加一个空行。将光标置于标题末尾，按【Enter】键再添加一个空行。

④ 保存文件。

单击“快速访问工具栏”中的“保存”按钮，保存文件。

（2）排版的要求如下。

A. 上、下页边距均设为 2 厘米，左、右页边距均设为 2.5 厘米；纸张大小设为 A4；纸张方向设为横向。

B. 将文章标题“什么是 Cookies？”的格式设置为华文行楷、小一号、加粗、标准色中的红色、水平居中。

C. 将小标题（“1.概念”“2.作用”“3.存在问题”）的格式设置为华文新魏、小四号、加粗、标准色中的深红色、左对齐、段前和段后间距为 0.5 行。

D. 将其余部分（除上面两种标题以外的部分）的格式设置为黑体、五号、悬挂缩进 2 字符、两端对齐、1.5 倍行距。

E. 将排版后的文件以原文件名存盘。

具体操作步骤如下。

① 页面设置。

a. 单击“布局”选项卡“页面设置”组右下角的按钮，打开“页面设置”对话框。

b. 选择“页边距”选项卡，设置“上”“下”的值为“2 厘米”设置“左”“右”的值为“2.5 厘米”，设置“纸张方向”为“横向”。

c. 选择“纸张”选项卡，在“纸张大小”下拉列表中选择“A4”选项。

d. 单击“确定”按钮，完成页面设置。

② 设置标题格式。

a. 选中文章标题“什么是 Cookies？”。

b. 设置字体格式。选择“开始”选项卡，在“字体”组中单击“字体”下拉按钮，在打开的下拉列表中选择“华文行楷”选项；单击“字号”下拉按钮，在打开的下拉列表中选择“小一”选项；单击“字体颜色”下拉按钮，在打开的下拉列表中选择“标准色”下的“红色”选项，单击“加粗”按钮进行加粗设置。

c. 设置标题的段落格式。单击“段落”组中的“居中”按钮设置标题水平居中显示。

③ 设置小标题格式。

a. 选中小标题。选中小标题“1.概念”，而后按住【Ctrl】键，再分别选择小标题“2.作用”

“3.存在问题”，最后松开【Ctrl】键。

b. 设置字体格式。分别单击“开始”选项卡“字体”组中的“字体”“字号”“字体颜色”下拉按钮设置小标题的格式为“华文新魏”“小四”以及“标准色”中的“深红”，单击“加粗”按钮 B 进行加粗设置。

c. 设置段落格式。单击“段落”组右下角的按钮，打开“段落”对话框，在“对齐方式”下拉列表中选择“左对齐”选项，在“段前”“段后”微调框中输入“0.5 行”，而后单击“确定”按钮完成设置。

④ 设置正文格式。

a. 选中除标题和小标题外的段落文本。首先选中除标题和小标题外的第 1 个段落，然后按住【Ctrl】键，分别选中其他段落，最后松开【Ctrl】键。

b. 设置字体格式。选择“开始”选项卡，单击“字体”组中的相应下拉按钮设置字体格式为“黑体”“五号”。

c. 设置段落格式。单击“段落”组右下角的按钮，打开“段落”对话框。在“特殊”下拉列表中选择“悬挂”选项，在“缩进值”微调框中输入“2 字符”，单击“对齐方式”下拉按钮，在打开的下拉列表中选择“两端对齐”选项，单击“行距”下拉按钮，从打开的下拉列表中选择“1.5 倍行距”选项，如图 3-70 所示，最后单击“确定”按钮。

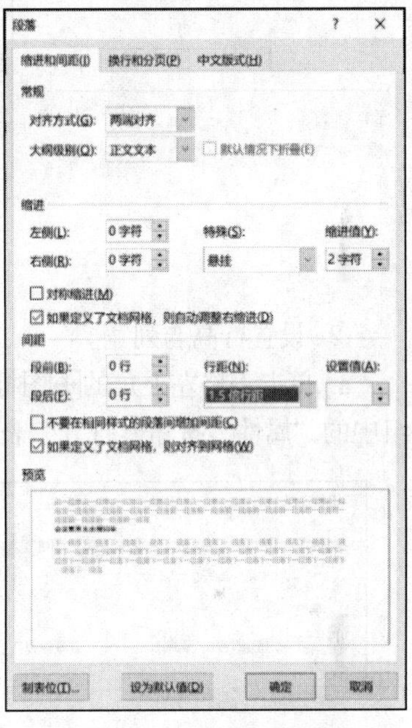

图 3-70　“段落”对话框

d. 单击“快速访问工具栏”上的“保存”按钮，保存文件，而后关闭该文档。

2. 表格操作

打开 Wordkt 文件夹下的“bg14h.docx”文件，按以下要求调整表格（样表参见 Wordkt 文件夹下的“bg14h.jpg”文件）。

A. 将所有文本转换为 15 行 4 列的表格。

B. 设置各列的列宽分别为 3.2 厘米、3 厘米、3 厘米、4 厘米。

C. 设置表格第 1 行的行高为固定值 2 厘米，其余各行行高为固定值 1 厘米。

D. 按样表所示合并单元格，并在“金额合计”单元格后填充“金额（元）”列中各个金额值的总和。

E. 设置表格第 1 行文字的格式为楷体、小二号、加粗、标准色中的红色，其余文字的格式为楷体、四号。

F. 设置所有单元格的对齐方式为水平、垂直均居中，整个表格水平居中。

G. 按样表所示设置表格框线：粗线为 3 磅实线；细线为 1 磅实线，其颜色为标准色中的蓝色；第 1 行的框线为 0.5 磅虚线。

H. 设置表格第 1 行的底纹为其他颜色，R、G、B 值分别为 255、255、204；第 2 行的底纹图案样式为 15%。

I. 将此文档以原文件名存盘。

具体操作步骤如下。

① 将文字转换为表格。

a. 双击 Wordkt 文件夹下的“bg14h.docx”文件，将其打开，而后选中文档中的所有文字。

b. 选择“插入”选项卡，单击“表格”组中的“表格”下拉按钮，在打开的下拉列表中选择“文本转换为表格”选项，打开“将文字转换成表格”对话框，如图 3-71 所示，单击“确定”按钮。

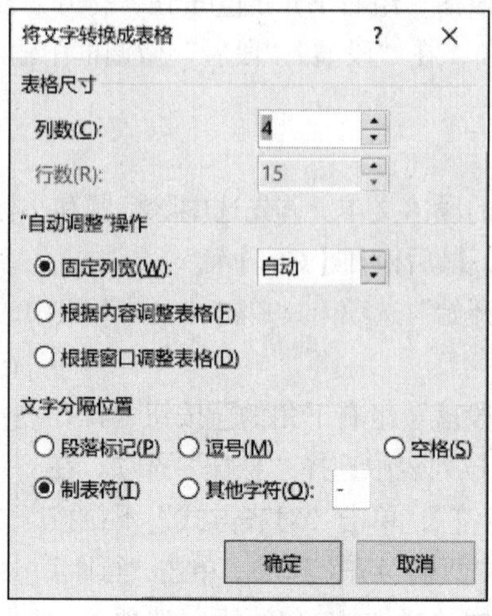

图 3-71 “将文字转换成表格”对话框

② 设置行高与列宽。

a. 单击表格左上角的图标选中表格，选择“表格工具”下的“布局”选项卡，单击“表”组中的“属性”按钮，打开“表格属性”对话框，如图 3-72 所示。

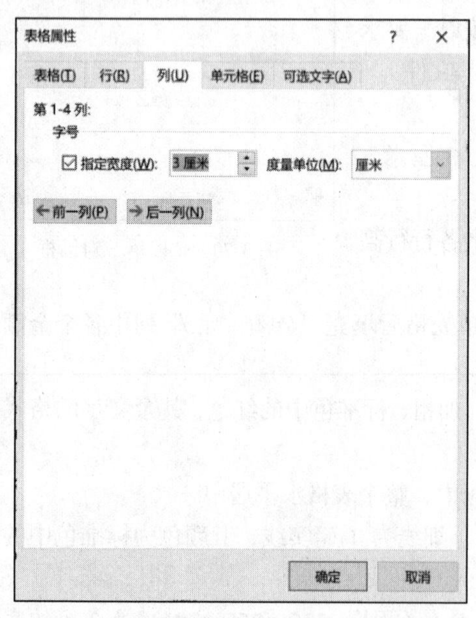

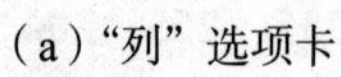
（a）“列”选项卡

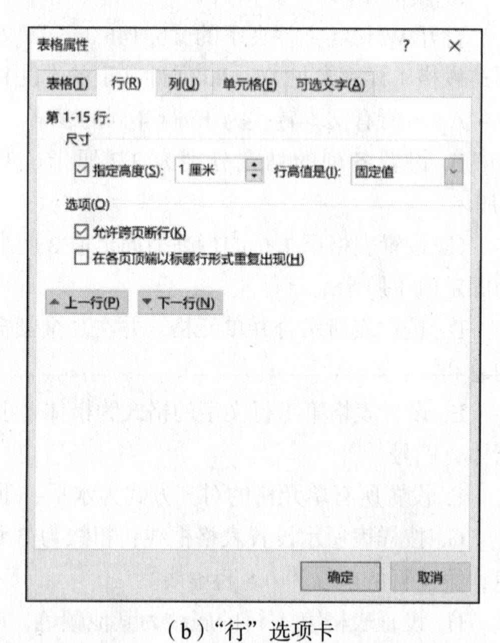

（b）“行”选项卡

图 3-72 “表格属性”对话框

b. 设置列宽。选择“列”选项卡，在“指定宽度”微调框中设置表格第 1～4 列的列宽均为“3 厘米”，如图 3-72（a）所示；而后通过单击“后一列”按钮，分别选中表格第 1 列和第 4 列，将“指定宽度”分别设置为“3.2 厘米”和“4 厘米”。

c. 设置行高。选择“行”选项卡，选中“指定高度”复选框，设置其值为“1 厘米”，设置“行高值是”为“固定值”，这样可先将所有行的行高均设置为 1 厘米，如图 3-72（b）所示；而后通过单击“下一行”按钮选中表格第 1 行，将“指定高度”设置为“2 厘米”。

d. 单击“确定”按钮，完成行高与列宽的设置。

③ 合并单元格。

a. 选中表格第 1 行，选择“表格工具”下的“布局”选项卡，单击“合并”组中的“合并单元格”按钮，或右击选中的单元格，在弹出的快捷菜单中选择“合并单元格”选项。

b. 参考样表，用同样的方法设置其他需要合并的单元格。

④ 计算“金额合计”。

将光标置于“金额合计”单元格后的空白单元格内，选择“表格工具”下的“布局”选项卡，单击“数据”组中的“公式”按钮，打开“公式”对话框，如图 3-73 所示。此时“公式”框中自动显示求和公式“=SUM(ABOVE)”，单击“确定”按钮。

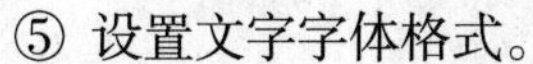

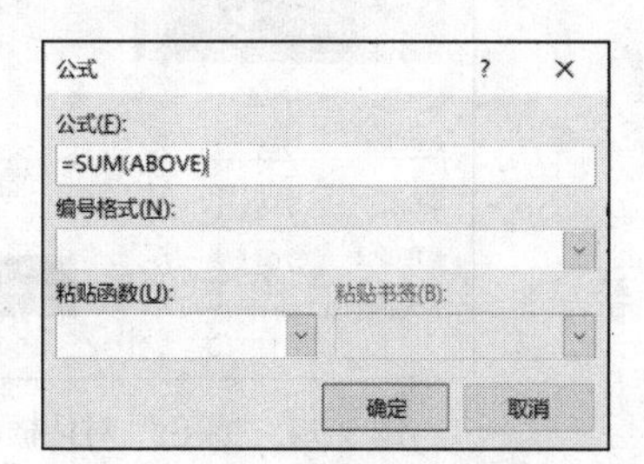

图 3-73 “公式”对话框

⑤ 设置文字字体格式。

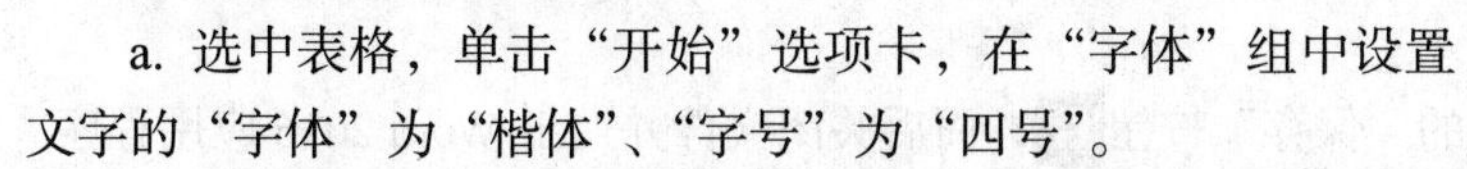

a. 选中表格，单击“开始”选项卡，在“字体”组中设置文字的“字体”为“楷体”、“字号”为“四号”。

b. 选中第 1 行，在“字体”组中设置文字的“字体”为“楷体”、“字号”为“小二”，颜色为“标准色”中的“红色”。

⑥ 设置单元格对齐方式和表格的对齐方式。

a. 设置单元格对齐方式。选中表格，选择“表格工具”下的“布局”选项卡，单击“对齐方式”组中的“水平居中”按钮。

b. 设置表格的对齐方式。选中表格，选择“开始”选项卡，单击“段落”组中的“居中”按钮，将表格的对齐方式设置为“居中”。

⑦ 设置表格框线。

a. 设置细线。单击表格左上角的图标选中表格，选择“表格工具”下的“表设计”选项卡，单击“边框”组中的“笔划粗细”下拉按钮，选择“1 磅”选项，单击“笔颜色”下拉按钮，在打开的下拉列表中选择“标准色”下的“蓝色”选项，单击“边框”下拉按钮，在打开的下拉列表中选择“内部框线”选项，完成细线的设置。

b. 设置粗线。选中表格除第 1 行外的所有单元格，选择“表格工具”下的“表设计”选项卡，单击“笔划粗细”下拉按钮，选择“3 磅”选项，单击“笔颜色”下拉按钮，在打开的下拉列表中选择“自动”选项，单击“边框”下拉按钮，在打开的下拉列表中选择“外侧框线”选项，选中“金融合计”行，单击“边框”下拉按钮，在打开的下拉列表中选择“下框线”选项，完成粗线的设置。

c. 设置虚线。选中表格第 1 行，单击“边框”组中的“笔样式”下拉按钮，选择虚线，单击“笔划粗细”下拉按钮，选择“0.5 磅”选项，单击“边框”下拉按钮，分别选择“上框线”“左框线”“右框线”选项，可将第 1 行的上、左和右侧框线设置为虚线。

⑧ 设置底纹。

a. 选中表格第 1 行，单击“表格样式”组中的“底纹”下拉按钮，在打开的下拉列表中选择“其他颜色”选项，打开“颜色”对话框，选择“自定义”选项卡，将“红色”“绿色”“蓝色”

的值分别设置为“255”“255”“204”，如图3-74所示，而后单击“确定”按钮。

b. 选中表格第2行，单击“边框”组右下角的按钮，打开“边框和底纹”对话框，选择“底纹”选项卡，单击“样式”下拉按钮，从打开的下拉列表中选择“15%”选项，如图3-75所示，而后单击“确定”按钮。

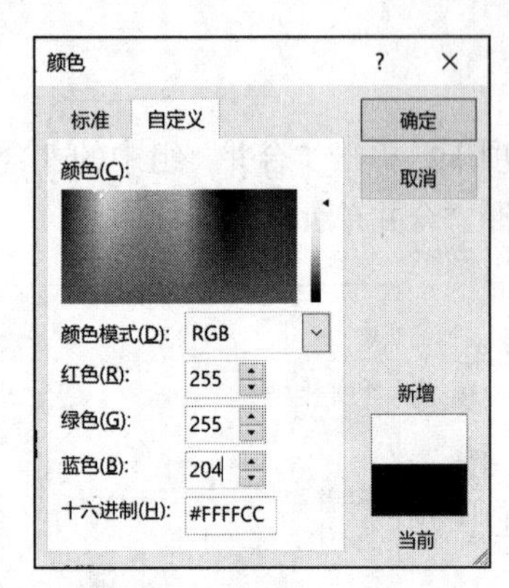

图3-74 “颜色”对话框

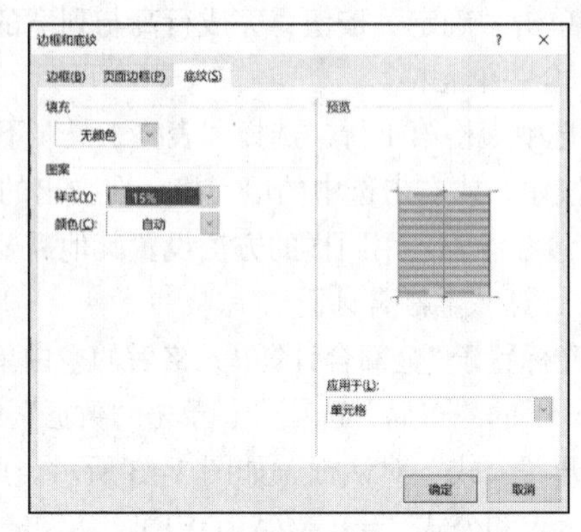

图3-75 “边框和底纹”对话框

⑨ 保存文件。

单击“快速访问工具栏”上的“保存”按钮，而后关闭文件并退出Word 2016应用程序。

第 4 章 电子表格处理软件 Excel 2016 实验

本章的目的是使学生熟练掌握电子表格处理软件 Excel 2016 的使用方法，并能够灵活地运用 Excel 2016 制作电子表格。本章的主要内容包括 Excel 2016 基本操作、Excel 2016 创建图表操作及 Excel 2016 数据管理操作，例如数据的排序、筛选、分类汇总及数据透视表等。

实验一 基 本 操 作

一、实验目的

（1）掌握建立 Excel 2016 工作簿文件的方法。

（2）掌握在工作表中输入数据的方法，并掌握文字和数字的填充、数字的自动填充，以及公式输入和自动填充的方法。

（3）熟悉并掌握 Excel 2016 工作表的基本编辑操作。

（4）熟悉并掌握在 Excel 2016 工作表中进行计算的方法。

二、实验示例

【例 4.1】 打开 Excel 实验素材库文件夹下的工作簿“学生成绩统计.xlsx”，按如下要求进行操作，最后以“Excel 实验 1_1.xlsx”为文件名将文件保存到自己创建的文件夹中。

（1）将 Sheet1 工作表的内容复制到 Sheet2 工作表内，并将 Sheet2 工作表名称修改为“统计表”。

具体操作步骤如下。

① 选择 Sheet1 工作表，选中 A1 单元格，而后在按住【Shift】键的同时选中 G61 单元格，则可同时选中 A1:G61 单元格区域。

② 按【Ctrl+C】组合键将所选内容复制到剪贴板中，而后选择 Sheet2 工作表，选中 A1 单元格，按【Ctrl+V】组合键完成所选内容的粘贴。

③ 双击 Sheet2 工作表标签，选中“Sheet2”，输入“统计表”。

（2）打开“统计表”工作表，在第 1 行之前插入 1 行，将 A1:G1 单元格区域合并后居中，输入文字“期中考试成绩”，设置字体格式为隶书、28 磅、蓝色。

具体操作步骤如下。

① 选择“统计表”工作表，选中第 1 行，右击，在弹出的快捷菜单中选择“插入”选项。

② 选中 A1:G1 单元格区域，选择“开始”选项卡，单击“对齐方式”组中的“合并后居中”按钮。

③ 在合并后的 A1 单元格中输入“期中考试成绩表”，选中该单元格，选择“开始”选项卡，分别单击“字体”组中的“字体”“字号”“字体颜色”下拉按钮，设置字体格式为“隶书”“28”“蓝色”。

- 新插入的行总是位于当前选定行的上方，新插入的列位于当前列的左侧。

（3）填充“学号”列，将该列文字格式设置为文本型、水平居中，学号为从 010050 到 010109 的连续值。

具体操作步骤如下。

① 选中 A3:A62 单元格区域，选择“开始”选项卡，单击“数字”组中的“数字格式”下拉按钮，在打开的下拉列表中选择“文本”选项，单击“对齐方式”组中的“居中”按钮。

② 选中 A3 单元格，输入“010050”，按【Enter】键确认。再次选中 A3 单元格，将鼠标指针移到其填充柄处按住鼠标左键向下拖动至 A62 单元格，单击出现的“自动填充选项”下拉按钮，在下拉列表中选择“填充序列”选项，即可完成填充。

（4）使用公式计算“总分”列数据的和，即 3 门课的总成绩。

具体操作步骤如下。

① 选中 F3 单元格，输入“=”，单击 C3 单元格，输入“+”，然后单击 D3 单元格，输入“+”，再单击 E3 单元格，按【Enter】键，则在 F3 单元格中计算出一个学生 3 门课的总成绩。

② 单击 F3 单元格，将鼠标指针移到填充柄处按住鼠标左键向下拖动，即可填充完成所有学生的总成绩。

（5）合并 A63:B63 单元格区域，在合并后的单元格中输入“单科平均成绩”，分别计算 3 门课的平均成绩。

具体操作步骤如下。

① 选中 A63:B63 单元格区域，选择“开始”选项卡，单击“对齐方式”组中的“合并后居中”下拉按钮，在打开的下拉列表中选择“合并单元格”选项。

② 在合并后的单元格中输入“单科平均成绩”。

③ 选中 C63 单元格，单击“插入函数”按钮，打开“插入函数”对话框。在“或选择类别”下拉列表中选择“常用函数”选项，在“选择函数”列表框中选择“AVERAGE”函数，如图 4-1 所示。单击“确定”按钮，打开图 4-2 所示的“函数参数”对话框。

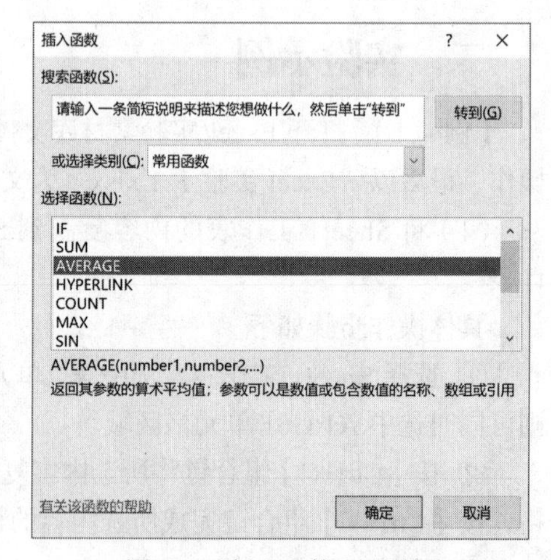

图 4-1 “插入函数”对话框

④ 查看 Number1 文本框中的内容是否符合题目要求，即是否为“C3:C62”，如果不符合要求，可单击右侧的折叠框按钮进行修改。

⑤ 单击“确定”按钮，完成单科平均成绩的计算。

⑥ 单击 C63 单元格，将鼠标指针移动到填充柄处按住鼠标左键向右拖动，注意不要对总分再求平均值。

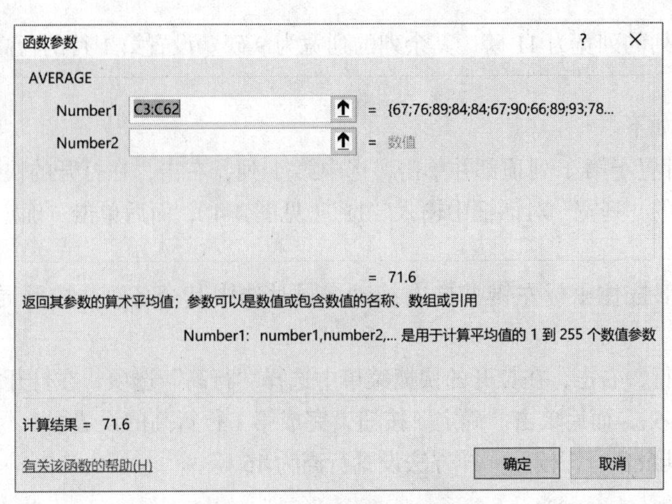

图 4-2 “函数参数”对话框

（6）根据“数学”“语文”列数据，使用公式填充“分班”列。将数学成绩大于语文成绩的学生分到“理科班”，其余学生分到“文科班”。

具体操作步骤如下。

① 选中“分班”列的 G3 单元格，单击“插入函数”按钮 fx，打开“插入函数”对话框，在“或选择类别”下拉列表中选择“逻辑”选项，在“选择函数”列表框中选择“IF”函数，单击“确定”按钮，打开“函数参数”对话框。

② 在“Logical_test”文本框内输入“C3>D3”，在“Value_if_true”文本框内输入“理科班”，在“Value_if_false”文本框内输入“文科班”，如图 4-3 所示，而后单击“确定”按钮。

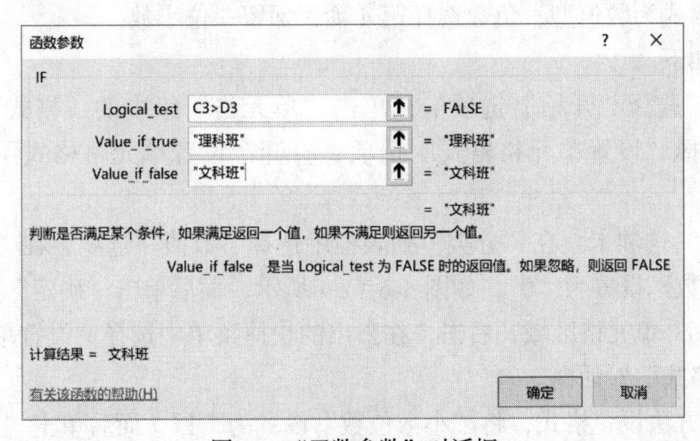

图 4-3 “函数参数”对话框

③ 单击 G3 单元格，将鼠标指针移动到填充柄处按住鼠标左键向下拖动完成填充。

- IF 函数的基本格式为：IF(条件表达式,表达式 1,表达式 2)。当条件表达式的结果为“真”时，表达式 1 的值作为 IF 函数的返回值，否则，表达式 2 的值作为 IF 函数的返回值。例如：IF(a>b,a,b)，表示当 a>b 的运算结果为“真”时，函数返回值为 a，否则为 b。IF 函数是可以嵌套使用的。
- G3 单元格处的函数形式为“=IF(C3>D3,"理科班","文科班")”。
- 书写公式时，除字符串内部，所有的标点符号都应使用英文半角形式。

（7）设置第 1 列的列宽为 11 磅，其余列的列宽为 9 磅。设置第 1 行的行高为 32 磅，其余各行的行高为 15 磅。

具体操作步骤如下。

① 将鼠标指针置于第 1 列顶部并单击，选中第 1 列，右击，在打开的快捷菜单中选择“列宽”选项，在打开的“列宽”对话框中输入“11”（见图 4-4），而后单击“确定”按钮，完成第 1 列列宽的设置。

② 在列的顶部按住鼠标左键并向右拖动，同时选中其余各列，按照同样方法设置列宽为 9 磅。

③ 选中第 1 行，右击，在打开的快捷菜单中选择“行高”选项，在打开的“行高”对话框中输入 32（见图 4-5），而后单击“确定”按钮，完成第 1 行行高的设置。

④ 同时选中其余各行，按照同样方法设置行高为 15 磅。

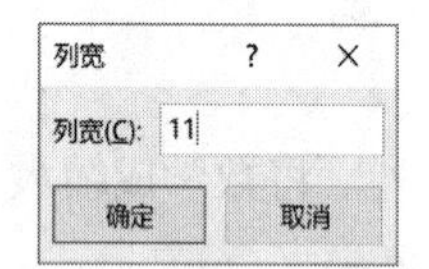

图 4-4 “列宽”对话框

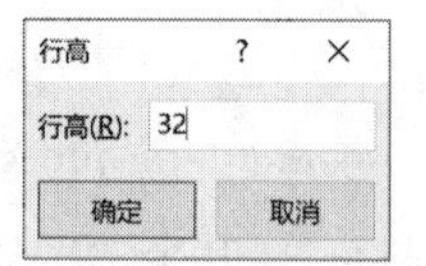

图 4-5 “行高”对话框

- 设置行高和列宽的另一种方法：选择“开始”选项卡，单击“单元格”组中的“格式”下拉按钮，在打开的下拉列表中可选择“行高”“列宽”等选项。

（8）设置“总分”列中的数据格式为数值型，负数选择第 4 项，无小数位数。设置“单科平均成绩”行的数据格式为数值型，负数选择第 4 项，保留一位小数。

具体操作步骤如下。

① 选中 F 列，选择“开始”选项卡，单击“单元格”组中的“格式”下拉按钮，在打开的下拉列表中选择“设置单元格格式”选项，打开“设置单元格格式”对话框，如图 4-6 所示。

② 选择“数字”选项卡，在“分类”列表框中选择“数值”选项，在“负数”列表框中选择第 4 项，“小数位数”设置为“0”，如图 4-6（a）所示，而后单击“确定”按钮。

③ 选中 C63:E63 单元格区域，右击，在弹出的快捷菜单中选择“设置单元格格式”选项，打开“设置单元格格式”对话框。

④ 按照同样的方法设置格式，将“小数位数”设置为“1”，而后单击“确定”按钮。

（9）对所有数据设置对齐方式为水平居中、垂直居中。

具体操作步骤如下。

① 选中 A1:G63 单元格区域，右击，在弹出的快捷菜单中选择“设置单元格格式”选项，打开“设置单元格格式”对话框。

② 选择“对齐”选项卡，在“水平对齐”和“垂直对齐”下拉列表中选择“居中”选项，如图 4-6（b）所示。

③ 单击“确定”按钮。

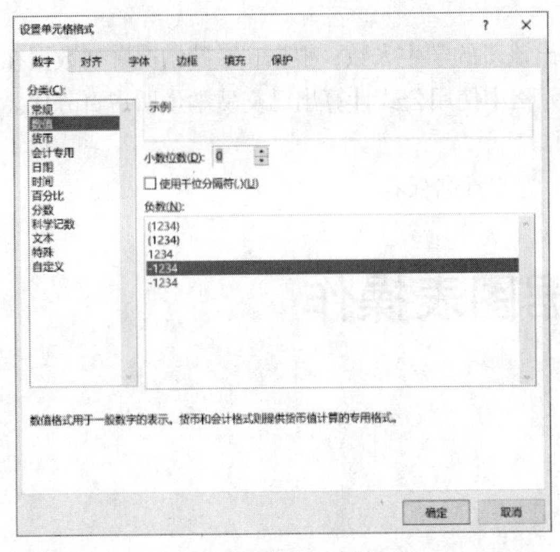

（a）“数字”选项卡

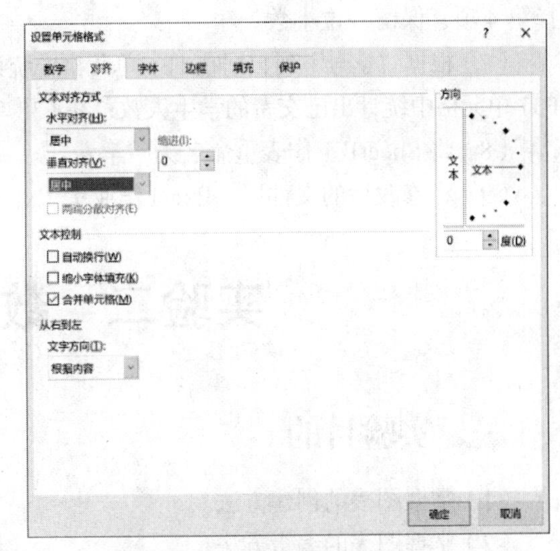

（b）“对齐”选项卡

图 4-6 “设置单元格格式”对话框

（10）给 Sheet1 工作表加内边框和外边框，并将 A1 单元格底纹设置为黄色。

具体操作步骤如下。

① 选中 A1:G63 单元格区域，在“设置单元格格式”对话框中选择“边框”选项卡，在“预置”组中单击“外边框”和“内部”两个按钮，而后单击“确定”按钮。

② 选中 A1 单元格，在“设置单元格格式”对话框中选择“填充”选项卡，在“背景色”组中选择“黄色”色块，而后单击“确定”按钮。

（11）保存文件。

具体操作步骤如下。

选择“文件”选项卡，单击“另存为”按钮，在“另存为”任务窗格中单击“浏览”按钮，打开“另存为”对话框。在该对话框中选择文件的保存位置，在“文件名”文本框内输入“Excel 实验 1_1.xlsx”，而后单击“保存”按钮。

三、实验内容

【实验内容】

打开 Excel 实验素材库文件夹下的工作簿“Tuition.xlsx”，按如下要求进行操作，最后以“Excel 作业 1_1.xlsx”为文件名，将该文件保存到自己创建的文件夹中。

（1）打开 Sheet1 工作表，在第 1 行前插入两行，将 H4：L5 单元格区域中的内容移至 A1 单元格开始处。

（2）将 A1:F1 单元格区域合并后居中，并将单元格中文字格式设置为隶书、字号 20 磅，并为单元格加浅绿色底纹。

（3）合并 A2:C2 单元格区域，并将单元格中文字格式设置为水平靠右对齐。

（4）填充“应交学费”列数据，应交学费=学分×每学分收费金额。

（5）根据“缴费情况”列数据填充“已收学费”列数据。如果“缴费情况”为“Y”，则“已收学费”数据等于“应交学费”数据，否则“已收学费”数据为空白。

（6）设置“应交学费”“已收学费”两列数据的格式为货币样式，货币符号为“$”，负数选择第 4 项，保留一位小数。

（7）根据“学号”列数据在 F36 单元格中统计出该班的学生人数；根据“缴费情况”列数据在 F37 单元格中统计出已交费的学生人数；在 F38 单元格中使用公式计算出已交费学生所占百分比。

（8）将 Sheet1 工作表重命名为“学费”。

（9）将修改后的文件以“Excel 作业 1_1.xlsx”为文件名保存。

实验二　数据图表操作

一、实验目的

（1）掌握图表的创建方法。

（2）掌握图表的编辑方法。

（3）掌握图表的格式化方法。

二、实验示例

【例 4.2】 打开实验素材库文件夹下的“fee.xlsx”工作簿，Sheet1 工作表为某同学一月份的支出明细表，如图 4-7 所示。按要求完成如下操作，最后以“Excel 实验 2_1.xlsx”为文件名将该文件保存在自己创建的文件夹中。

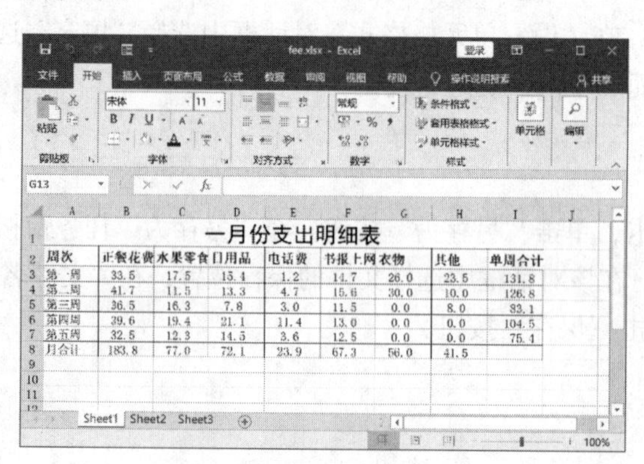

一月份支出明细表

周次	正餐花费	水果零食	日用品	电话费	书报上网	衣物	其他	单周合计
第一周	33.5	17.5	15.4	1.2	14.7	26.0	23.5	131.8
第二周	41.7	11.5	13.3	4.7	15.6	30.0	10.0	126.8
第三周	36.5	16.3	7.8	3.0	11.5	0.0	8.0	83.1
第四周	39.6	19.4	21.1	11.4	13.0	0.0	0.0	104.5
第五周	32.5	12.3	14.5	3.6	12.5	0.0	0.0	75.1
月合计	183.8	77.0	72.1	23.9	67.3	56.0	41.5	

图 4-7　“fee.xlsx”中的数据

（1）制作簇状柱形图，用来比较每周的正餐花费、水果零食及日用品的消费情况，将其存放到新工作表内，并重命名为“单项支出比较”。

具体操作步骤如下。

① 按下鼠标左键并拖动鼠标选中 A2:D7 单元格区域。

② 选择“插入”选项卡，单击“图表”组中的“插入柱形图或条形图”下拉按钮，在打开的下拉列表中选择“二维柱形图”中的“簇状柱形图”选项，此时在 Sheet1 工作表中添加了一个嵌入式的簇状柱形图。

③ 选择“图表工具”下的“设计”选项卡，单击“位置”组中的“移动图表”按钮，打开“移动图表”对话框，选中“新工作表”单选按钮，并输入“单项支出比较”，如图 4-8 所示。而后单击“确定”按钮，完成后的图表如图 4-9 所示。

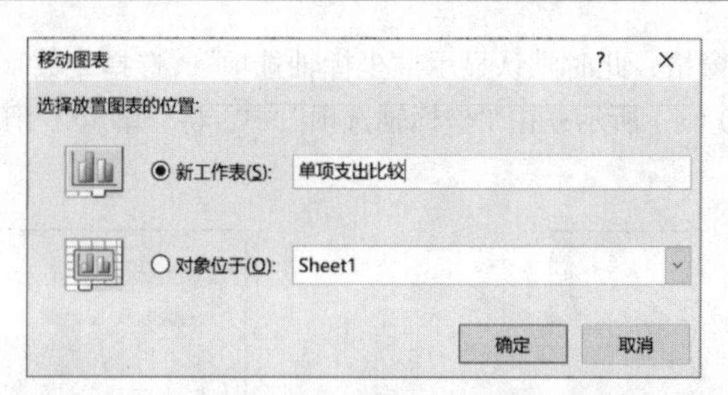

图 4-8 “移动图表”对话框

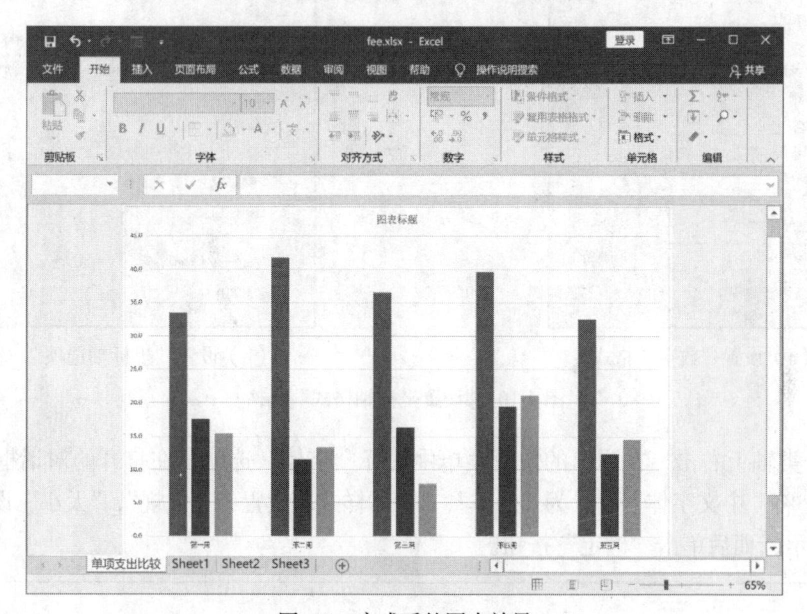

图 4-9 完成后的图表效果

- 新创建的图表默认为嵌入式图表。图表的类型、数据源、位置等均可修改，右击图表区，在弹出的快捷菜单中可选择相应选项，如“更改图表类型”“选择数据”“移动图表”等。

（2）打开“单项支出比较”工作表，设置图表标题为“一月单项支出”，设置字体格式为隶书、红色、22 磅，增加数值轴标题“单位：人民币（元）”。

具体操作步骤如下。

① 单击图表区中的“图表标题”文本框，删除其中的内容，重新输入“一月单项支出”。而后选中图表标题，选择“开始”选项卡，单击“字体”组中的相应下拉按钮设置“字体”“字号”“字体颜色”分别为“隶书”“22 磅”“红色”。

② 选择“图表工具”下的“设计”选项卡，单击“图表布局”组“添加图表元素”下拉按钮，从下拉列表中选择“坐标轴”选项，再选择“坐标轴”级联菜单中的“主要纵坐标轴”选项，可添加数值轴标题，而后将其修改为“单位：人民币（元）”。

（3）设置数值轴和分类轴的格式。将数值轴的数字格式设置为常规，大刻度单位设置为 10；将分类轴的字体格式设置为楷体、常规、12 磅。

具体操作步骤如下。

① 在数值轴上右击，在弹出的快捷菜单中选择“设置坐标轴格式”选项，在窗口的右侧打

开“设置坐标轴格式”窗格，此时默认显示“坐标轴选项”，选择“数字”选项，将“类别”设置为“常规”，如图 4-10（a）所示；在“坐标轴选项”中，将“单位”下的“大”设置为“10.0”，如图 4-10（b）所示。

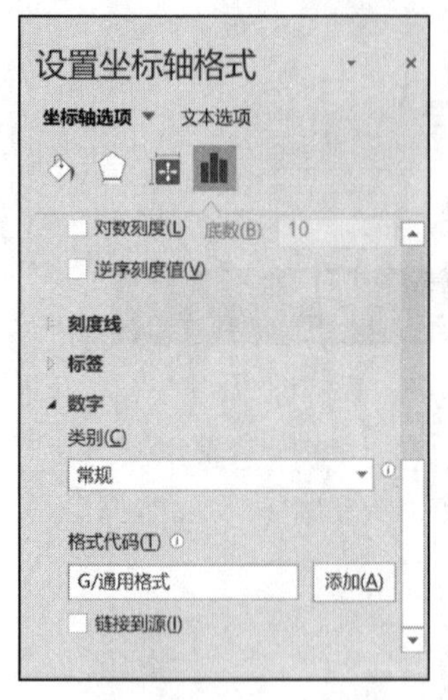

（a）设置“数字”格式

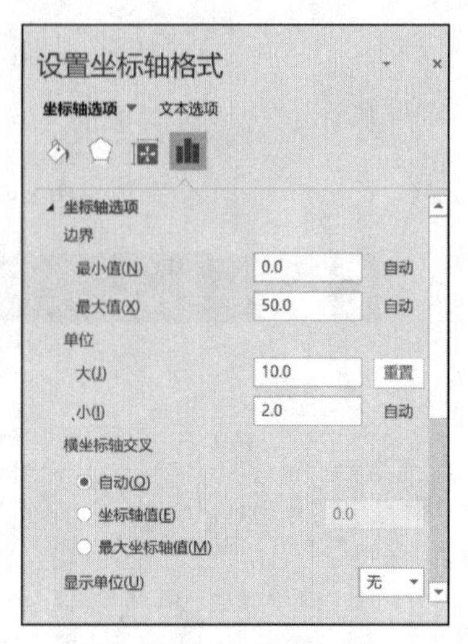

（b）设置“坐标轴选项”

图 4-10 “设置坐标轴格式”窗格

② 在分类轴上右击，在弹出的快捷菜单中选择“字体”选项，在打开的对话框中选择“字体”选项卡，将“中文字体”设置为“楷体”，“字体样式”设置为“常规”，“大小”设置为“12”，如图 4-11 所示，而后单击“确定”按钮。

- *在数值轴的“坐标轴选项”下，还可以设置坐标轴上固定的最小值和最大值。*

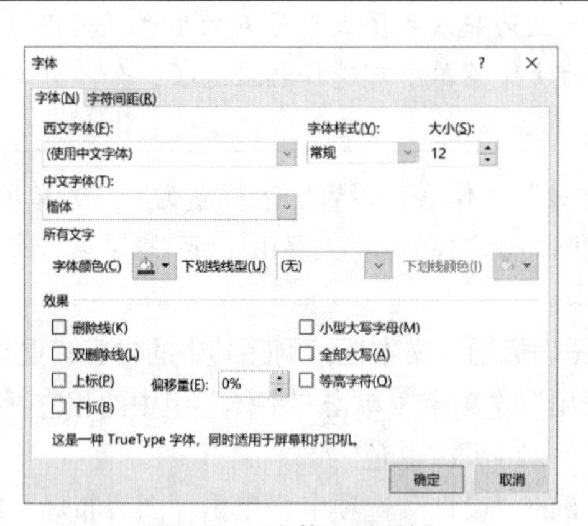

图 4-11 “字体”对话框

（4）将图例的位置设置为“靠上”，并添加红色的边框。

具体操作步骤如下。

① 在图例上右击，在弹出的快捷菜单中选择“设置图例格式”选项，打开“设置图例格式”窗格，如图 4-12 所示。在“图例选项”的“图例位置”中选中“靠上”单选按钮，如图 4-12（a）所示。

② 单击“填充与线条”按钮，展开“边框”栏，选中“实线”单选按钮，单击“颜色”下拉按钮，在打开的下拉列表中选择“标准色”中的“红色”选项，如图 4-12（b）所示。

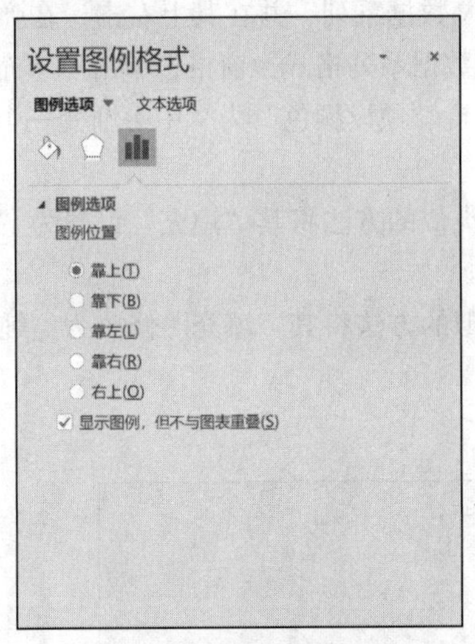

（a）设置图例位置

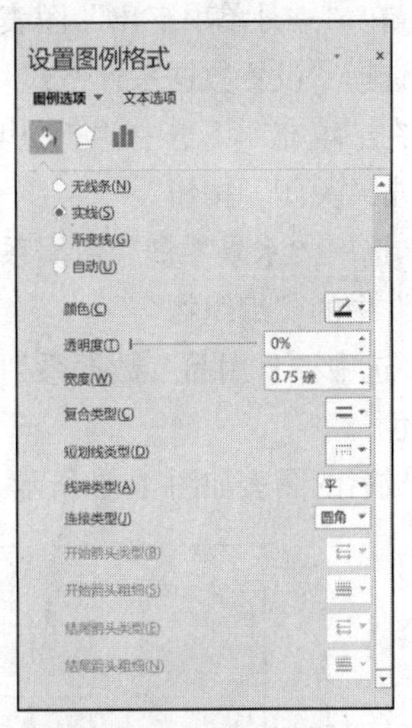

（b）设置边框颜色

图 4-12　“设置图例格式”窗格

（5）设置图表区和绘图区背景。将图表区的背景设置为纹理中的“新闻纸”，绘图区的背景设置为预设渐变中的“浅色渐变-个性色 5”，类型设置为路径。

具体操作步骤如下。

① 在图表区右击，在弹出的快捷菜单中选择“设置图表区域格式”选项，打开“设置图表区格式”窗格，展开“填充”栏，而后选中“图片或纹理填充”单选按钮，单击“纹理”下拉按钮，在打开的下拉列表中选择“新闻纸”选项，如图 4-13 所示。

② 在绘图区右击，在弹出的快捷菜单中选择“设置绘图区格式”选项，展开“填充”栏，而后选中“渐变填充”单选按钮，单击“预设渐变”下拉按钮，在打开的下拉列表中选择“浅色渐变-个性色 5”选项，设置“类型”为“路径”，如图 4-14 所示。

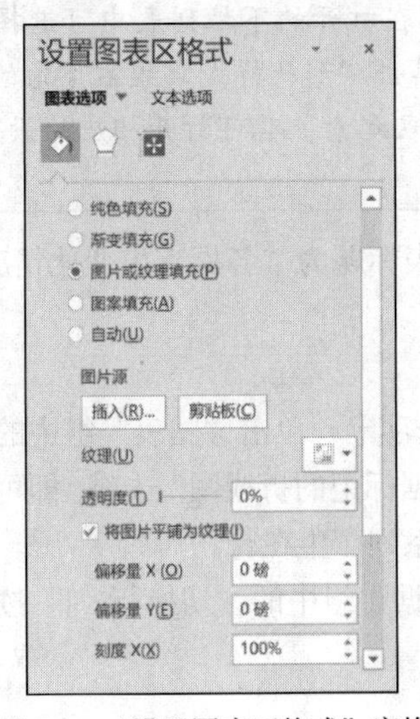

图 4-13　“设置图表区格式”窗格

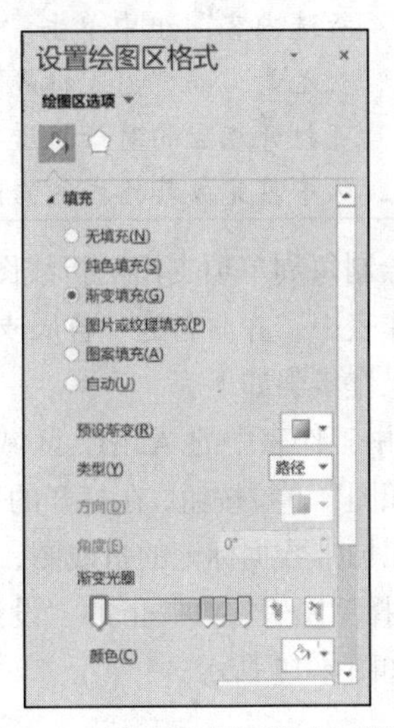

图 4-14　“设置绘图区格式”窗格

（6）设置数据系列的格式。

具体操作步骤如下。

① 在“一月单项支出”图表上选中“正餐花费”数据系列，并在其上右击，在弹出的快捷菜单中选择“设置数据系列格式”选项，打开“设置数据系列格式”窗格，单击“填充与线条”按钮，在“填充”下选中“渐变填充”单选按钮，设置“预设颜色”为“中等渐变—个性色 5”，而后单击“关闭”按钮。

② 选中“水果零食”数据系列，使用与上一步类似的方法将其“填充”设置为“图片或纹理填充”中的“编织物”。

③ 选中“日用品”数据系列，使用与上一步类似的方法将其“填充”修改为“纯色填充”的“绿色”。

完成后的图表如图 4-15 所示。

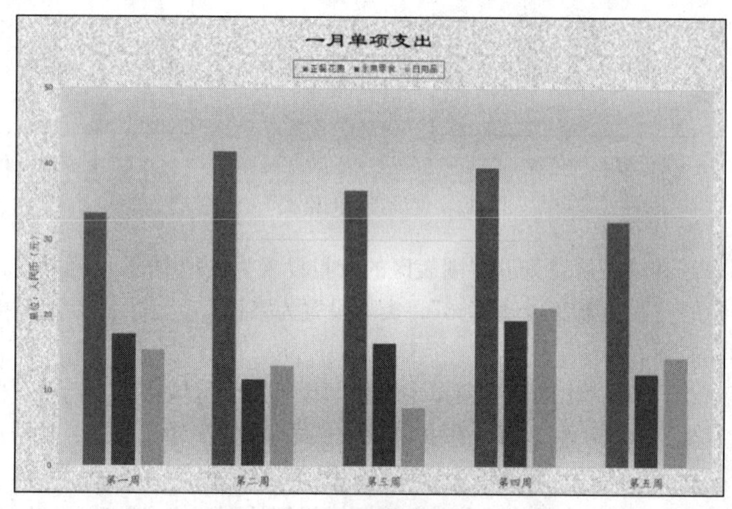

图 4-15　设置后的效果图

- 设置图表元素格式的其他方法：选择“图表工具”下的“格式”选项卡，在“当前所选内容”组中单击“图表元素”下拉按钮，在打开的下拉列表中可选择不同的图表元素，如“图表标题”“绘图区”等，而后单击“形状样式”组右下角的按钮，可打开相应的对话框进行设置。双击相应的图表元素，也可打开相应的设置对话框，从中可完成其格式的修改。

（7）绘制每周单项支出的折线图，数据产生在列，图表标题为“各周支出变化情况”，图表位于新工作表中，并命名为“各周支出变动”。

具体操作步骤如下。

① 选中工作表中的 A2:H7 区域，然后选择“插入”选项卡，单击“图表”组中的“插入折线图或面积图”下拉按钮，在打开的下拉列表中选择“带数据标记的折线图”选项，即可在 Sheet1 工作表中添加带数据标记的折线图，如图 4-16 所示，此时系列产生在行。

② 选择“图表工具”下的“设计”选项卡，单击“数据”组中的“切换行/列”按钮，此时图表效果如图 4-17 所示。

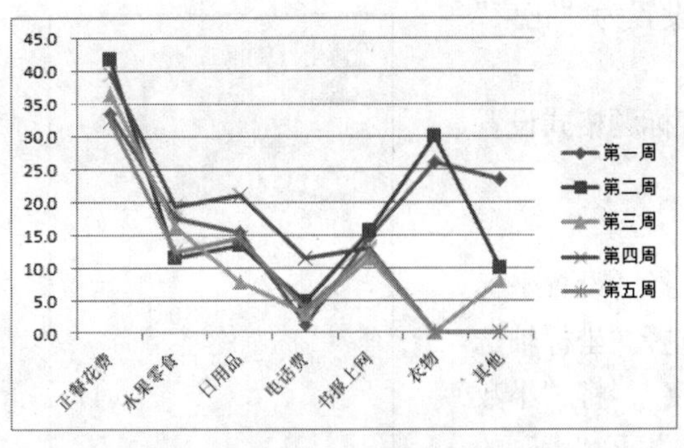

图 4-16　系列产生在行的图表效果

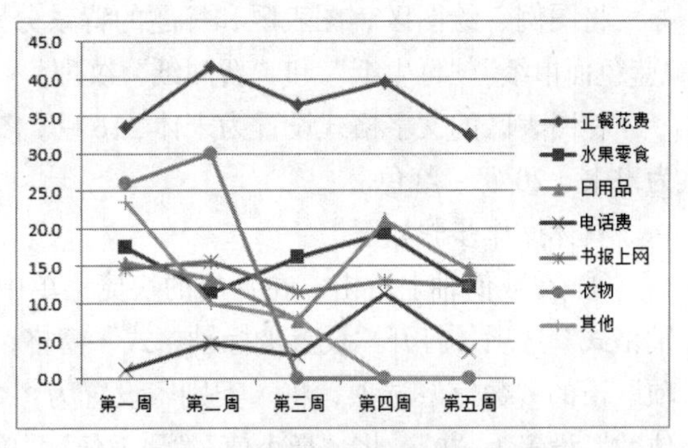

图 4-17　系列产生在列的图表效果

③ 选择“图表工具”下的“设计”选项卡，单击“位置”组中的“移动图表”按钮，打开“移动图表”对话框，选中“新工作表”单选按钮，并将表名指定为“各周支出变动”，如图 4-18 所示，而后单击“确定”按钮。

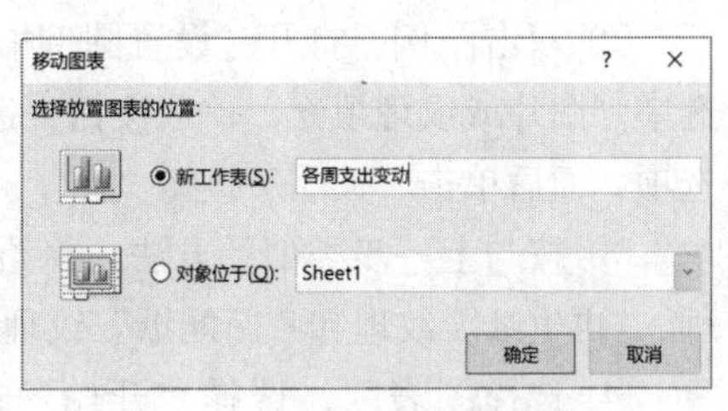

图 4-18　“移动图表”对话框

④ 选择“图表工具”下的“设计”选项卡，单击“图表布局”组中的“添加图表元素”下拉按钮，在打开的下拉列表中选择“图表标题”下的“图表上方”选项，添加图表标题，将“图表标题”修改为“各周支出变化情况”。

（8）删除“衣物”和“其他”两个数据系列。

具体操作步骤如下。

① 选中绘图区的“衣物”数据系列，然后按【Delete】键。

② 在绘图区右击，在弹出的快捷菜单中选择“选择数据”选项，或选择“图表工具”下的“设计”选项卡，单击“数据”组中的“选择数据”按钮，打开“选择数据源”对话框，如图 4-19 所示，选择“图例项”列表框中的“其他”系列，单击“删除”按钮，而后单击“确定”按钮。

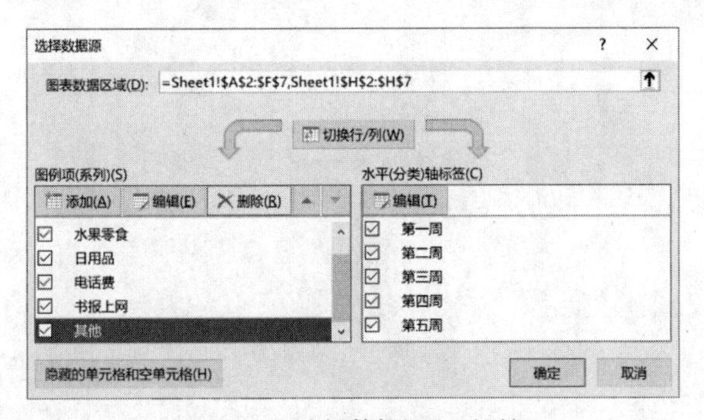

图 4-19　“选择数据源”对话框

- 以上两种方法均可实现对数据系列的删除。
- 在“选择数据源”对话框中可进行数据系列的增删操作。

（9）设置折线图的格式。

设置数值轴的数字无小数点，刻度的最小值为 0，最大值为 50，主要刻度单位为 10。

将图例、绘图区、图表区和标题的背景分别设置为“花束”“蓝色面巾纸”“再生纸”和“新闻纸”纹理。

将图表区的文字格式设置为宋体、16 磅，图表标题格式设置为隶书、20 磅、红色。

具体操作步骤如下。

① 在数值轴上右击，在弹出的快捷菜单中选择“设置坐标轴格式”选项，打开“设置坐标轴格式”窗格，选择“坐标轴选项”下的“数字”选项，将“类别”设置为“数字”，将“小数位数”设置为“0”；将“最小值”“最大值”“单位”下“大”的值分别设置为“0.0”“50.0”“10.0”，如图 4-20 所示。

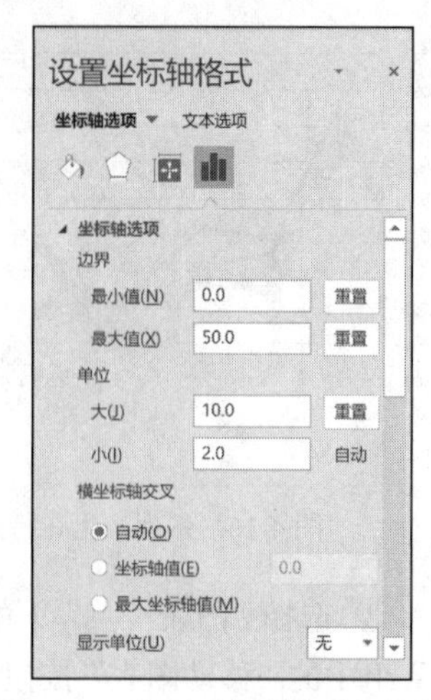

图 4-20 “设置坐标轴格式”窗格

② 双击图例，打开“设置图例格式”窗格，在“填充”下选中“图片或纹理填充”单选按钮，选择“纹理”中的“花束”选项，而后单击“关闭”按钮。

③ 按与上一步类似的方法，将绘图区、图表区和标题的背景分别设置为“蓝色面巾纸”纹理、“再生纸”纹理和“新闻纸”纹理。

④ 选择图表区，选择“开始”选项卡，单击“字体”组中的“字体”下拉按钮，选择“宋体”选项，单击“字号”下拉按钮，选择“16”选项，这个设置将会应用于图表中的所有文字。

⑤ 选中图表标题，选择“开始”选项卡，分别单击“字体”组中的“字体”“字号”“字体颜色”下拉按钮，将字体格式修改为“隶书”“20”“红色”。

完成后的图表如图 4-21 所示。

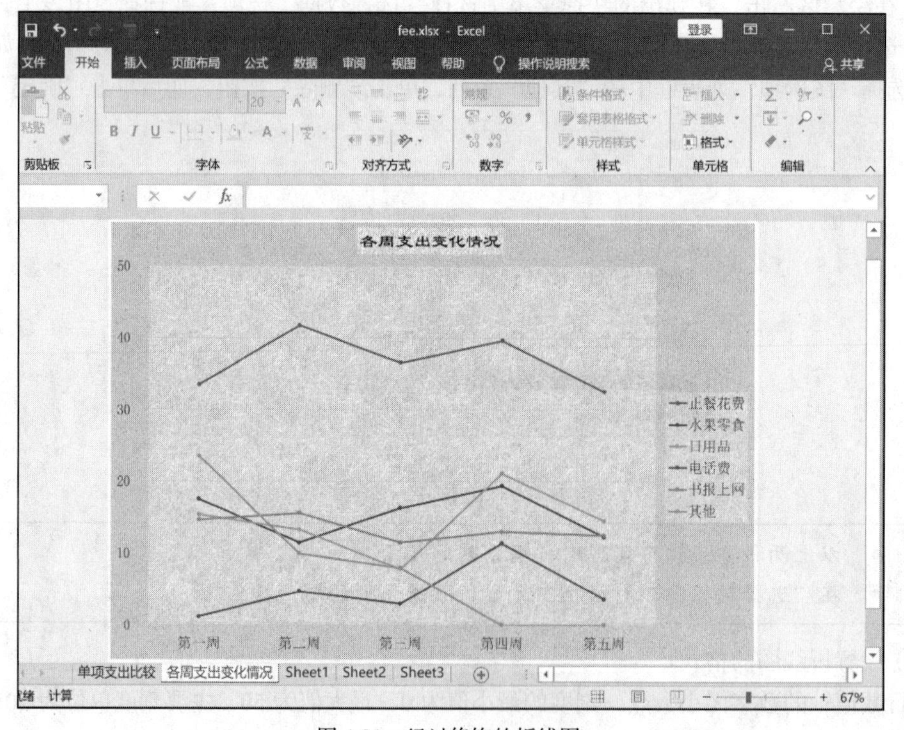

图 4-21 经过修饰的折线图

- 如果大多数的字体格式设置都一样，可以先进行总体设置，然后再设置单个不同的部分。
- 总体设置会覆盖个别设置的字体格式。

（10）建立饼图，该图展示各部分支出在总支出中所占的比例。

在 Sheet1 工作表中建立分离型饼图，不显示图例，显示百分比。

具体操作步骤如下。

① 选择 Sheet1 工作表，选中 B2:H2 单元格区域，而后按住【Ctrl】键再选中 B8:H8 单元格区域。

② 选择“插入”选项卡，单击“图表”组中的“插入饼图或圆环图”下拉按钮，在打开的下拉列表中选择“二维饼图”下的“饼图”选项，即可在 Sheet1 工作表中添加一个饼图，如图 4-22 所示。

③ 选择“图表工具”下的“设计”选项卡，单击“图表布局”组中的“添加图表元素”下拉按钮，选择“图例”下的“无”选项，关闭图例，或选中“图例”后直接按【Delete】键也可将图例删除。

图 4-22　默认效果的饼图

④ 选择“图表工具”下的“设计”选项卡，单击“图表布局”组中的“添加图表元素”下拉按钮，在打开的下拉列表中选择“数据标签”下的“其他数据标签选项”选项，打开“设置数据标签格式”窗格，在“标签选项”下选中“类别名称”“百分比”复选框，设置“标签位置”为“数据标签外”，如图 4-23 所示。

（11）图表格式设置。

修改图表标题为“月支出比例”，将字体格式设置为隶书、20 磅，将第一扇区起始角度设置为 270 度。

具体操作步骤如下。

① 选中“图表标题”，输入“月支出比例”。

② 选中图表标题，选择“开始”选项卡，分别单击“字体”组中的“字体”、“字号”下拉按钮，将字体格式修改为“隶书”“20”。

③ 右击数据系列，在弹出的快捷菜单中选择“设置数据系列格式”选项，打开“设置数据系列格式”窗格，在“系列选项”中将“第一扇区起始角度”设置为“270°”，如图 4-24 所示。

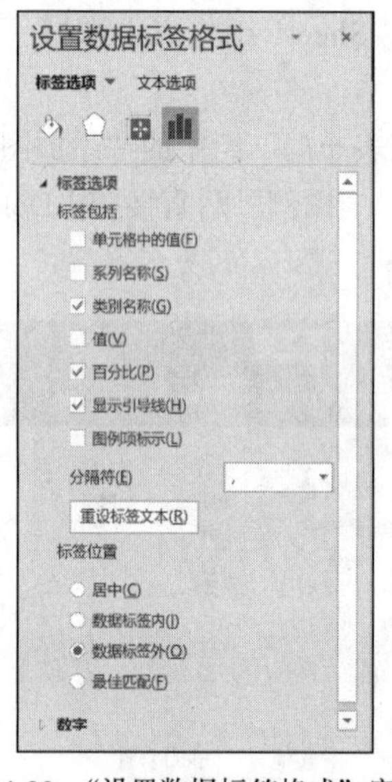

图 4-23 “设置数据标签格式”窗格

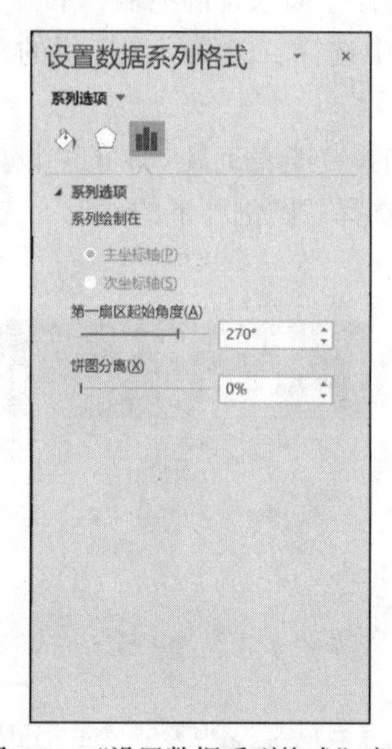

图 4-24 “设置数据系列格式”窗格

（12）图表位置和大小的调整。

具体操作步骤如下。

① 选中饼图（出现 8 个控制点即为选中）。

② 将鼠标指针移动到图表区时，鼠标指针变为四向箭头，此时按住鼠标左键拖动鼠标，图表将随鼠标指针移动，将图表拖到适当位置后释放鼠标。

③ 将鼠标指针移动到任一控制点上，鼠标指针变为双向箭头，此时按住鼠标左键并进行拖动，则图表的大小随之改变。将图表的大小调整到既不浪费空间也不影响其他数据的状态即可。

④ 单击绘图区（注意不要单击数据系列，可以单击饼块间的空隙，也可以单击方框与饼图的空白区域），绘图区周围会出现 4 个控制点，选中 4 个控制点之一进行拖动可以修改绘图区在图表区中的大小，直接拖动绘图区可以修改绘图区在图表区内的位置。

饼图格式设置完成，最终效果如图 4-25 所示。

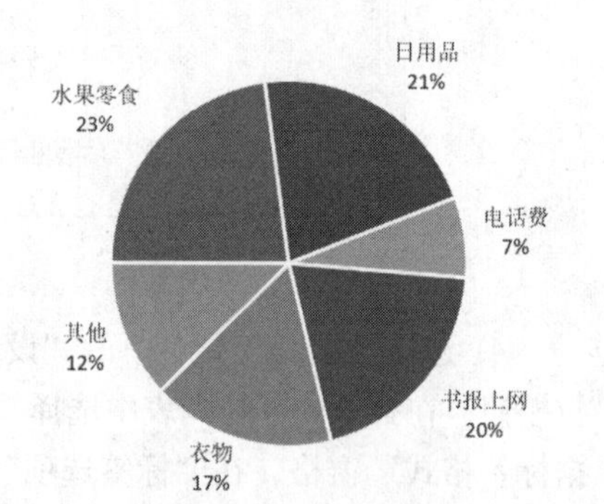

图 4-25 最终完成的饼图

（13）保存文件。

选择“文件”选项卡，单击“另存为”按钮，再单击“浏览”按钮，打开“另存为”对话框。在该对话框中选择文件的保存位置，在“文件名”文本框中输入“Excel 实验 2_1.xlsx”，而后单击“保存”按钮。

三、实验内容

【实验内容 1】制作柱形图。

打开 Excel 素材文件夹下的“竞赛成绩.xlsx”工作簿文件，进行如下操作。

（1）根据 Sheet1 工作表中的数据建立图表工作表，要求如下。

① 分类轴为姓名，数值轴为得分。

② 图表类型为簇状柱形图。

③ 图表标题为“英语 101 班成绩对比图”，字体格式为黑体、20 磅、红色。分类轴标题为“姓名”，数值轴标题为“得分”，字体格式均为楷体、12 磅。

④ 图例：无。

⑤ 图表插入形式为作为新工作表插入，工作表名为“成绩对比”。

⑥ 设置数值轴格式：坐标轴边界最小值为 0、最大值为 9.5；大刻度单位为 0.5、小刻度单位为 0.1；保留一位小数。

（2）将此工作簿保存为“Excel 作业 2_1.xlsx”，完成后的图表如图 4-26 所示。

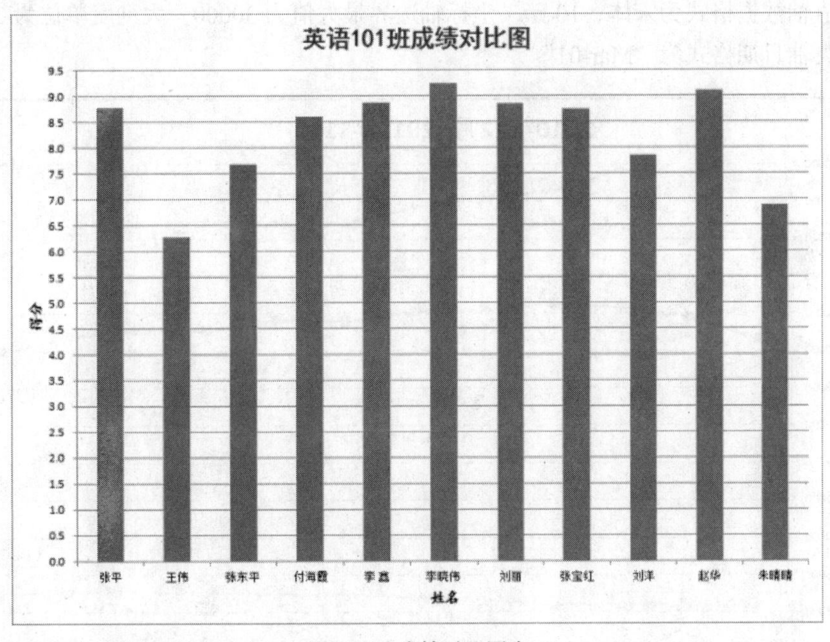

图 4-26 成绩对比图表

【实验内容 2】饼图制作。

打开 Excel 素材库文件夹下的“cjtj.xlsx”工作簿文件，进行如下操作。

（1）利用 Sheet1 工作表中的数据，建立图表工作表，要求如下。

① 创建图表显示各分数段的人数占总人数的百分比。

② 分类轴为分数段，数值轴为人数。

③ 图表类型为三维饼图。

④ 图表标题为“各分数段人数对比图”，字体格式为隶书、20 磅、蓝色。

⑤ 图例位置为靠上。

⑥ 数据标志：显示百分比。

⑦ 图表插入形式为作为新工作表插入，工作表名为“平均分成绩统计表”。

（2）将此工作簿保存为“Excel 作业 2_2.xlsx”，完成后的图表如图 4-27 所示。

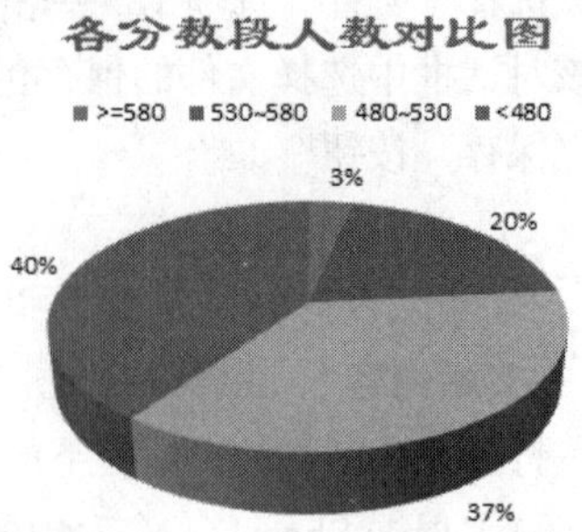

图 4-27 各分数段人数统计图表

【实验内容 3】制作折线图。

打开 Excel 素材文件夹下的“房价.xlsx”工作簿文件，进行如下操作。

（1）根据 Shee1 工作表中的数据建立图 4-28 所示的折线图，要求如下。

① 分类轴为年份，数值轴为“上海”“深圳”“石家庄”。

② 图表类型为数据点折线图。

③ 图表标题为“2010 年 12 月~2011 年 11 月”，字号为 20 磅；数值轴标题为“每平方米单价：元”。

④ 图例位置为底部，字号为 12 磅。

⑤ 图表插入形式为作为新工作表插入，工作表名为“房价走势图”。

⑥ 数值轴数据格式为宋体、10 磅，坐标轴边界最大值为 30000，大刻度单位为 2000。

⑦ 分类轴日期格式为“Mar-01”。

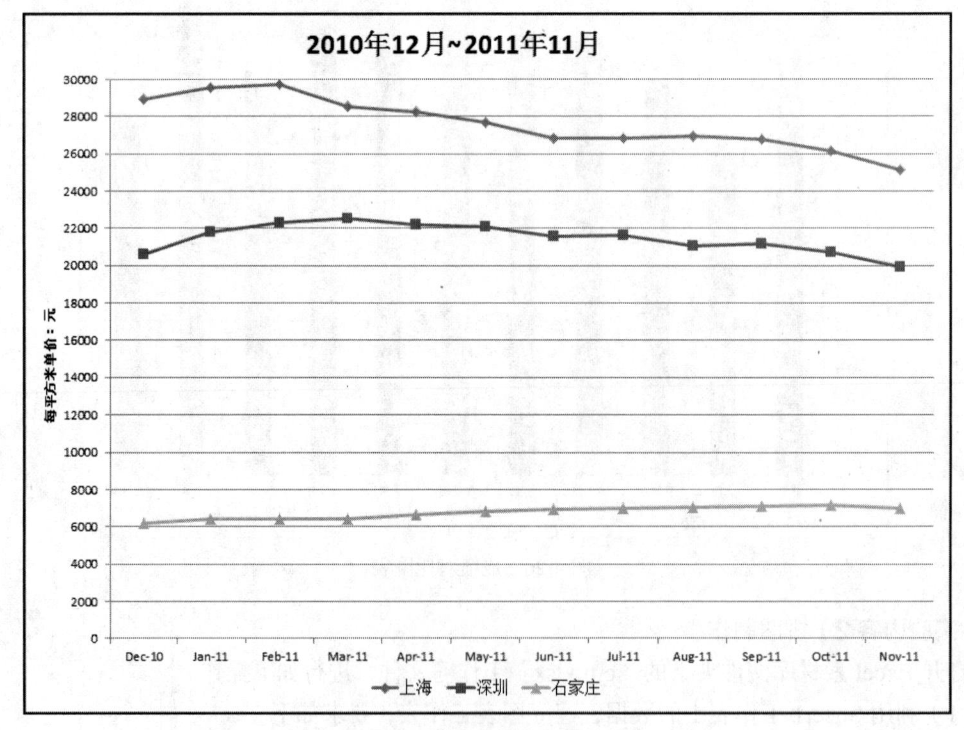

图 4-28 房价走势分析折线图

（2）将此工作簿保存为“Excel 作业 2_3.xlsx”。

实验三　数据管理操作

一、实验目的

（1）掌握排序的方法。

（2）掌握数据自动筛选和高级筛选的操作。

（3）掌握数据的分类汇总的操作。

（4）掌握数据透视表的操作。

二、实验示例

【例 4.3】打开 Excel 素材文件夹下的“Data.xlsx”工作簿，进行下面的操作后，将其以“Excel 实验 3_1.xlsx”为文件名另存到自己创建的文件夹中。

（1）数据的排序操作。在 Sheet1 工作表中将数据按“分班”升序、“总分”降序排列。

具体操作步骤如下。

① 选择 Sheet1 工作表，选择数据区域内的任一单元格。

② 选择“数据”选项卡，单击“排序和筛选”组中的“排序”按钮，打开“排序”对话框。

③ 单击“主要关键字”下拉按钮，选择“分班”选项，将“排序依据”设置为“单元格值”，将“次序”设置为“升序”；而后单击“添加条件”按钮，在“次要关键字”下拉列表中选择“总分”选项，将“排序依据”设置为“单元格值”，将“次序”设置为“降序”，如图 4-29 所示，而后单击“确定”按钮。

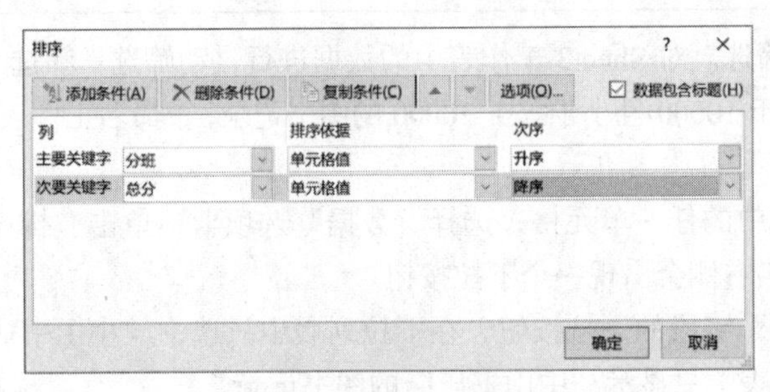

图 4-29　“排序”对话框

- 若只对某一个字段进行排序，可选中待排序字段列的任一单元格，而后选择“数据”选项卡，单击“排序和筛选”组中的“升序”按钮 或“降序”按钮 ，即可对该字段的数据进行排序。
- 当对多个字段进行复合排序时，必须使用“排序”对话框。

（2）数据的分类汇总操作。对 Sheet2 工作表进行分类汇总：按“终端”分类汇总“数量”和“交易额”数据之和。

具体操作步骤如下。

① 选择 Sheet2 工作表，选中“终端”列中的任一单元格，选择“数据”选项卡，单击“排序和筛选”组中的“升序”按钮，将数据按照“终端”字段进行升序排序。

② 选择数据区域内的任一单元格，单击“数据”选项卡下“分级显示”组中的“分类汇总”按钮，打开“分类汇总”对话框。

③ 在“分类字段”下拉列表中选择“终端”选项，“汇总”方式设置为“求和”，选中“数量”和“交易额”复选框，如图 4-30 所示，而后单击“确定”按钮。

④ 分别单击数据清单左侧的分类级别“1”“2”“3”按钮，查看只显示总计、显示不同终端的汇总结果和显示所有明细数据的结果，如图 4-31 所示。

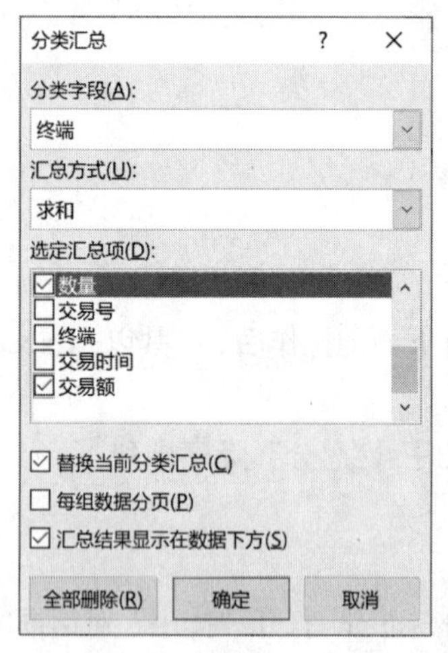

图 4-30 “分类汇总”对话框

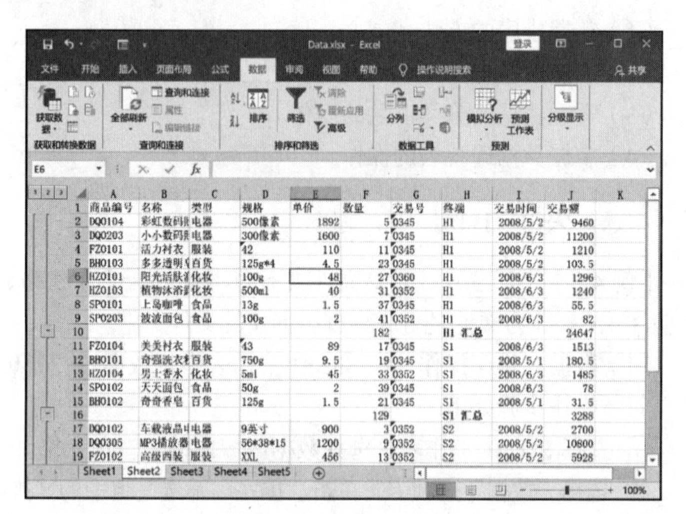

	A	B	C	D	E	F	G	H	I	J
1	商品编号	名称	类型	规格	单价	数量	交易号	终端	交易时间	交易额
2	DQ0104	彩虹数码	电器	500像素	1892	5	0345	H1	2008/5/2	9460
3	DQ0203	小小数码	电器	300像素	1600	7	0345	H1	2008/5/2	11200
4	FZ0101	活力衬衣	服装	42	110	11	0345	H1	2008/5/2	1210
5	BH0103	多多透明	百货	125g*4	4.5	23	0345	H1	2008/5/2	103.5
6	HZ0101	阳光活肤	化妆	100g	48	27	0360	H1	2008/6/3	1296
7	HZ0103	植物沐浴	化妆	500ml	40	31	0352	H1	2008/6/3	1240
8	SP0101	上岛咖啡	食品	13g	1.5	37	0345	H1	2008/6/3	55.5
9	SP0203	波波面包	食品	100g	2	41	0352	H1	2008/6/3	82
10						182		H1 汇总		24647
11	FZ0104	美美衬衣	服装	43	89	17	0345	S1	2008/6/3	1513
12	BH0101	奇强洗衣	百货	750g	9.5	19	0345	S1	2008/5/1	180.5
13	HZ0104	男士香水	化妆	5ml	45	33	0352	S1	2008/6/3	1485
14	SP0102	天天面包	食品	50g	2	39	0345	S1	2008/6/3	78
15	BH0102	奇奇香皂	百货	125g	1.5	21	0345	S1	2008/5/1	31.5
16						129		S1 汇总		3288
17	DQ0102	车载液晶	电器	9英寸	900	3	0352	S2	2008/5/2	2700
18	DQ0305	MP3播放器	电器	56*38*15	1200	9	0352	S2	2008/5/2	10800
19	FZ0102	高级西装	服装	XXL	456	13	0352	S2	2008/5/2	5928

图 4-31 多级分类汇总

- 分类汇总前需要对数据按分类字段排序。
- 要删除分类汇总，可以打开“分类汇总”对话框，单击其中的“全部删除”按钮。

（3）数据的自动筛选。对 Sheet3 工作表中的数据进行自动筛选：筛选“销售点”为“中山书店”、“销售额”大于等于 10000 且小于等于 20000 的图书记录，重命名工作表为“中山书店销售表”。

具体操作步骤如下。

① 单击数据区域中的任一单元格，选择“数据”选项卡，单击“排序和筛选”组中的“筛选”按钮，每个字段名右侧会出现一个下拉按钮。

② 单击“销售点”字段的下拉按钮，在下拉列表中只选中“中山书店”复选框，而后单击“确定”按钮，则数据表中只显示“中山书店”的图书记录。

③ 单击“销售额”字段的下拉按钮，在弹出的下拉列表中选择“数字筛选”选项，在其级联菜单中选择“自定义筛选”选项，打开“自定义自动筛选方式”对话框，在其左上角的下拉列表中选择“大于或等于”选项，在右上角的文本框中输入“10000”，选中“与”单选按钮，在左下角的下拉列表中选择“小于或等于”选项，在右下角的文本框中输入“20000”，如图 4-32 所示，而后单击“确定”按钮，筛选完成后的效果如图 4-33 所示。

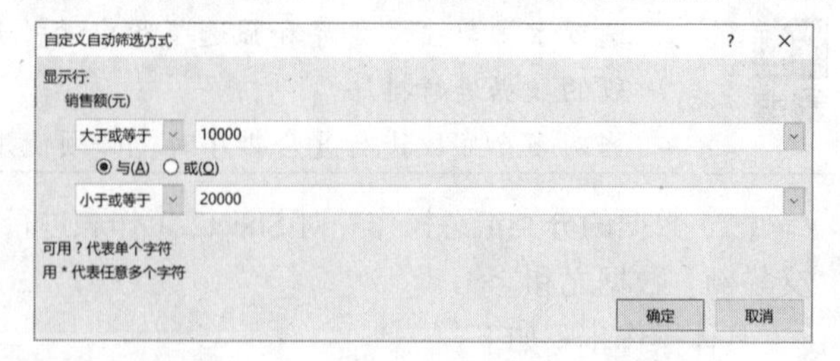

图 4-32 “自定义自动筛选方式”对话框

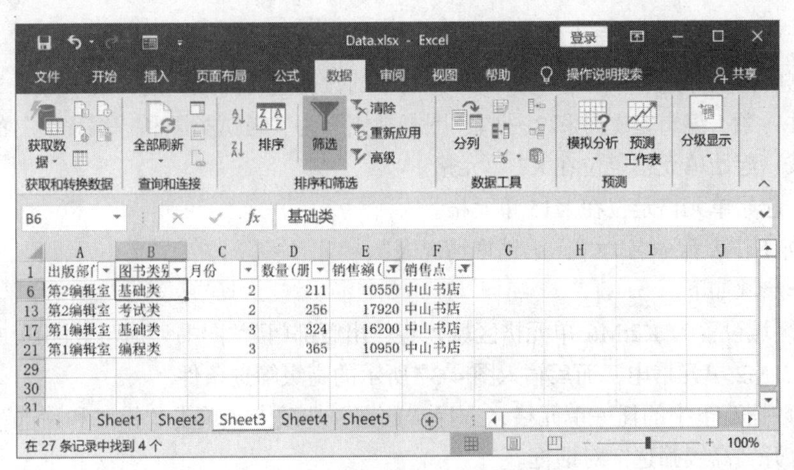

图 4-33　完成自动筛选后的记录

④ 双击 Sheet3 工作表标签，输入“中山书店销售表”，而后单击工作表中任一单元格确认修改。

- 自动筛选使用起来比较方便，但不能用于处理很复杂的条件，对同一个字段最多能有两个条件的“与”或者“或”，更复杂的筛选条件无法表示。

（4）数据的高级筛选 1。根据 Sheet4 工作表中的数据进行高级筛选，要求如下。

筛选条件：“销售额”大于 10000 且小于 20000 的图书记录。

条件区域：起始单元格定位在 B32 单元格。

复制到：起始单元格定位在 A36 单元格。

具体操作步骤如下。

① 条件区域设置为 B32:C33 单元格区域，将“销售额(元)”字段名复制到 B32、C32 单元格中，而后输入图 4-34 所示的高级筛选条件。

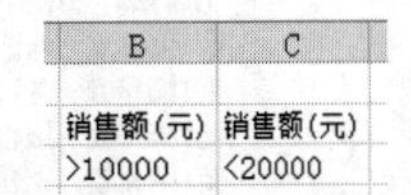

B	C
销售额(元)	销售额(元)
>10000	<20000

图 4-34　高级筛选条件

② 选择数据清单中的任一单元格，选择“数据”选项卡，单击“排序和筛选”组中的“高级”按钮，打开“高级筛选”对话框，如图 4-35 所示。

③ 在“高级筛选”对话框中选中“将筛选结果复制到其他位置”单选按钮；“列表区域”默认为“$A$1:$F$28”；将光标放置在“条件区域”文本框内，选中第①步设置的条件区域 B32:C33，则“条件区域”文本框内自动填充“Sheet4!$B$32:$C$33”；将光标放置在“复制到”文本框内，选中 A36 单元格，则“复制到”文本框内自动填充“Sheet4!$A$36”，如图 4-36 所示。

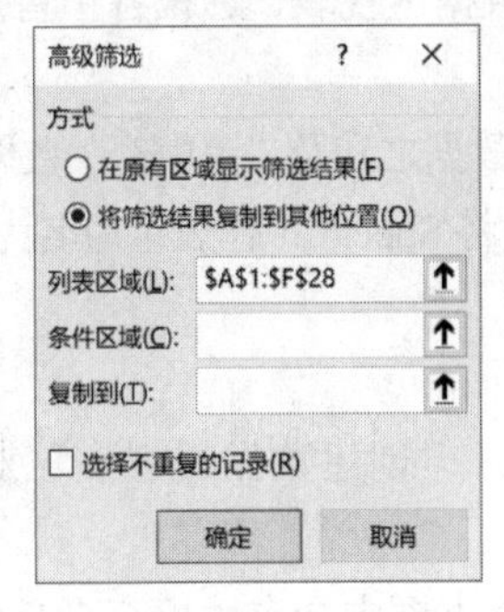

图 4-35　设置列表区域

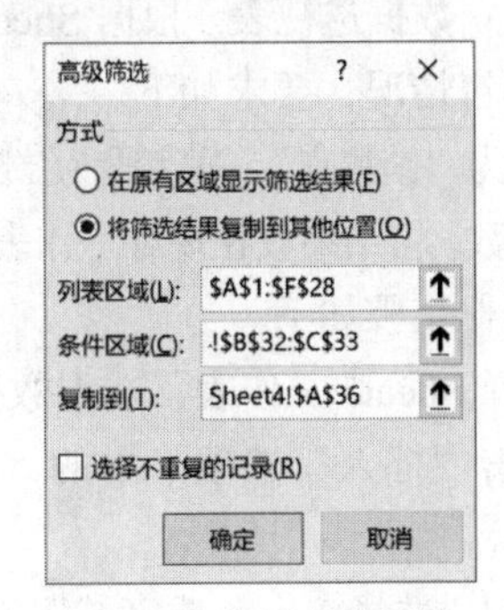

图 4-36　设置条件区域

④ 单击“确定”按钮，完成筛选。

（5）数据的高级筛选 2。根据 Sheet4 工作表中的数据进行高级筛选，要求如下。

筛选条件：第 1 编辑室 1 月和 2 月内“图书类别”为“考试类”和“编程类”的图书记录。

条件区域：起始单元格定位在 K2 单元格。

复制到：起始单元格定位在 K15 单元格。

将 Sheet4 工作表重命名为“图书销售情况表”。

具体操作步骤如下。

① 条件区域设置为 K2:M6 单元格区域，将“出版部门”“图书类别”“月份”3 个字段名复制到 K2、L2、M2 单元格中，而后输入图 4-37 所示的高级筛选条件。

② 选择数据清单中的任一单元格，选择“数据”选项卡，单击“排序和筛选”组中的“高级”按钮，打开“高级筛选”对话框。

③ 在“高级筛选”对话框中选中“将筛选结果复制到其他位置”单选按钮；“列表区域”默认为“$A$1:$F$28”；设置“条件区域”为“Sheet4!$K$2:$M$6”，设置“复制到”为“Sheet4!$K$15”，如图 4-38 所示，而后单击“确定”按钮，完成筛选。

K	L	M
出版部门	图书类别	月份
第1编辑室	考试类	1
第1编辑室	考试类	2
第1编辑室	编程类	1
第1编辑室	编程类	2

图 4-37　高级筛选条件

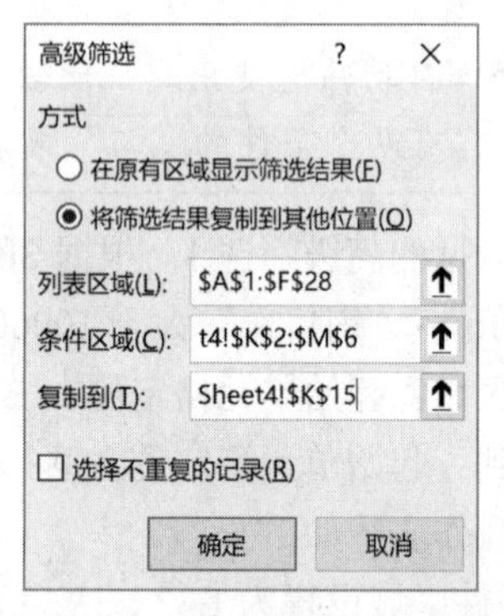

图 4-38　“高级筛选”对话框

④ 双击 Sheet4 工作表标签，输入“图书销售情况表”，而后单击工作表中任一单元格确认修改。

- 如果没有事先选择数据区域就打开了“高级筛选”对话框，仍然可以指定数据区域，单击“列表区域”文本框即可输入数据区域，或者单击其右侧的按钮，直接选择数据区域。
- 无论是条件多么复杂的高级筛选，操作过程都是类似的，只不过条件区域和结果区域的指定各不相同。

（6）建立数据透视表。根据 Sheet5 工作表中的数据建立数据透视表，透视各销售点的不同类别图书的销售情况，要求如下。

行字段为“销售点”，列字段为“图书类别”，计算“数量”数据之和及“销售额”数据的平均值，保留一位小数。将结果放在现有工作表 A35 单元格开始处，最后将 Sheet5 工作表重命名为“透视表”。

具体操作步骤如下。

① 选择 Sheet5 工作表，选中数据区域内任一单元格。

② 单击“插入”选项卡中的“数据透视表”按钮，打开“创建数据透视表”对话框，如图 4-39 所示。

③ 选中“选择一个表或区域”单选按钮，在“表/区域”文本框中会自动填充“Sheet5! $A$1: $F$28”，这里不需要修改。选中“现有工作表”单选按钮，将光标置于“位置”文本框内，选中

A35 单元格，而后单击“确定”按钮，将一个空的数据透视表添加到当前工作表中，并在右侧窗格中显示数据透视表字段列表，如图 4-40 所示。

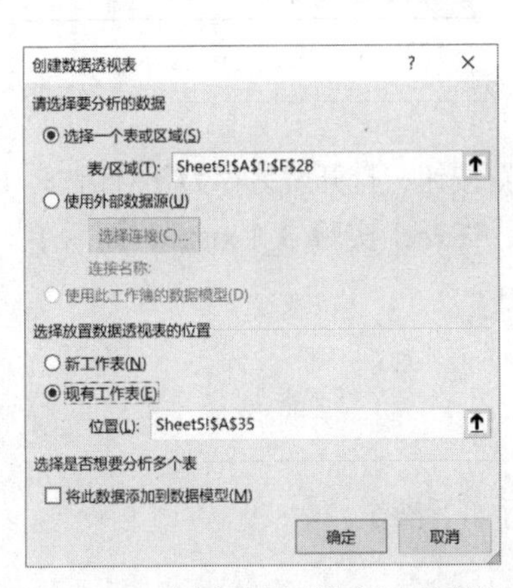

图 4-39　“创建数据透视表”对话框

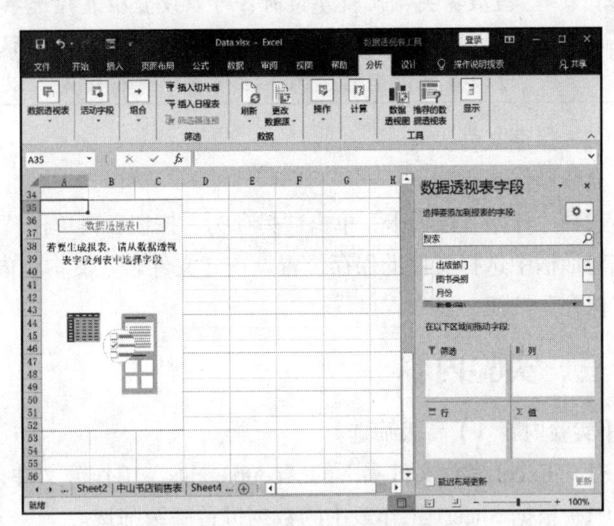

图 4-40　数据透视表字段列表

④ 将“销售点”字段拖动到“行”区域，将“图书类别”字段拖动到“列”区域，将“数量”和“销售额”字段分别拖动到“值”区域。

⑤ 单击“值”区域内的“求和项:销售额(元)”下拉按钮，在打开的下拉列表中选择“值字段设置”选项，打开图 4-41 所示的“值字段设置”对话框，在“计算类型”列表框中选择汇总方式为“平均值”，而后单击“数字格式”按钮，在打开的“设置单元格格式”对话框中将数值格式设置为一位小数，最后单击两次“确定”按钮，得到的透视结果如图 4-42 所示。

⑥ 双击 Sheet5 工作表标签，输入“透视表”，而后单击工作表中任一单元格确认修改。

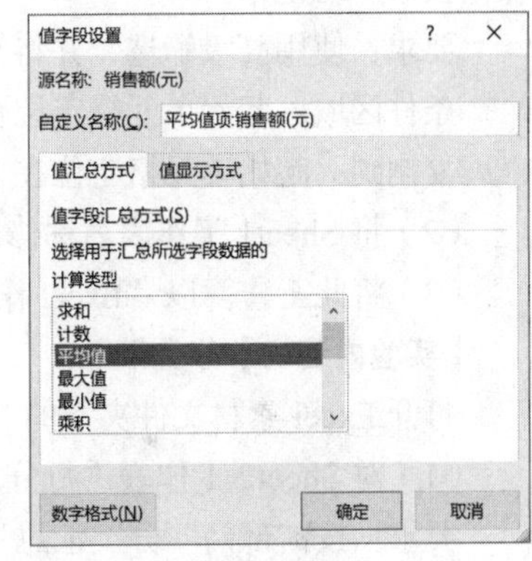

图 4-41　“值字段设置”对话框

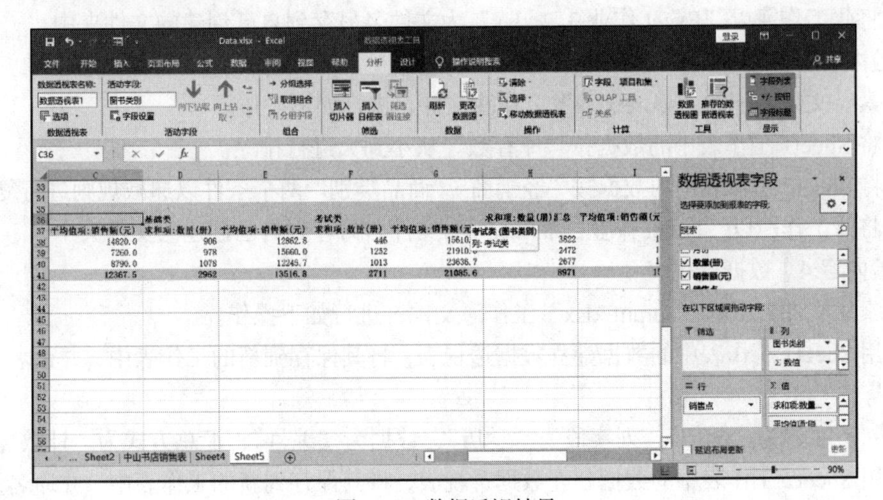

图 4-42　数据透视结果

- 与分类汇总不同，透视数据前不需要对数据进行排序操作。
- 当数据关系比较复杂时，可以设置报表筛选字段，例如按“出版部门”透视结果时，可以将“出版部门”字段拖到页字段上，默认会显示所有“出版部门”的数据，也可以在字段名右边的下拉列表中进行设置，以显示特定部门的数据。

（7）保存文件。

具体操作步骤如下。

选择“开始”选项卡，单击“另存为”按钮，再单击“浏览”按钮，打开“另存为”对话框，在该对话框中选择文件的保存位置，在“文件名”文本框内输入“Excel 实验 3_1.xlsx”，而后单击“保存”按钮。

三、实验内容

【实验内容 1】高级筛选。

打开 Excel 素材文件夹下的“course.xlsx”工作簿文件，进行如下操作。

（1）根据 Sheet1 工作表中的数据进行高级筛选。

筛选条件：① 成绩大于等于 90 的记录；② 系别为“经济”或“数学”且课程名称为“多媒体技术”的记录。

要求：使用高级筛选，并将筛选结果复制到其他位置。

条件区域：起始单元格定位在 H6 单元格。

复制到：起始单元格定位在 H15 单元格。

（2）将 Sheet1 工作表名称修改为“成绩单”。

（3）将此工作簿以“Excel 作业 3_1.xlsx”为文件名另存到自己创建的文件夹中。

【实验内容 2】分类汇总。

打开 Excel 素材文件夹下的“course.xlsx”工作簿文件，进行如下操作。

（1）对 Sheet2 工作表进行分类汇总。

要求：按“部门”分类汇总“基本工资”与“实发工资”数据之和。

（2）将 Sheet2 工作表名称修改为“工资表”。

（3）将此工作簿以“Excel 作业 3_2.xlsx”为文件名另存到自己创建的文件夹中。

【实验内容 3】排序。

打开素材文件夹下的“score.xlsx”工作簿文件，进行如下操作。

（1）将 Sheet1 工作表中的数据按“库存数”从小到大进行排序。

（2）将 Sheet2 工作表中的数据按“经销商”“商品类别”两个条件以递减规则进行复合排序。

（3）将此工作簿以“Excel 作业 3_3.xlsx”为文件名另存到自己创建的文件夹中。

【实验内容 4】数据透视表。

打开素材文件夹下的“output.xlsx”工作簿文件，进行如下操作。

（1）用 Sheet1 工作表中的数据建立数据透视表，将其保存到新的工作表中，并命名为“员工工资表 1”。

要求：行字段为“部门”，列字段为“学历”，数据为“编号”，汇总方式为“计数”。

（2）用 Sheet2 工作表中的数据建立数据透视表，将其保存到新的工作表中，并命名为“员工工资表 2”。

要求：行字段为“部门”，列字段为“学历”，数据为“奖金”和“实发工资”数据的平均值。

（3）将此工作簿以“Excel 作业 3_4.xlsx”为文件名另存到自己创建的文件夹中。

实验四　上机练习系统典型试题讲解

一、实验目的

（1）掌握上机练习系统中 Excel 2016 操作典型问题的解决方法。

（2）熟悉 Excel 2016 操作中各种综合应用的操作技巧。

（3）本实验的例题取自上机练习系统中的典型试题，读者若能配合使用与本书配套的上机练习系统，将会达到更好的学习效果。

二、模拟练习

【模拟练习 A】

打开 Excelkt 文件夹下的“Excel14A.xlsx”工作簿文件，按下列要求操作。

1. 基本编辑

（1）将 Excelkt 文件夹下“ScoreA.docx”文件中的数据复制到 Sheet1 工作表中 A2 单元格开始处。

具体操作步骤如下。

a. 打开 Excelkt 文件夹下的“ScoreA.docx”文件，单击表格左上角的⊞图标选中整个表格，单击“开始”选项卡下“剪贴板”组中的“复制”按钮（或按【Ctrl+C】组合键），将表格复制到剪贴板中，而后关闭“ScoreA.docx”文件。

b. 选中“Excel14A.xlsx”文件中 Sheet1 工作表的 A2 单元格，选择“开始”选项卡下“剪贴板”组中的“粘贴”按钮（或按【Ctrl+V】组合键）。

（2）编辑 Sheet1 工作表的要求如下。

A. 在工作表最左端插入一列，设置列宽为 10 磅，并在 A1 单元格内输入“参赛号码”。

B. 在工作表第 1 行之前插入一行，设置行高为 30 磅，将 A1:N1 单元格区域合并后居中，在其中输入“演讲比赛决赛成绩单”，设置字体格式为隶书、20 磅、标准色中的红色、垂直居中。

具体操作步骤如下。

① 行列操作。

a. 单击工作表顶端的列号 A，选中“姓名”列，右击选中区域，在弹出的快捷菜单中选择“插入”选项，即可在“姓名”列的左侧（最左端）插入空白列。选中 A1 单元格，输入“参赛号码”。

b. 单击工作表左侧行号 1，选中第 1 行，右击选中区域，在弹出的快捷菜单中选择“插入”选项，在第 1 行前插入一行。

c. 选中工作表第 1 行，右击选中区域，在弹出的快捷菜单中选择“行高”选项，打开“行高”对话框，在“行高”数值框内输入“30”，如图 4-43 所示，而后单击“确定”按钮。

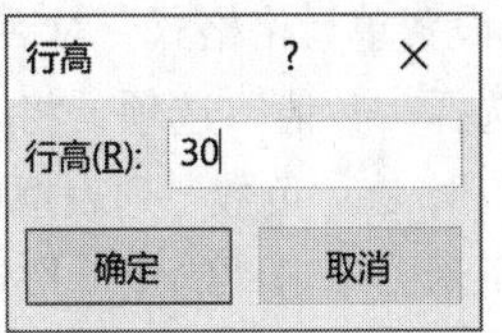

图 4-43　“行高”对话框

② 单元格操作。

a. 选中 A1:N1 单元格区域，选择“开始”选项卡，单击“对齐方式”组中的“合并后居中”按钮，将 A1:N1 单元格区域进行合并后居中。

b. 选中合并后的 A1 单元格，分别单击“字体”组中的“字体”“字号”“字体颜色”下拉按钮设置字体格式为“隶书”、“20”、“标准色”中的“红色”；而后单击“对齐方式”组中的“垂直居中”按钮，设置字体垂直居中对齐。

c. 在 A1 单元格内输入“演讲比赛决赛成绩单”。

（3）数据填充的要求如下。

A. 填充“参赛号码”列，“参赛号码”的值从 01401020 开始，以 1 为差值递增填充，数据为文本型。

B. 利用公式计算“最终得分”列数据，最终得分等于得分之和减去一个最高分和一个最低分，数据格式为数值型、负数选择第 4 项、保留一位小数。

C. 根据“最终得分”列数据利用公式填充“排名”列数据。

D. 根据“最终得分”列数据利用公式填充“所获奖项”列数据：最终得分大于 49 的为“一等”，大于 47.5 且小于等于 49 的为“二等”，大于 46.5 且小于等于 47.5 的为“三等”，其余为空白。

具体操作步骤如下。

① 填充数据。

方法 1 如下。

a. 选中“参赛号码”列的 A3:A22 单元格区域，选择“开始”选项卡，单击“数字”组中的“数字格式”下拉按钮，在打开的下拉列表中选择“文本”选项，即可将该单元格区域的数据类型设置为文本型。

b. 选中 A3 单元格，输入“01401020”，按【Enter】键确认，而后向下拖动 A3 单元格右下角的填充柄直到 A22 单元格，或双击 A3 单元格的填充柄完成其他单元格的填充。

方法 2 如下。

在 A3 单元格内输入“'01401020”（即以单引号为前导字符，注意单引号应为英文半角符号），按【Enter】键确认，而后双击 A3 单元格的填充柄完成其他单元格的填充。

② 利用公式计算。

a. 选中“最终得分”列的 L3 单元格，输入“=SUM(E3:K3)-MAX(E3:K3)-MIN(E3:K3)”，按【Enter】键确认。选中 L3 单元格，拖动右下角的填充柄直到 L22 单元格，或双击填充柄将其中的公式复制到“最终得分”列的其他单元格中。

b. 选中 L3:L22 单元格区域，选择“开始”选项卡，单击“数字”组右下角的按钮，打开“设置单元格格式”对话框，在“分类”列表框中选择“数值”选项，将“小数位数”的值设置为“1”，在“负数”列表框中选择第 4 项，如图 4-44 所示，单击“确定”按钮。

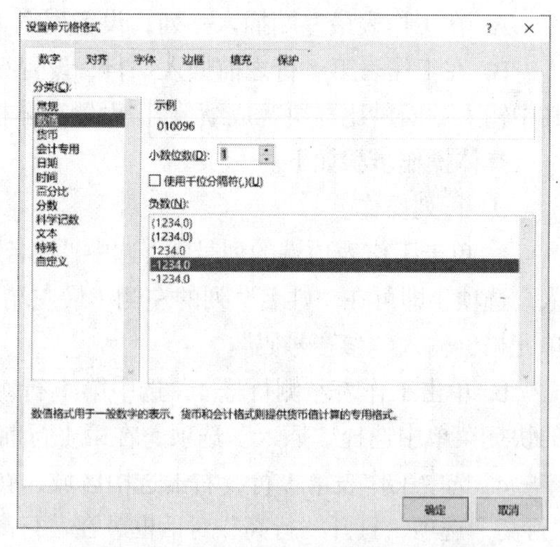

图 4-44 “设置单元格格式”对话框

c. 选中“排名”列的 M3 单元格，单击编辑栏左侧的“插入函数”按钮，打开“插入函数”

对话框，在“或选择类别”下拉列表中选择“全部”选项，在“选择函数”列表框中选择“RANK.EQ”选项，如图 4-45 所示。而后单击“确定”按钮，打开“函数参数”对话框，将光标放置在“Number”文本框内，选中 L3 单元格，而后将光标放置在“Ref”文本框内，选中 L3:L22 单元格区域，然后按【F4】键将其修改为绝对地址“$L$3:$L$22”，最后在“Order”文本框内输入“0”，如图 4-46 所示，单击“确定”按钮。双击 M3 单元格的填充柄，则可将其中的公式复制到“排名”列的其他单元格中。

d. 选中“所获奖项”列的 N3 单元格，输入公式“=IF(L3>49,"一等",IF(L3>47.5,"二等",IF(L3>46.5,"三等","")))”，按【Enter】键确认。再次选中 N3 单元格，双击其右下角的填充柄，将其中的公式复制到该列的其他单元格中。

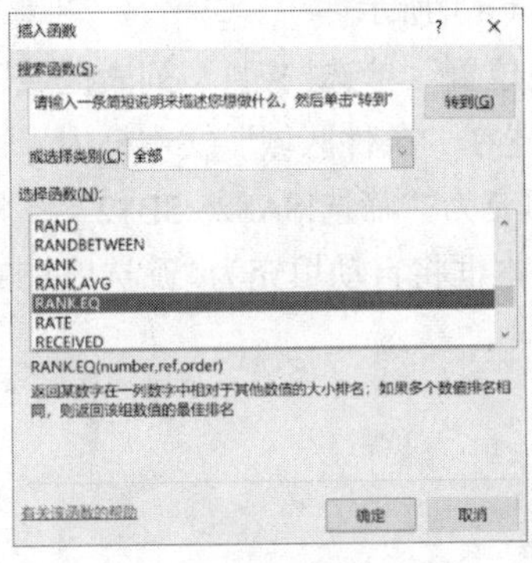

图 4-45　“插入函数”对话框

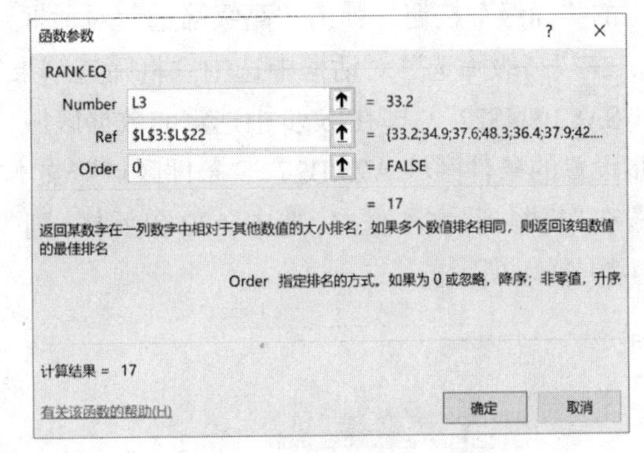

图 4-46　“函数参数”对话框

（4）在 Sheet2 工作表中建立 Sheet1 工作表的副本，将 Sheet2 工作表重命名为“筛选”。

具体操作步骤如下。

a. 选中 Sheet1 工作表的 A1:N22 单元格区域，按【Ctrl+C】组合键将其复制到剪贴板中。

b. 单击 Sheet2 工作表标签，选中 A1 单元格，按【Ctrl+V】组合键完成粘贴。

c. 双击 Sheet2 工作表标签，或右击 Sheet2 工作表标签，在弹出的快捷菜单中选择“重命名”选项，将标签名修改为“筛选”。完成后的 Sheet1 工作表如图 4-47 所示。

演讲比赛决赛成绩单

参赛号码	姓名	性别	赛区	得分1	得分2	得分3	得分4	得分5	得分6	得分7	最终得分	排名	所获奖项
01401020	田荣雪	女	成都	6.6	6.8	6.6	6.8	6.3	6.4	6.9	33.2	17	
01401021	李俊	女	西安	6.8	7.2	6.7	7.2	6.9	7.3	6.8	34.9	16	
01401022	李三柱	男	成都	7.1	7.6	7.1	7.6	7.9	7.8	7.5	37.6	12	
01401023	袁世尊	男	成都	9.6	9.7	9.6	9.8	9.2	9.8	9.6	48.3	2	二等
01401024	梁英丽	女	广州	7.6	6.7	7.2	7.1	7.2	7.4	7.5	36.4	14	
01401025	张香亭	女	上海	7	8.5	6.9	8.2	7.1	8	7.6	37.9	11	
01401026	陈美华	女	广州	8.2	8.9	8.1	8.8	8	9.1	8.5	42.5	8	
01401027	仝颖鹏	男	广州	9.6	9.5	9.4	9.1	9	9.5	9.3	46.8	6	三等
01401028	冯秀兰	女	成都	9	9.8	8.7	8.8	8.3	8.9	8.2	43.7	7	
01401029	王丽霞	女	广州	9.7	9.9	9.7	9.6	8.9	9.3	9.3	47.6	3	二等
01401030	苏利刚	男	上海	5.5	5.4	6	6.2	6	6.5	5.9	29.6	20	
01401031	苏利云	男	成都	6.9	7.1	7.5	7	7	7.2	6.9	35.2	15	
01401032	马丽娟	女	西安	9.7	9.1	9.3	9.6	9.1	9.7	9.5	47.2	4	三等
01401033	杨建波	女	成都	8.2	8.4	8.7	8.5	7.9	8.8	8	41.8	9	
01401034	王宝钗	女	西安	9.9	9.8	9.8	9.9	9.9	9.8	9.9	49.3	1	一等
01401035	刘立勇	男	上海	6.2	6.3	5.9	6.4	6	6.3	6.5	31.2	18	
01401036	蔡永歌	男	广州	7.4	7.5	7.3	7.6	7.1	7.5	7.8	37.3	13	
01401037	李小玲	女	上海	9.5	9.4	9.5	9.6	9.2	9.6	9.2	47.2	5	三等
01401038	单彦换	男	上海	8.2	8.3	8.2	8.3	8.2	8.5	8	41.2	10	
01401039	郝兰涛	男	西安	5.6	5.9	6.1	6.2	5.9	6.3	5.8	29.9	19	

图 4-47　编辑完成后的 Sheet1 工作表

2. 数据处理

利用“筛选”工作表中的数据进行高级筛选，要求如下。

A. 筛选条件：“广州”和“成都”赛区、“排名”为前 10 的记录。

B. 条件区域：起始单元格定位在 A25 单元格。

C. 复制到：起始单元格定位在 A32 单元格。

D. 保存“Excel14A.xlsx”文件。

具体操作步骤如下。

a. 单击“筛选”工作表，在 A25 单元格起始位置输入图 4-48 所示的高级筛选条件，注意设置的条件区域字段名要同数据表中的字段名一致，否则筛选会出错，建议使用复制、粘贴的方式设置条件区域字段名，以保证两者一致。

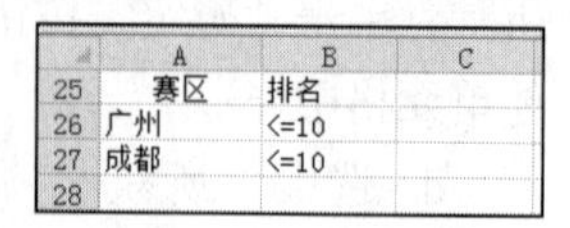

	A	B	C
25	赛区	排名	
26	广州	<=10	
27	成都	<=10	
28			

图 4-48 高级筛选条件

b. 选中数据区域 A2:N22，选择“数据”选项卡，单击“排序和筛选”组的“高级”按钮，弹出“高级筛选”对话框，如图 4-49（a）所示。

c. 在“高级筛选”对话框中选中“将筛选结果复制到其他位置”单选按钮；“列表区域”默认为“$A$2:$N$22”，即在 b 步中选定的数据区域；将光标放置在“条件区域”文本框内，选中在 a 步设置的条件区域 A25:B27，“条件区域”文本框将自动填充为“筛选!$A$25:$B$27”；将光标放置在“复制到”文本框内，选中 A32 单元格，则“复制到”文本框将自动填充为“筛选!$A$32”，如图 4-49（b）所示。

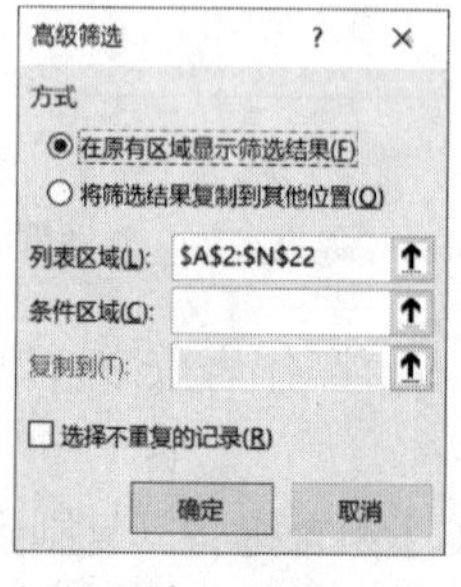

（a）设置“列表区域”

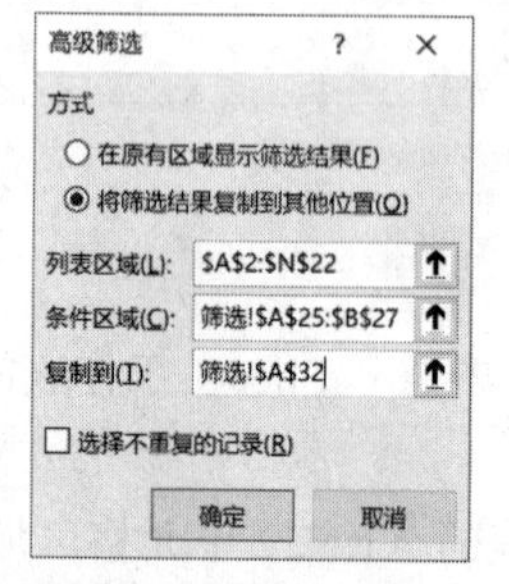

（b）设置“方式”、“条件区域”及“复制到”

图 4-49 “高级筛选”对话框

d. 单击“确定”按钮，完成筛选，结果如图 4-50 所示。

e. 单击“快速访问工具栏”上的“保存”按钮，保存文件。

	A	B	C	D	E	F	G	H	I	J	K	L	M	N
18	01401035	刘立勇	男	上海	6.2	6.3	5.9	6.4	6	6.3	6.5	31.2	18	
19	01401036	蔡永歌	男	广州	7.4	7.5	7.3	7.6	7.1	7.5	7.8	37.3	13	
20	01401037	李小玲	女	上海	9.5	9.4	9.5	9.6	9.2	9.6	9.2	47.2	4	三等
21	01401038	单彦换	男	上海	8.2	8.3	8.2	8.3	8.2	8.5	8	41.2	10	
22	01401039	郝兰涛	男	西安	5.6	5.9	6.1	6.2	5.9	6.3	5.8	29.9	19	
23														
24														
25	赛区	排名												
26	广州	<=10												
27	成都	<=10												
28														
29														
30														
31														
32	参赛号码	姓名	性别	赛区	得分1	得分2	得分3	得分4	得分5	得分6	得分7	最终得分	排名	所获奖项
33	01401023	袁世尊	男	成都	9.6	9.7	9.6	9.8	9.2	9.8	9.6	48.3	2	二等
34	01401026	陈美华	女	广州	8.2	8.9	8.1	8.8	8	9.1	8.5	42.5	8	
35	01401027	仝颖鹏	男	广州	9.6	9.5	9.4	9.1	9	9.5	9.3	46.8	6	三等
36	01401028	冯秀兰	女	成都	9	9.8	8.7	8.8	8.3	8.9	8.2	43.7	7	
37	01401029	王丽霞	女	广州	9.7	9.9	9.7	9.6	8.9	9.3	9.3	47.6	3	二等
38	01401033	杨建波	女	成都	8.2	8.4	8.7	8.5	7.9	8.8	8	41.8	9	
39														
40														
41														
42														
43														
44														

Sheet1 筛选 Sheet3

图 4-50 高级筛选结果

【模拟练习 B】

打开 Excelkt 文件夹下的“NdkhB.xlsx”工作簿文件，按下列要求操作。

1. 基本编辑

（1）编辑 Sheet1 工作表的要求如下。

A. 将“所属部门”列移动到“姓名”列的左侧。

B. 在工作表第 1 行前插入一行，设置其行高为 35 磅，并在 A1 单元格内输入“员工年度考核表”，其字体格式为华文行楷、22 磅、加粗、标准色中的蓝色，将 A1:H1 单元格区域设置跨列居中、垂直靠上。

C. 设置 A2:H30 单元格区域的数据水平居中，并将 A:H 列的列宽设置为“自动调整列宽”。

具体操作步骤如下。

① 行列操作。

a. 单击工作表顶端的列号 B，选中“所属部门”列，将鼠标指针置于 B 列边界处，当鼠标指针为四向箭头时，同时按下【Shift】键和鼠标左键，并拖动鼠标指针至 A 列左侧，而后释放鼠标和【Shift】键即可完成“所属部门”列的移动。

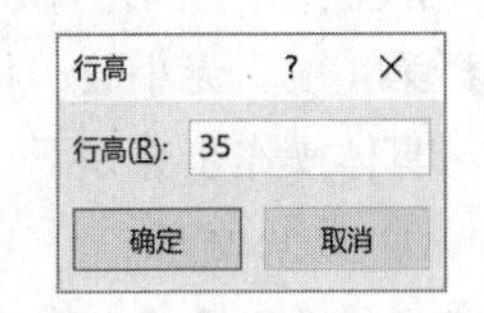

图 4-51　“行高”对话框

b. 单击工作表左侧行号 1，选中第 1 行，右击选中区域，在弹出的快捷菜单中选择“行高”选项，打开“行高”对话框，在“行高”数值框内输入“35”，而后单击“确定”按钮，如图 4-51 所示。

② 单元格操作。

a. 选中 A1 单元格，输入“员工年度考核表”。

b. 选中 A1 单元格，依次单击“字体”组中的“字体”“字号”“字体颜色”下拉按钮分别设置字体格式为“华文行楷”“22”“标准色”中的“蓝色”，单击“加粗”按钮。

c. 选中 A1:H1 单元格区域，单击“对齐方式”组右下角的按钮，打开“设置单元格格式”对话框，在“水平对齐”下拉列表中选择“跨列居中”选项，在“垂直对齐”下拉列表中选择“靠上”选项，如图 4-52 所示，而后单击“确定”按钮。

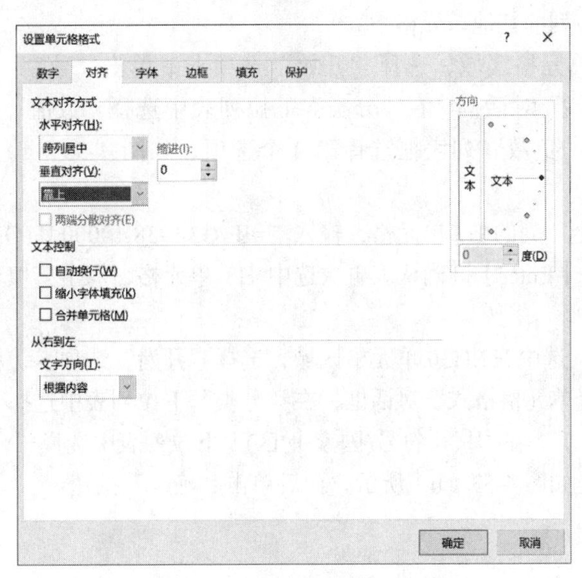

图 4-52　“设置单元格格式”对话框

d. 选中 A2:H30 单元格区域，单击“对齐方式”组中的“居中”按钮，设置单元格中数据水平居中对齐。

e. 单击工作表顶端的列号 A，而后按住【Shift】键，同时单击列号 H，将 A:H 列同时选中。选择“开始”选项卡，单击“单元格”组中的“格式”下拉按钮，在打开的下拉列表中选择“自动调整列宽”选项。

（2）数据填充的要求如下。

A. 填充“所属部门”列，A3:A9 单元格区域填充“工程部”、A10:A16 单元格区域填充“采购部”、A17:A23 单元格区域填充“营运部”、A24:A30 单元格区域填充“财务部”。

B. 利用公式计算“综合考核”列数据，综合考核=出勤率+工作态度+工作能力+业务考核，其数据格式为数值型、负数选择第 4 项、无小数。

C. 根据“综合考核”列数据利用公式填充“年终奖金”列数据：综合考核大于等于 38 分的为 10000、37~35 分为 8000、34~31 分为 7000、小于 31 分的为 5500，数据格式为货币型、负数选择第 4 项、无小数、货币符号为“¥”。

具体操作步骤如下。

① 数据填充。

a. 选中 A3 单元格，输入“工程部”，而后向下拖动 A3 单元格的填充柄至 A9 单元格，即可将 A3:A9 单元格区域填充为“工程部”。

b. 同理，在 A10 单元格内输入“采购部”，而后向下拖动 A10 单元格的填充柄至 A16 单元格；在 A17 单元格内输入“营运部”，向下拖动 A17 单元格的填充柄至 A23 单元格；在 A24 单元格内输入“财务部”，向下拖动 A24 单元格的填充柄至 A30 单元格，可分别完成各单元格区域的填充。

② 利用公式计算并填充单元格。

a. 选中 C3:G3 单元格区域，选择“开始”选项卡，单击“编辑”组中的“自动求和”按钮按钮 Σ 自动求和 ，完成 G3 单元格的填充；或在 G3 单元格内输入“=SUM(C3:F3)”，而后按【Enter】键确认。选中 G3 单元格，拖动其右下角的填充柄直到 G30 单元格，或双击 G3 单元格的填充柄将其中的公式复制到该列的其他单元格中。

b. 选中 G3:G30 单元格区域，选择“开始”选项卡，单击“数字”组右下角的按钮，打开“设置单元格格式”对话框，在“分类”下拉列表中选择“数值”选项，将“小数位数”的值设置为“0”，在“负数”列表框选择第 4 个选项，如图 4-53（a）所示，而后单击“确定”按钮。

c. 选中“年终奖金”列的 H3 单元格，输入“=IF(G3>=38,10000,IF(G3>=35,8000,IF(G3>=31,7000,5500)))”，而后按【Enter】键确认。再次选中 H3 单元格，双击其填充柄将其中的公式复制到该列的其他单元格中。

d. 与步骤 b 类似，选中 H3:H30 单元格区域，选择“开始”选项卡，单击“数字”组右下角的按钮，打开“设置单元格格式”对话框，在“分类”下拉列表中选择“货币”选项，将“小数位数”的值设置为“0”，在“货币符号(国家/地区)”下拉列表中选择“¥”选项，在“负数”列表框选择第 4 个选项，如图 4-53（b）所示，而后单击“确定”按钮。

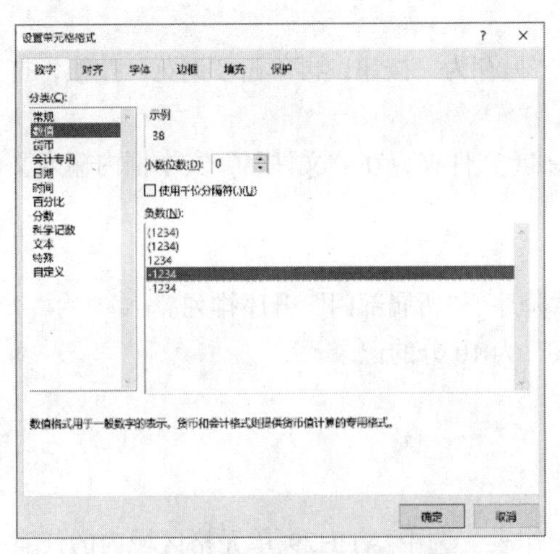

（a）设置“综合考核”列的数据格式

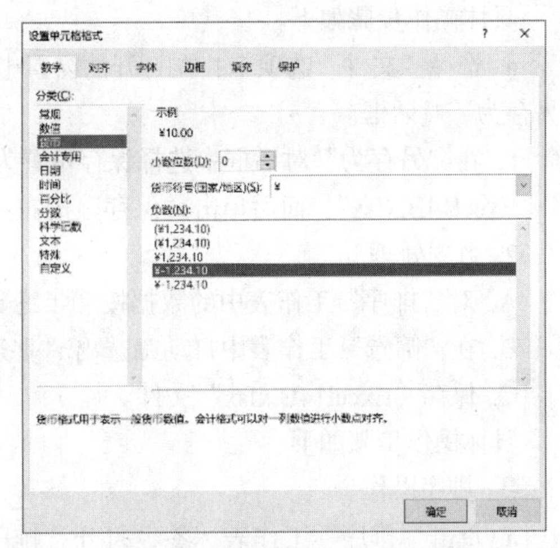

（b）设置“年终奖金”列的数据格式

图 4-53　“设置单元格格式”对话框

（3）将 A2:H30 单元格区域的数据分别复制到 Sheet2、Sheet3 工作表中 A1 单元格开始处，并将 Sheet2 工作表重命名为“排序”，Sheet3 工作表重命名为“筛选”。

具体操作步骤如下。

a. 选中 A2:H30 单元格区域，按【Ctrl+C】组合键将其复制到剪贴板中。

b. 单击 Sheet2 工作表标签，选中 A1 单元格，按【Ctrl+V】组合键完成粘贴。而后在 Sheet3 工作表中选中 A1 单元格，按【Ctrl+V】组合键进行粘贴。

c. 分别双击 Sheet2、Sheet3 工作表标签，将标签名依次修改为“排序”“筛选”。

完成后的 Sheet1 工作表如图 4-54 所示。

员工年度考核表

所属部门	姓名	出勤率	工作态度	工作能力	业务考核	综合考核	年终奖金
工程部	骆银银	10	10	10	8	38	¥10,000
工程部	韩晓兰	8	9	8	9	34	¥7,000
工程部	冯彩霞	6	9	9	9	33	¥7,000
工程部	朱艳	6	8	9	7	30	¥5,500
工程部	岑鸿艳	7	9	8	7	31	¥7,000
工程部	宋颖	9	8	7	7	31	¥7,000
工程部	李玲	9	10	7	9	35	¥8,000
采购部	何蓓	9	10	10	9	38	¥10,000
采购部	王庆	9	8	8	9	34	¥7,000
采购部	邓铜	6	8	9	8	31	¥7,000
采购部	边园园	8	9	9	10	36	¥8,000
采购部	周鹏	7	7	8	7	29	¥5,500
采购部	郑显星	9	8	10	9	36	¥8,000
采购部	蒋希珍	8	9	9	8	34	¥7,000
营运部	郭辉	7	8	8	9	32	¥7,000
营运部	邱勇	10	9	9	10	38	¥10,000
营运部	戴宁一	10	9	9	8	36	¥8,000
营运部	农尉华	9	7	9	10	35	¥8,000
营运部	杨蕾	7	8	8	8	31	¥7,000
营运部	王帅	6	7	8	7	28	¥5,500
营运部	毛海洋	8	8	9	8	33	¥7,000
财务部	宋宇	10	9	9	9	37	¥8,000
财务部	孙超	7	8	9	8	32	¥7,000
财务部	王晓光	10	8	8	9	35	¥8,000
财务部	文亮	6	8	7	9	30	¥5,500
财务部	徐俊山	10	9	9	10	38	¥10,000
财务部	安申阳	8	8	9	9	34	¥7,000
财务部	杜宁蒙	7	9	9	8	33	¥7,000

筛选　排序　Sheet1

图 4-54　编辑完成后的 Sheet1 工作表

（4）将该文件以“Excel14B.xlsx”为文件名另存到 Excelkt 文件夹中。

具体操作步骤如下。

a. 选择“文件”选项卡，在打开的窗口中单击“另存为”按钮，再单击“浏览”按钮，打开“另存为”对话框。

b. 在“另存为”对话框中选择保存位置为 Excelkt 文件夹，在“文件名”文本框内输入文件名“Excel14B.xlsx”，而后单击“保存”按钮。

2. 数据处理

A. 对“排序”工作表中的数据按“年终奖金”降序、“所属部门”升序排列。

B. 在“筛选”工作表中自动筛选出“业务考核”为 10 分的记录。

C. 保存“Excel14B.xlsx”文件。

具体操作步骤如下。

① 排序操作。

a. 单击“排序”工作表标签，打开“排序”工作表。选中 A1:H29 单元格区域内的任意一个单元格，选择“数据”选项卡，单击“排序和筛选”组中的“排序”按钮，打开“排序”对话框。

b. 将“主要关键字”设置为“年终奖金”，“次序”设置为“降序”，而后单击“添加条件”按钮，将“次要关键字”设置为“所属部门”，使用默认次序“升序”，如图 4-55 所示，最后单击“确定”按钮。排序完成的结果如图 4-56 所示。

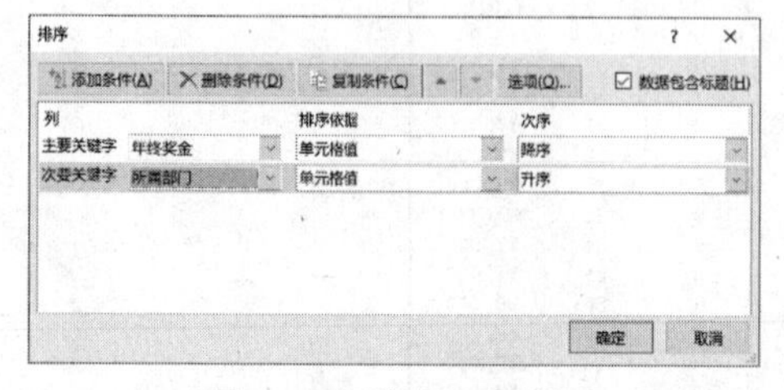

图 4-55 “排序”对话框

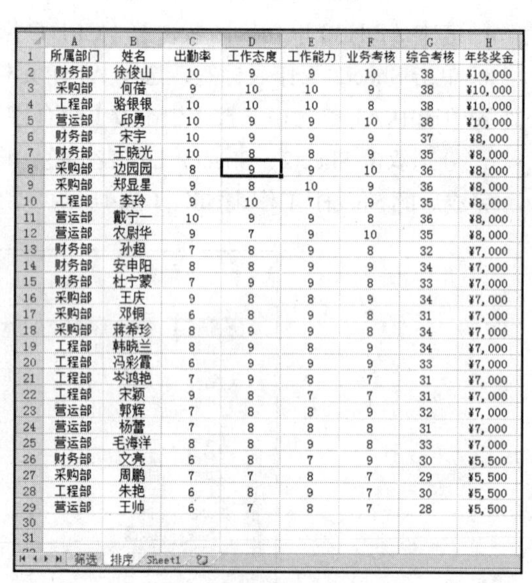

	A	B	C	D	E	F	G	H
1	所属部门	姓名	出勤率	工作态度	工作能力	业务考核	综合考核	年终奖金
2	财务部	徐俊山	10	9	9	10	38	¥10,000
3	采购部	何蓓	9	10	10	9	38	¥10,000
4	工程部	骆银银	10	10	10	8	38	¥10,000
5	营运部	邱勇	10	9	9	10	38	¥10,000
6	财务部	宋宇	10	9	9	9	37	¥8,000
7	财务部	王晓光	10	8	8	9	35	¥8,000
8	采购部	边园园	8	9	9	10	36	¥8,000
9	采购部	郑显星	9	8	10	9	36	¥8,000
10	工程部	李玲	9	10	7	9	35	¥8,000
11	营运部	戴宁一	10	9	9	8	36	¥8,000
12	营运部	农尉华	9	7	9	10	35	¥8,000
13	财务部	孙超	7	8	9	8	32	¥7,000
14	财务部	安申阳	8	8	9	9	34	¥7,000
15	财务部	杜宁蒙	7	9	9	8	33	¥7,000
16	采购部	王庆	9	8	8	9	34	¥7,000
17	采购部	邓铜	6	8	9	8	31	¥7,000
18	采购部	蒋希珍	8	9	9	8	34	¥7,000
19	工程部	韩晓兰	8	9	8	9	34	¥7,000
20	工程部	冯彩霞	6	9	9	9	33	¥7,000
21	工程部	岑鸿艳	7	9	8	7	31	¥7,000
22	工程部	宋颖	9	8	7	7	31	¥7,000
23	营运部	郭辉	7	8	8	9	32	¥7,000
24	营运部	杨蕾	7	8	8	8	31	¥7,000
25	营运部	毛海洋	8	8	9	8	33	¥7,000
26	财务部	文亮	6	8	7	9	30	¥5,500
27	采购部	周鹏	7	7	8	7	29	¥5,500
28	工程部	朱艳	6	8	9	7	30	¥5,500
29	营运部	王帅	6	7	8	7	28	¥5,500
30								
31								

筛选 排序 Sheet1

图 4-56 排序结果

② 自动筛选操作。

a. 选择“筛选”工作表，选择 A1:H29 单元格区域内的任意一个单元格，而后选择“数据”选项卡，单击“排序和筛选”组中的“筛选”按钮，此时 A1 至 H1 单元格右侧分别出现下拉按钮。

b. 单击 F1 单元格右侧的下拉按钮，在打开的下拉列表中首先取消选中“（全选）”复选框，而后再选中“10”复选框，如图 4-57 所示。自动筛选完成的结果如图 4-58 所示。

c. 单击“快速访问工具栏”上的“保存”按钮，保存文件。

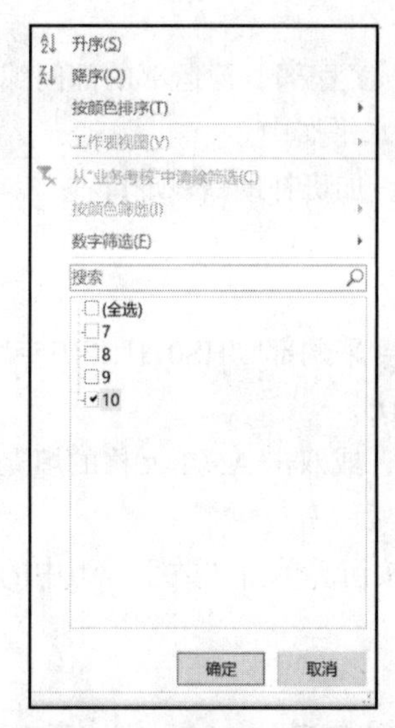

图 4-57 “自动筛选”下拉列表

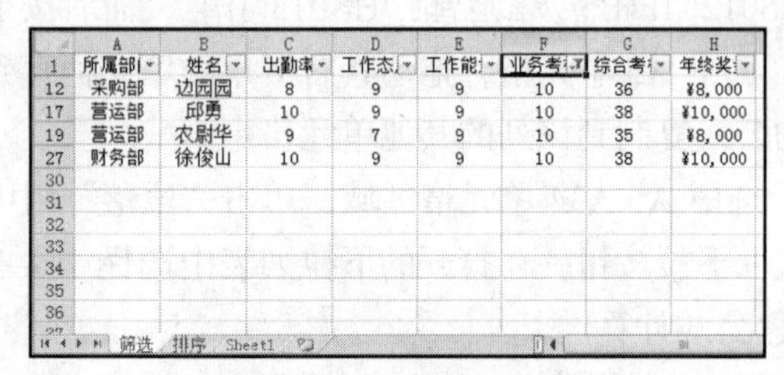

图 4-58　自动筛选结果

【模拟练习 C】

打开 Excelkt 文件夹下的“YgdaC.xlsx”工作簿文件，按下列要求操作。

1. 基本编辑

（1）编辑 Sheet1 工作表的要求如下。

A. 在工作表最左端插入 1 列，并在 A4 单元格内输入“部门编号”，设置字体格式为宋体、12 磅、加粗。

B. 设置工作表第 1 行的行高为 40 磅，将 A1:J1 单元格区域合并后居中，并在合并后的单元格内输入“员工档案记录”，设置字体格式为宋体、20 磅、标准色中的蓝色，添加标准色中的黄色底纹。

具体操作步骤如下。

① 行列操作。

a. 单击工作表顶端的列号 A，选中“部门”列，右击选中区域，在弹出的快捷菜单中选择“插入”选项，即可在“部门”列的左侧（最左端）插入空白列。选中 A4 单元格，输入“部门编号”。

b. 单击工作表左侧行号 1，选中第 1 行，右击选中区域，在弹出的快捷菜单中选择“行高”选项，打开“行高”对话框，在“行高”数值框内输入“40”，如图 4-59 所示，而后单击“确定”按钮。

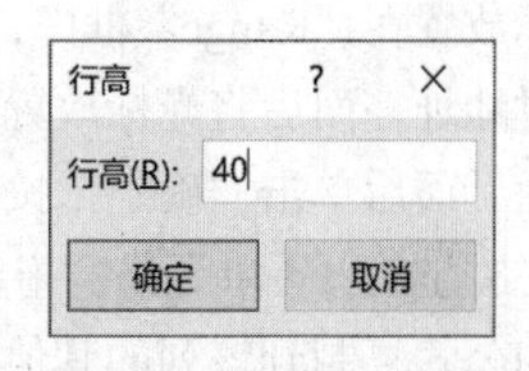

图 4-59 “行高”对话框

② 单元格操作。

a. 选中 A4 单元格，选择“开始”选项卡，单击“字体”组中的“字体”“字号”下拉按钮分别设置字体格式为“宋体”“12”，而后单击“加粗”按钮。

b. 选中 A1:J1 单元格区域，选择“开始”选项卡，单击“对齐方式”组中的“合并后居中”按钮，将 A1:J1 单元格区域进行合并居中。

c. 在 A1 单元格内输入“演讲比赛决赛成绩单”，而后选中 A1 单元格，单击“字体”组中的“字体”“字号”“字体颜色”下拉按钮分别设置字体格式为“宋体”、“20”、“标准色”中的“蓝色”，单击“填充颜色”下拉按钮，设置填充颜色为“标准色”中的“黄色”。

（2）数据填充的要求如下。

A. 根据“部门”列填充“部门编号”列，财务部、采购部、工程部、营运部的部门编号分别为 HS010、HS011、HS012、HS013，设置数据格式为文本型、水平居中。

B. 利用公式计算“实收工资”列，实收工资=基本工资+奖金+加班补助−各项扣除。

具体操作步骤如下。

① 数据填充。

a. 选中 A5 单元格，输入“=IF(B5="财务部","HS010",IF(B5="采购部","HS011",IF(B5="工程部","HS012",IF(B5="营运部","HS013"))))”，而后按【Enter】键确认。

b. 选中 A5 单元格，拖动其右下角的填充柄直到 A34 单元格，或双击 A5 单元格的填充柄将其中的公式复制到该列的其他单元格中。

c. 选中 A5:A34 单元格区域，单击“段落”组中的“居中”按钮。单击“数字”组中的“数字格式”下拉按钮，在打开的下拉列表中选择“文本”选项。

② 公式计算。

a. 选中 J5 单元格，输入“=$I$2+G5+H5−I5”，而后按【Enter】键确认。这里需注意 I2 单元格应使用其绝对地址，可在输入 I2 后按下【F4】键将其由相对地址转换为绝对地址。

b. 选中 J5 单元格，拖动其右下角的填充柄直到 J34 单元格，或双击 J5 单元格的填充柄将其中的公式复制到该列的其他单元格中。

（3）编辑 Sheet2 工作表的要求如下。

A. 根据 Sheet1 工作表中的“学历”列数据，分别统计出不同学历的人数，将结果放在 Sheet2 工作表 F4:F7 相应单元格中。

B. 利用公式计算“百分比”列数据，百分比=各学历人数 ÷ 总人数，设置数据格式为百分比型、保留一位小数。

具体操作步骤如下。

a. 选中 Sheet2 工作表中的 F4 单元格，而后单击编辑栏左侧的“插入函数”按钮 fx，打开“插入函数”对话框，在“或选择类别”下拉列表中选择“统计”选项，在“选择函数”列表框中选择“COUNTIF”选项，如图 4-60 所示。而后单击“确定”按钮，打开“函数参数”对话框，将光标放置在“Range”框内，选中 Sheet1 工作表中的 E5:E34 单元格区域，按【F4】键将其修改为绝对地址，而后将光标放置在“Criteria”框内，选中 Sheet2 工作表中的 E4 单元格，，如图 4-61 所示，而后单击“确定”按钮。

b. 选中 F4 单元格，拖动其右下角的填充柄直到 F7 单元格，或双击 F4 单元格的填充柄将其中的公式复制到该列的其他单元格中。

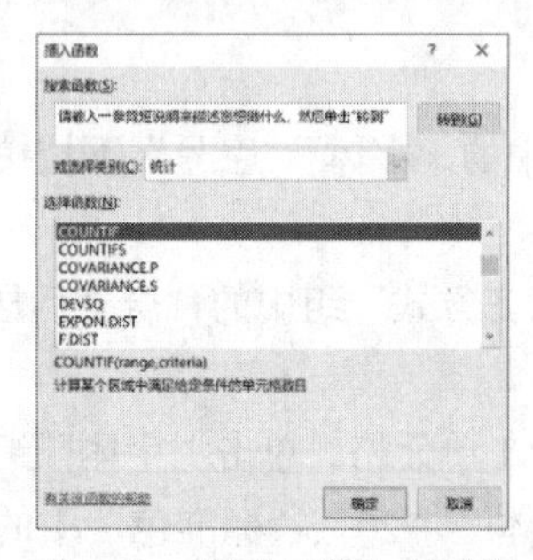

图 4-60 “插入函数”对话框

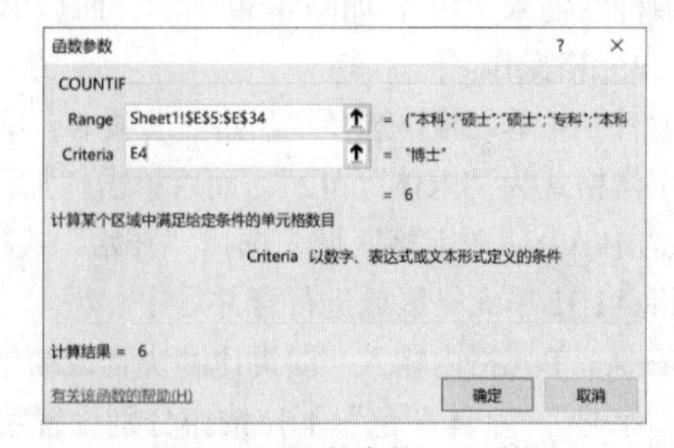

图 4-61 “函数参数”对话框

（4）在 Sheet3 工作表中建立 Sheet1 工作表的副本，并将其重命名为“筛选”。

具体操作步骤如下。

a. 选中 Sheet1 工作表的 A1:J34 单元格区域，按【Ctrl+C】组合键将其复制到剪贴板中。

b. 单击 Sheet3 工作表标签，选中 A1 单元格，按【Ctrl+V】组合键完成粘贴。

c. 双击 Sheet3 工作表标签，或右击 Sheet3 工作表标签，在弹出的快捷菜单中选择“重命名”选项，将标签名修改为“筛选”。完成后的 Sheet1 工作表如图 4-62 所示。

员工档案记录

基本工资 2500 单位：元

部门编号	部门	姓名	性别	学历	年龄	奖金	加班补助	各项扣除	实收工资
HS010	财务部	张晓辉	男	本科	25	450	1500	118	4332
HS010	财务部	王文强	男	硕士	28	500	1800	125	4675
HS010	财务部	高文博	男	硕士	29	550	1400	116	4334
HS011	采购部	刘雨冰	女	专科	26	550	1200	108	4142
HS013	营运部	李雅琴	女	本科	25	660	1200	105	4255
HS011	采购部	张立华	女	专科	26	540	1100	100	4040
HS013	营运部	曹海生	男	专科	28	580	1000	112	3968
HS012	工程部	李丽芳	女	博士	32	550	1100	121	4029
HS013	营运部	徐志华	女	博士	35	500	1020	100	3920
HS012	工程部	李晓力	男	专科	25	450	1050	103	3897
HS010	财务部	罗晓明	男	专科	21	400	1500	130	4270
HS011	采购部	段海平	男	本科	28	400	1400	210	4090
HS013	营运部	刘海	男	本科	26	450	1300	136	4114
HS012	工程部	王丽英	女	本科	24	500	1400	112	4288
HS011	采购部	张雷	男	专科	25	540	1100	109	4031
HS012	工程部	张琳	女	本科	26	580	1000	100	3980
HS011	采购部	周平	男	博士	30	550	1100	108	4042
HS013	营运部	张颖	女	博士	35	500	1020	121	3899
HS011	采购部	杜冰	女	博士	34	450	1050	107	3893
HS013	营运部	陈平	男	硕士	35	550	1000	111	3939
HS012	工程部	李文峰	男	硕士	28	560	1100	109	4051
HS013	营运部	朱晓晓	女	硕士	29	570	1050	121	3999
HS012	工程部	李欣	女	本科	25	480	1200	103	4077
HS010	财务部	尚文	女	本科	25	460	1050	105	3905
HS011	采购部	田科	女	专科	24	500	1050	102	3948
HS013	营运部	张芳芳	女	专科	26	570	1900	131	4839
HS012	工程部	孙立	男	本科	27	460	1100	105	3955

Sheet1　Sheet2　筛选

图 4-62　编辑完成后的 Sheet1 工作表

（5）将该文件以“Excel14C.xlsx”为文件名另存到 Excelkt 文件夹中。

具体操作步骤如下。

a. 选择“文件”选项卡，在打开的窗口中单击“另存为”选项，再单击“浏览”按钮，打开“另存为”对话框。

b. 在“另存为”对话框中选择保存位置为 Excelkt 文件夹，在“文件名”文本框内输入文件名“Excel14C.xlsx”，而后单击“保存”按钮。

2. 数据处理

利用“筛选”工作表中的数据进行高级筛选，要求如下。

A. 筛选条件：财务部和工程部、性别为男、具有博士或硕士学历的记录。

B. 条件区域：起始单元格定位在 L5 单元格。

C. 复制到：起始单元格定位在 L16 单元格。

D. 保存“Excel14C.xlsx”文件。

具体操作步骤如下。

a. 单击“筛选”工作表，在 L5 单元格起始位置输入图 4-63 所示的高级筛选条件，注意设置的条件区域字段名要同数据表中的字段名一致，否则筛选会出错，建议使用复制、粘贴的方式设置条件区域字段名，以保证两者一致。

部门	性别	学历
工程部	男	博士
工程部	男	硕士
财务部	男	博士
财务部	男	硕士

图 4-63　高级筛选条件

b. 选中数据区域 A4:J34，选择“数据”选项卡，单击“排序和筛选”组的“高级”按钮，弹出“高级筛选”对话框，如图 4-64（a）所示。

c. 在“高级筛选”对话框中选中“将筛选结果复制到其他位置”单选按钮；“列表区域”默认为“$A$4:$J$34”，即在 b 步中选定的数据区域；将光标放置在“条件区域”文本框内，选中在 a 步中设置的条件区域 L5:N9，“条件区域”文本框将自动填充为“筛选!$L$5:$N$9”；将光标放置在“复制到”文本框内，选中 L16 单元格，则“复制到”文本框将自动填充为“筛选!$L$16”，如图 4-64（b）所示。

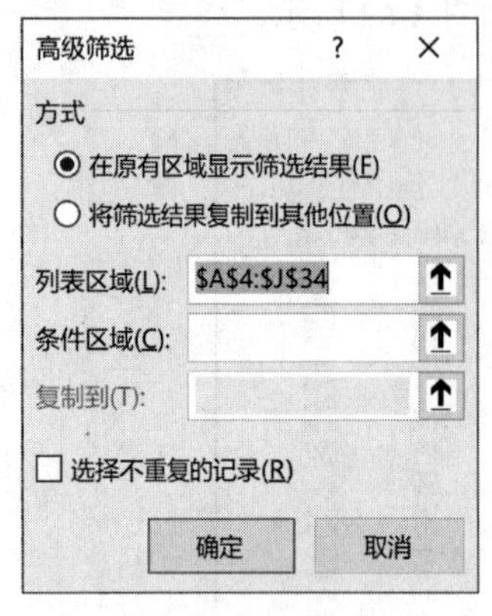

（a）设置列表区域

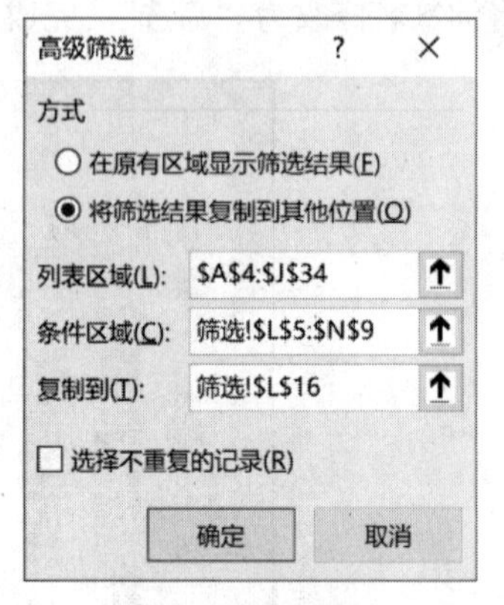

（b）设置条件区域

图 4-64 “高级筛选”对话框

d. 单击“确定”按钮，完成筛选，结果如图 4-65 所示。

e. 单击“快速访问工具栏”上的“保存”按钮，保存文件。

	K	L	M	N	O	P	Q	R	S	T	U
4											
5		部门	性别	学历							
6		工程部	男	博士							
7		工程部	男	硕士							
8		财务部	男	博士							
9		财务部	男	硕士							
10											
11											
12											
13											
14											
15											
16		部门编号	部门	姓名	性别	学历	年龄	奖金	加班补助	各项扣除	实收工资
17		HS010	财务部	王文强	男	硕士	28	500	1800	125	4675
18		HS010	财务部	高文博	男	硕士	29	550	1400	116	4334
19		HS012	工程部	李文峰	男	硕士	28	560	1100	109	4051
20		HS012	工程部	高翔	男	博士	30	500	1250	120	4130
21											
22											
23											
24											

Sheet1 Sheet2 筛选

图 4-65 高级筛选结果

【模拟练习 D】

打开 Excelkt 文件夹下的“TchsD.xlsx”工作簿文件，按下列要求操作。

1. 基本编辑

（1）编辑 Sheet1 工作表的要求如下。

A. 设置工作表第 1 行的行高为 32 磅，将 A1:F1 单元格区域合并后居中，并在合并后的单元格内输入“职工提成核算表”，设置字体格式为隶书、22 磅，添加标准色中的黄色底纹。

B. 打开 Excelkt 文件夹下的“BookD.xlsx”工作簿，将 Sheet1 工作表中的数据复制到“TchsD.xlsx”的 Sheet1 工作表中 B5 单元格开始处。

具体操作步骤如下。

① 行列操作。

单击工作表左侧行号 1，选中第 1 行，右击选中区域，在弹出的快捷菜单中选择“行高”选项，打开“行高”对话框，在“行高”数值框内输入“32”，如图 4-66 所示，而后单击“确定”按钮。

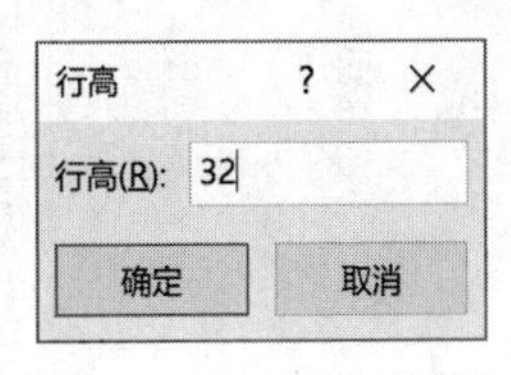

图 4-66 “行高”对话框

② 单元格操作。

a. 选中 A1:F1 单元格区域，选择“开始”选项卡，单击“对齐方式”组中的“合并后居中”按钮，将 A1:F1 单元格区域进行合并居中。

b. 在 A1 单元格中输入“职工提成核算表”，选择“开始”选项卡，单击“字体”组中的“字体”“字号”下拉按钮分别设置字体格式为“隶书”“22”，单击“填充颜色”下拉按钮，设置填充颜色为“标准色”中的“黄色”。

c. 打开 Excelkt 文件夹下的“BookD.xlsx”文件，选中 Sheet1 工作表中的 A1:C27 单元格区域，按【Ctrl+C】组合键将其复制到剪贴板中。而后选中“TchsD.xlsx”中 Sheet1 工作表的 B5 单元格，按【Ctrl+V】组合键完成粘贴。

（2）数据填充的要求如下。

A. 填充“职工工号”列，“职工工号”的值从 11001 开始，以 2 为差值递增填充。

B. 利用公式填充“完成率”列，完成率=完成额 ÷ 任务额，数据格式为百分比型、无小数。

C. 利用公式填充“提成额度”列，提成额度=完成额 × 提成比例，提成比例的计算方法参见 J5:K9 单元格区域。

D. 利用公式填充 K12:K14 单元格区域，分别统计“提成额度”的最大值、最小值和平均值。

具体操作步骤如下。

① 填充数据。

a. 选中 A5 单元格，输入“11001”，而后选中 A5:A31 单元格区域，选择“开始”选项卡，单击“编辑”组中的“填充”下拉按钮，在打开的下拉列表中选择“序列”选项，打开“序列”对话框。

b. 选中“序列产生在”下的“列”单选按钮，选中“类型”下的“等差序列”单选按钮，将“步长值”的值设置为“2”，如图 4-67 所示，而后单击“确定”按钮。

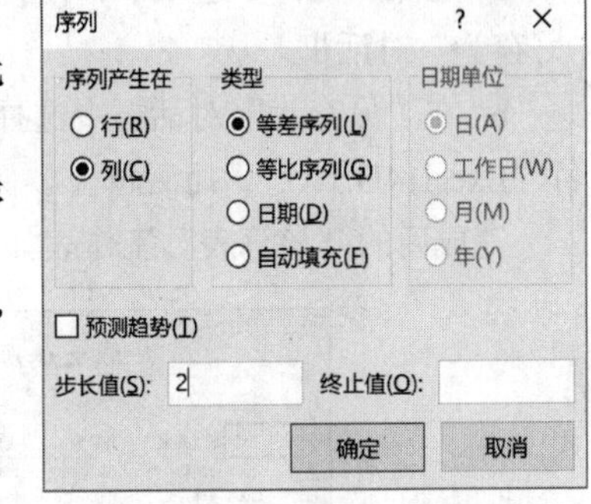

图 4-67 “序列”对话框

② 利用公式计算并填充单元格。

a. 选中 E5 单元格，而后输入“=D5/C5”，按【Enter】键确认。双击 E5 单元格的填充柄将其中的公式复制到该列的其他单元格中。选中 E5:E31 单元格区域，选择“开始”选项卡，单击“数字”组右下角的按钮，打开“设置单元格格式”对话框，在“分类”列表框中选择“百分比”选项，将“小数位数”的值设置为“0”，如图 4-68 所示，而后单击“确定”按钮。

b. 选中 F5 单元格，输入“=D5*IF(E5>=0.8,$K$6,IF(E5>=0.5,$K$7,IF(E5>=0.3,$K$8,$K$9)))”，按【Enter】键确认。注意 K6:K9 单元格区域中的各个单元格应使用绝对地址，在公式的输入过程中，可在输入相对地址后按【F4】键将其转换为绝对地址。

c. 选中 K12 单元格，输入“=MAX(F5:F31)”，而后按【Enter】键确认。

d. 选中 K13 单元格，输入“=MIN(F5:F31)”，而后按【Enter】键确认。

e. 选中 K14 单元格，输入“=AVERAGE(F5:F31)”，而后按【Enter】键确认。

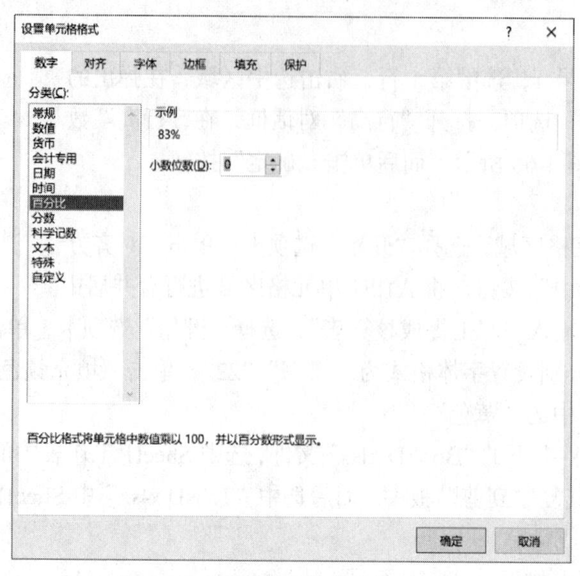

图 4-68 “设置单元格格式”对话框

（3）将 Sheet1 工作表重命名为“核算表”。

具体操作步骤如下。

双击 Sheet1 工作表标签，将标签名修改为“核算表”。

（4）将该文件以“Excel14D.xlsx”为文件名另存到 Excelkt 文件夹中。

具体操作步骤如下。

a. 选择“文件”选项卡，在打开的窗口中单击“另存为”按钮，再单击“浏览”按钮，打开“另存为”对话框。

b. 在“另存为”对话框中选择保存位置为 Excelkt 文件夹，在“文件名”文本框内输入文件名“Excel14D.xlsx”，而后单击“保存”按钮。

完成后的“核算表”工作表如图 4-69 所示。

职工提成核算表

单位：元

职工工号	职工姓名	任务额	完成额	完成率	提成额度
11001	张晓林	15000	12500	83%	3750
11003	王强	15000	8000	53%	800
11005	高文博	15000	7500	50%	750
11007	卫建国	15000	1580	11%	0
11009	刘丽冰	15000	9000	60%	900
11011	李雅芳	15000	14000	93%	4200
11013	张立华	15000	13500	90%	4050
11015	曹雨生	15000	12500	83%	3750
11017	李晓芳	15000	11150	74%	1115
11019	徐志华	15000	10050	67%	1005
11021	李晓力	15000	14780	99%	4434
11023	罗明	15000	12840	86%	3852
11025	段平	15000	12540	84%	3762
11027	刘海	15000	8500	57%	850
11029	李明	15000	13200	88%	3960
11031	张杰明	15000	9500	63%	950
11033	何佳	15000	2280	15%	0
11035	李想	15000	14500	97%	4350
11037	田华	15000	10000	67%	1000
11039	向明	15000	7800	52%	780
11041	周轴	15000	8900	59%	890
11043	舒小英	15000	4800	32%	240
11045	李军	15000	14500	97%	4350
11047	何明天	15000	11000	73%	1100
11049	林立	15000	3900	26%	0

完成率	提成比例
>=80%	30%
>=50%且 <80%	10%
>=30%且 <50%	5%
<30%	0

统计	
提成额度最大值	4434
提成额度最小值	0
提成额度平均值	1923

核算表 Sheet2

图 4-69 编辑完成后的“核算表”工作表

2. 数据处理

A. 对 Sheet2 工作表中的数据，按“应聘部门”升序、“职位”降序、“工作经验”降序的方式进行排列。

B. 保存“Excel14D.xlsx”文件。

具体操作步骤如下。

a. 单击 Sheet2 工作表标签，打开 Sheet2 工作表。选中 A1:H43 单元格区域内的任意一个单元格，选择“数据”选项卡，单击“排序和筛选”组中的“排序”按钮，打开“排序”对话框。

b. 将“主要关键字”设置为“应聘部门”，使用默认次序“升序”，而后单击“添加条件”按钮，将“次要关键字”设置为“职位”，将“次序”设置为“降序”，再次单击“添加条件”按钮，将“次要关键字”设置为“工作经验”，将“次序”设置为“降序”，如图 4-70 所示，最后单击“确定”按钮，排序结果如图 4-71 所示。

c. 单击“快速访问工具栏”上的“保存”按钮，保存文件。

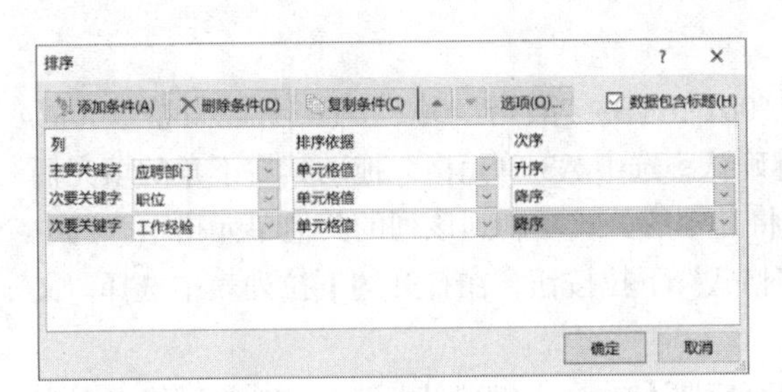

图 4-70 “排序”对话框

	A	B	C	D	E	F	G	H
1	时间	姓名	性别	应聘部门	职位	学历	工作经验	年龄
2	2012/5/9	张晓林	男	财务部	总监	硕士	7	36
3	2012/6/25	刘星	女	财务部	总监	硕士	5	35
4	2012/6/18	尚文	女	财务部	总监	硕士	2	28
5	2012/6/7	李欣	女	财务部	总监	硕士	1	29
6	2012/5/13	高文博	男	财务部	助理	本科	5	28
7	2012/5/9	海波	男	财务部	助理	本科	3	28
8	2012/6/12	张芳芳	女	财务部	助理	专科	2	28
9	2012/6/3	周平	男	财务部	助理	本科	1	27
10	2012/6/3	杜冰	男	财务部	助理	专科	1	25
11	2012/6/12	孙立	男	财务部	助理	本科	1	23
12	2012/6/22	王英	女	财务部	助理	专科	1	23
13	2012/5/9	科敏	女	行政部	助理	专科	4	27
14	2012/5/30	刘海	男	行政部	助理	本科	4	32
15	2012/5/17	曹雨生	男	行政部	助理	本科	3	28
16	2012/5/17	李　芳	女	行政部	助理	专科	3	26
17	2012/6/30	周宇	男	行政部	助理	本科	1	25
18	2012/6/25	那熊	男	行政部	经理	硕士	6	33
19	2012/5/13	吴敏凯	男	行政部	经理	硕士	5	30
20	2012/6/22	张琳	女	行政部	经理	本科	5	29
21	2012/5/30	段　平	男	行政部	经理	硕士	3	34
22	2012/5/25	徐志华	男	行政部	经理	本科	2	27
23	2012/6/22	张雷	男	行政部	经理	本科	1	26
24	2012/5/9	田芳	女	技术部	专员	专科	6	30
25	2012/5/9	王强	男	技术部	专员	本科	4	29
26	2012/5/25	李晓力	男	技术部	专员	本科	3	26
27	2012/5/25	罗　明	男	技术部	专员	专科	3	29
28	2012/6/12	朱晓晓	男	技术部	专员	专科	2	29
29	2012/6/22	田庄	男	技术部	专员	专科	2	25
30	2012/6/30	徐州	男	技术部	专员	本科	2	23
31	2012/6/3	何南	男	技术部	专员	专科	1	26
32	2012/6/12	高翔	男	技术部	专员	专科	1	26
33	2012/5/13	周生	男	技术部	助理	专科	3	28

核算表 Sheet2

图 4-71 排序结果

【模拟练习 E】

打开 Excelkt 文件夹下的“Excel14E.xlsx”工作簿文件，按下列要求操作。

1. 基本编辑

（1）编辑 Sheet1 工作表的要求如下。

A. 在工作表最左端插入一列，并在 A2 单元格内输入“商品编号”。

B. 在 A1 单元格内输入“商品库存统计”，将 A1:J1 单元格区域合并后居中，设置其中字体格式为幼圆、23 磅，填充 12.5%灰色图案样式。

具体操作步骤如下。

a. 单击工作表顶端的列号 A，选中 A 列，右击选中区域，在弹出的快捷菜单中选择“插入”选项，即可在“商品名称”列的左侧（工作表最左端）插入空白列。选中 A2 单元格，输入“商品编号”。

b. 选中 A1 单元格，输入“商品库存统计”。而后选中 A1:J1 单元格区域，选择“开始”选项卡，单击“对齐方式”组中的“合并后居中”按钮，将 A1:J1 单元格区域进行合并居中。

c. 选中合并后的 A1 单元格，单击“字体”组中的“字体”“字号”下拉按钮分别设置字体格式为“幼圆”“23”。

d. 单击“字体”组右下角的按钮，打开“设置单元格格式”对话框，如图 4-72 所示，选择“填充”选项卡，单击“图案样式”下拉按钮，选择“12.5%灰色”选项，而后单击“确定”按钮。

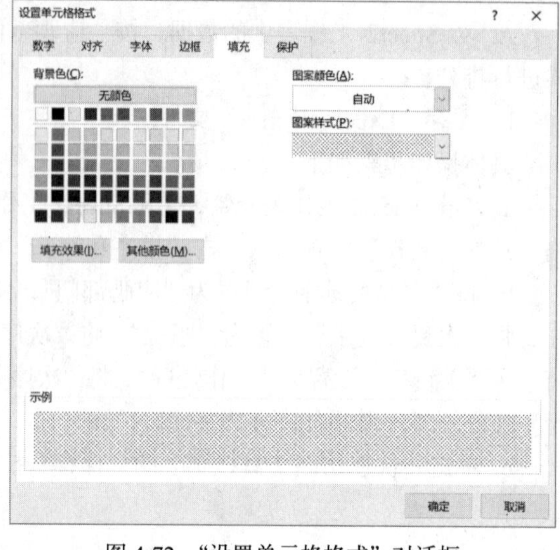

图 4-72 “设置单元格格式”对话框

（2）数据填充的要求如下。

A. 根据“商品名称”列数据，利用公式填充“商品编号”列。商品名称有“金麦圈”“酸奶”“波力卷”“成长牛奶”4 种，商品编号依次为 001、002、003、004，设置数据类型为文本型。

B. 利用公式填充“销售金额”列，销售金额=单价×(进货量-库存量)，设置数据格式为货币型、无小数、货币符号为“¥”。

C. 利用公式填充“失效日期”列，失效日期=生产日期+保质期。

D. 利用公式填充“是否过期”列，若给定日期（N5 单元格）超过失效日期，则填充该单元格为“过期”，否则为空白。

具体操作步骤如下。

a. 选中 A3 单元格，输入“IF(B3="金麦圈","001",IF(B3="酸奶","002",IF(B3="波力卷","003",IF(B3="成长牛奶","004"))))”，而后按【Enter】键确认。选中 A3 单元格，拖动其右下角的填充柄直到 A22 单元格，或双击 A3 单元格的填充柄将其中的公式复制到该列的其他单元格中。选中 A3:A22 单元格区域，单击“数字”组中的“数字格式”下拉按钮，在打开的下拉列表中选择“文本”选项。

b. 选中 F3 单元格，输入“=C3*(D3−E3)”，而后按【Enter】键确认。选中 F3 单元格，双击 F3 单元格的填充柄将其中的公式复制到该列的其他单元格中。

c. 选中 I3 单元格，输入“=DATE(YEAR(G3),MONTH(G3)+H3,DAY(G3))”,而后按【Enter】键确认。选中 I3 单元格，双击 I3 单元格的填充柄将其中的公式复制到该列的其他单元格中。

d. 选中 J3 单元格，输入“=IF(I3>$O$5,"过期","")”，而后按【Enter】键确认。选中 J3 单元格，双击 J3 单元格的填充柄将其中的公式复制到该列的其他单元格中。

（3）在 Sheet2 工作表中建立 Sheet1 工作表的副本，并将 Sheet1 工作表重命名为“统计表”，将 Sheet2 工作表重命名为“筛选”。

具体操作步骤如下。

a. 选中 Sheet1 工作表的 A1:O22 单元格区域，按【Ctrl+C】组合键将其复制到剪贴板中。

b. 单击 Sheet2 工作表标签，选中 A1 单元格，按【Ctrl+V】组合键完成粘贴。

c. 双击 Sheet1 工作表标签，或右击 Sheet1 工作表标签，在弹出的快捷菜单中选择“重命名”选项，将标签名修改为“统计表”，而后使用同样的方法将 Sheet2 工作表重命名为“筛选”。完成后的“统计表”工作表如图 4-73 所示。

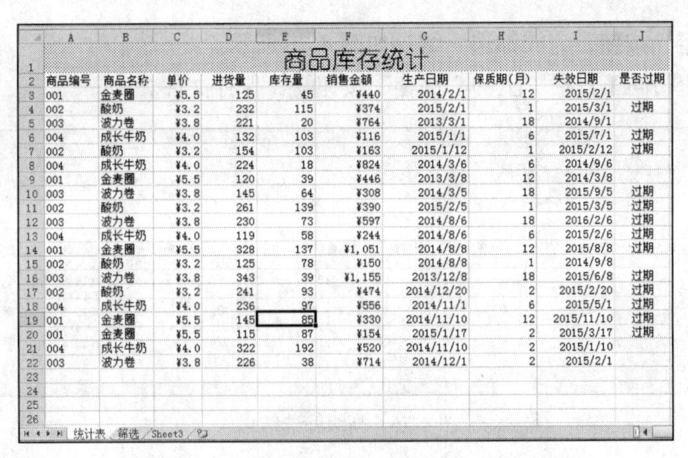

商品库存统计

商品编号	商品名称	单价	进货量	库存量	销售金额	生产日期	保质期(月)	失效日期	是否过期
001	金麦圈	¥5.5	125	45	¥440	2014/2/1	12	2015/2/1	
002	酸奶	¥3.2	232	115	¥374	2015/2/1	1	2015/3/1	过期
003	波力卷	¥3.8	221	20	¥764	2013/3/1	18	2014/9/1	
004	成长牛奶	¥4.0	132	103	¥116	2015/1/1	6	2015/7/1	过期
002	酸奶	¥3.2	154	103	¥163	2015/1/12	1	2015/2/12	过期
004	成长牛奶	¥4.0	224	18	¥824	2014/3/6	6	2014/9/6	
001	金麦圈	¥5.5	120	39	¥446	2013/3/8	12	2014/3/8	
003	波力卷	¥3.8	145	64	¥308	2014/3/5	18	2015/9/5	过期
002	酸奶	¥3.2	261	139	¥390	2015/2/5	1	2015/3/5	过期
003	波力卷	¥3.8	230	73	¥597	2014/8/6	18	2016/2/6	过期
004	成长牛奶	¥4.0	119	58	¥244	2014/8/6	6	2015/2/6	过期
001	金麦圈	¥5.5	328	137	¥1,051	2014/8/8	12	2015/8/8	过期
002	酸奶	¥3.2	125	78	¥150	2014/8/8	1	2014/9/8	
003	波力卷	¥3.8	343	39	¥1,155	2013/12/8	18	2015/6/8	过期
002	酸奶	¥3.2	241	93	¥474	2014/12/20	2	2015/2/20	过期
004	成长牛奶	¥4.0	236	97	¥556	2014/11/1	6	2015/5/1	过期
001	金麦圈	¥5.5	145	85	¥330	2014/11/10	12	2015/11/10	过期
001	金麦圈	¥5.5	115	87	¥154	2015/1/17	2	2015/3/17	过期
004	成长牛奶	¥4.0	322	192	¥520	2014/11/10	2	2015/1/10	
003	波力卷	¥3.8	226	38	¥714	2014/12/1	2	2015/2/1	

图 4-73 编辑完成后的“统计表”工作表

2. 数据处理

利用“筛选”工作表中的数据进行高级筛选，要求如下。

A. 筛选条件：“失效日期”介于 2014/1/1 到 2014/12/31 之间（包括边界日期），或“销售金额”大于 1000 的记录。

B. 条件区域：起始单元格定位在 A25 单元格。

C. 复制到：起始单元格定位在 A30 单元格。

D. 保存“Excel14E.xlsx”文件。

具体操作步骤如下。

a. 单击“筛选”工作表，在 A25 单元格起始位置输入图 4-74 所示的高级筛选条件，注意设置的条件区域字段名要同数据表中的字段名一致，否则筛选会出错，建议使用复制、粘贴的方式设置条件区域字段名，以保证两者一致。

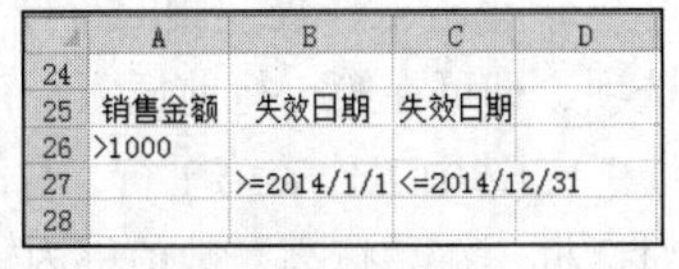

	A	B	C	D
24				
25	销售金额	失效日期	失效日期	
26	>1000			
27		>=2014/1/1	<=2014/12/31	
28				

图 4-74 高级筛选条件

b. 选中数据区域 A2:J22，选择“数据”选项卡，单击“排序和筛选”组的“高级”按钮，弹出“高级筛选”对话框，如图 4-75（a）所示。

c. 在“高级筛选”对话框中选中“将筛选结果复制到其他位置”单选按钮；“列表区域”默认为“$A$2:$J$22”，即在 b 步中选定的数据区域；将光标放置在“条件区域”文本框内，选中在 a 步中设置的条件区域 A25:C27，“条件区域”文本框将自动填充为“筛选!$A$25:$C$27”；将光标放置在“复制到”文本框内，选中 A30 单元格，则“复制到”文本框将自动填充为“筛选!$A$30”，如图 4-75（b）所示。

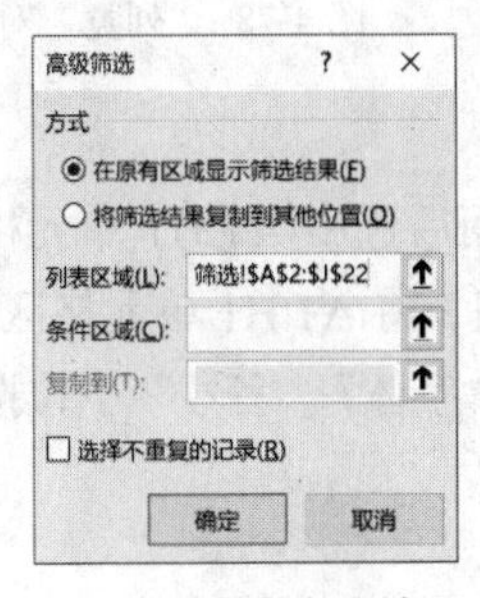

（a）设置列表区域

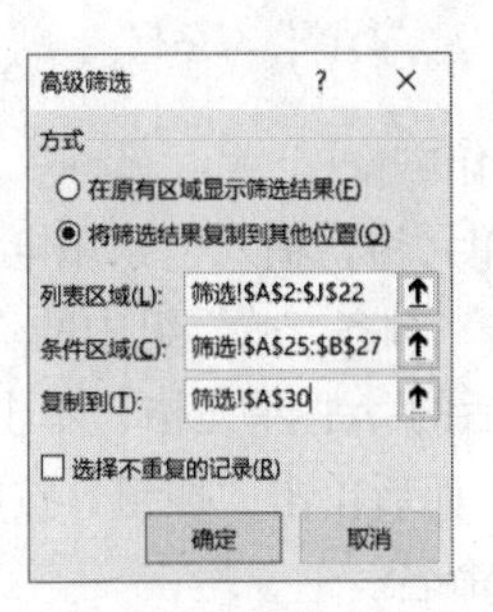

（b）设置条件区域

图 4-75 “高级筛选”对话框

d. 单击“确定”按钮，完成筛选，结果如图 4-76 所示。

e. 单击“快速访问工具栏”上的“保存”按钮，保存文件。

	A	B	C	D	E	F	G	H	I	J
24										
25	销售金额	失效日期	失效日期							
26	>1000									
27		>=2014/1/1	<=2014/12/31							
28										
29										
30	商品编号	商品名称	单价	进货量	库存量	销售金额	生产日期	保质期(月)	失效日期	是否过期
31	003	波力卷	¥3.8	221	20	¥764	2013/3/1	18	2014/9/1	
32	004	成长牛奶	¥4.0	224	18	¥824	2014/3/6	6	2014/9/6	
33	001	金麦圈	¥5.5	120	39	¥446	2013/3/8	12	2014/3/8	
34	001	金麦圈	¥5.5	328	137	¥1,051	2014/8/8	12	2015/8/8	过期
35	002	酸奶	¥3.2	125	78	¥150	2014/8/8	1	2014/9/8	
36	003	波力卷	¥3.8	343	39	¥1,155	2013/12/8	18	2015/6/8	过期
37										
38										

统计表 | 筛选 | Sheet3

图 4-76　高级筛选结果

【模拟练习 F】

打开 Excelkt 文件夹下的“XstjF.xlsx”工作簿文件，接着完成以下操作。

1. 基本编辑

（1）编辑 Sheet1 工作表的要求如下。

A. 在工作表第 1 行前插入一行，设置其行高为 28 磅，并在 A1 单元格内输入“家用电器销售记录表”，设置文字格式为仿宋、22 磅、加粗，将 A1:H1 单元格区域合并后居中。

B. 设置 H 列列宽为 13 磅，并将 Sheet1 工作表重命名为“记录表”。

具体操作步骤如下。

① 行列操作。

a. 单击工作表左侧的行号 1，选中第 1 行，右击选中区域，在弹出的快捷菜单中选择“插入”选项，即可在第 1 行前插入一行。

b. 选中工作表第 1 行，右击选中区域，在弹出的快捷菜单中选择“行高”选项，打开“行高”对话框，在“行高”数值框内输入“28”，如图 4-77 所示，而后单击“确定”按钮。

c. 单击工作表顶端的列号 H，选中 H 列，右击选中区域，在弹出的快捷菜单中选择“列宽”选项，打开“列宽”对话框，在“列宽”数值框内输入“13”，如图 4-78 所示，而后单击“确定”按钮。

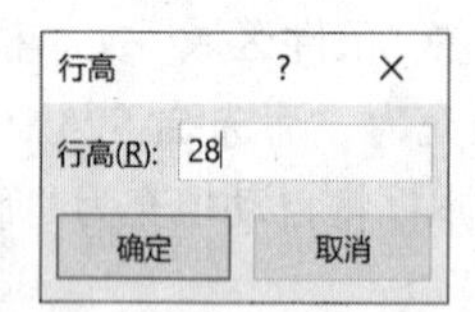

图 4-77 “行高”对话框

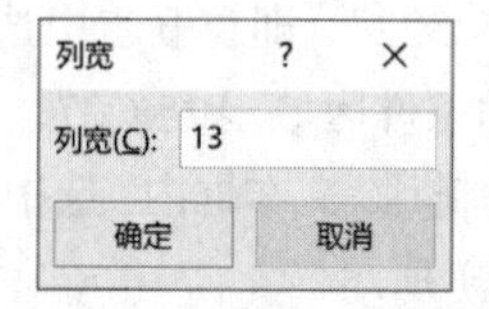

图 4-78 “列宽”对话框

② 单元格操作。

a. 选中 A1 单元格，输入“家用电器销售记录表”。而后选中 A1:H1 单元格区域，选择“开始”选项卡，单击“对齐方式”组中的“合并后居中”按钮，将 A1:H1 单元格区域进行合并居中。

b. 选中合并后的 A1 单元格，单击“字体”组中的“字体”“字号”下拉按钮设置字体格式为“仿宋”“22”，而后单击“加粗”按钮B。

③ 工作表重命名。

双击 Sheet1 工作表标签，或右击 Sheet1 工作表标签，在弹出的快捷菜单中选择“重命名”选项，将标签名修改为“记录表”。

（2）数据填充的要求如下。

A. 填充“日期”列，日期从 2009/1/1 开始，以两个月为间隔，依次填充。

B. 利用公式计算“折扣价”列，若有折扣，则折扣价=单价×折扣，否则折扣价与单价相同，设置数据格式为数值型、负数选择第 4 项、保留一位小数。

C. 利用公式计算“销售额”列，销售额=折扣价×数量，设置数据格式为货币型、无小数、货币符号为“¥”。

D. 利用“记录表”中的“销售员”和“销售额”数据，分别统计出各个销售员的销售额之和，将结果存放在 Sheet2 工作表的 E3:E7 单元格区域中。

具体操作步骤如下。

① 填充数据。

a. 选中 A3 单元格，输入“2009/1/1”，按【Enter】键确认。

b. 选中 A3:A32 单元格区域，选择“开始”选项卡，单击“编辑”组中的“填充”下拉按钮，在打开的下拉列表中选择“序列”选项，打开“序列”对话框。

c. 将“类型”设置为“日期”，“日期单位”设置为“月”，在“步长值”数值框内输入“2”，如图 4-79 所示，而后单击“确定”按钮。

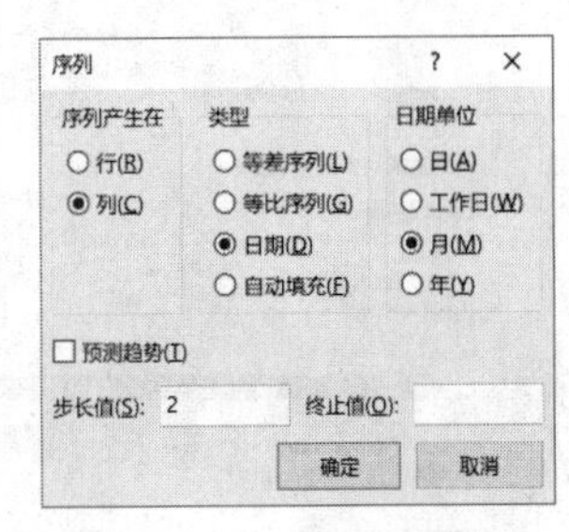

图 4-79　“序列”对话框

② 利用公式计算并填充单元格。

a. 选中 F3 单元格，输入“=IF(E3<>"",D3*E3,D3)”，而后按【Enter】键确认。选中 F3 单元格，双击 F3 单元格的填充柄将其中的公式复制到该列的其他单元格中。选中 F3:F32 单元格区域，单击“数字”组右下角的按钮，打开“设置单元格格式”对话框，在“分类”列表框中选择“数值”选项，将“小数位数”设置为“1”，选择“负数”列表框中的第 4 项，如图 4-80（a）所示，而后单击“确定”按钮。

b. 选中 H3 单元格，输入“=F3*G3”，而后按【Enter】键确认。选中 H3 单元格，双击 H3 单元格的填充柄将其中的公式复制到该列的其他单元格中。选中 H3:H32 单元格区域，单击“数字”组右下角的按钮，打开“设置单元格格式”对话框，在“分类”列表框中选择“货币”选项，将“小数位数”设置为“0”，“货币符号(国家/地区)”设置为“¥”，选择“负数”列表框中的第 4 项，如图 4-80（b）所示，而后单击“确定”按钮。

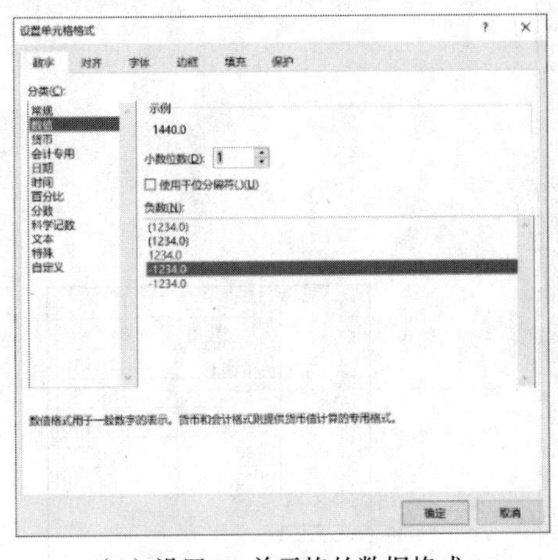

（a）设置 F3 单元格的数据格式

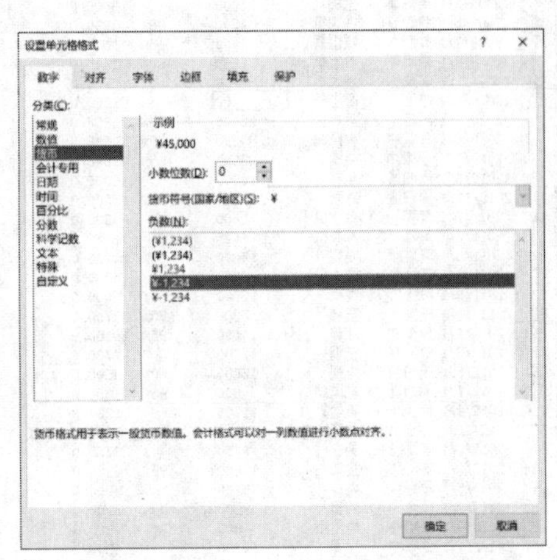

（b）设置 H3 单元格的数据格式

图 4-80　“设置单元格格式”对话框

c. 选中 Sheet2 工作表中的 E3 单元格，单击编辑栏左侧的“插入函数”按钮 fx ，打开“插入函数”对话框，在“或选择类别”下拉列表中选择“常用函数”选项，在“选择函数”列表框中选择“SUMIF”选项，如图 4-81 所示。单击“确定”按钮，打开“函数参数”对话框，将光标放置在“Range”文本框内，选中“记录表”工作表中的 B3:B32 单元格区域，然后按【F4】键将其修改为绝对地址“记录表!$B$3:$B$32”；将光标放置在“Criteria”文本框内，选中 Sheet2 工作表中的 D3 单元格；将光标放置在“Sum_range”文本框内，选中“记录表”工作表中的 H3:H32 单元格区域，按【F4】键将其修改为绝对地址“记录表!$H$3:$H$32”，如图 4-82 所示，而后单击“确定”按钮。双击 Sheet2 工作表中 E3 单元格的填充柄，则可将其中的公式复制到其他单元格中。

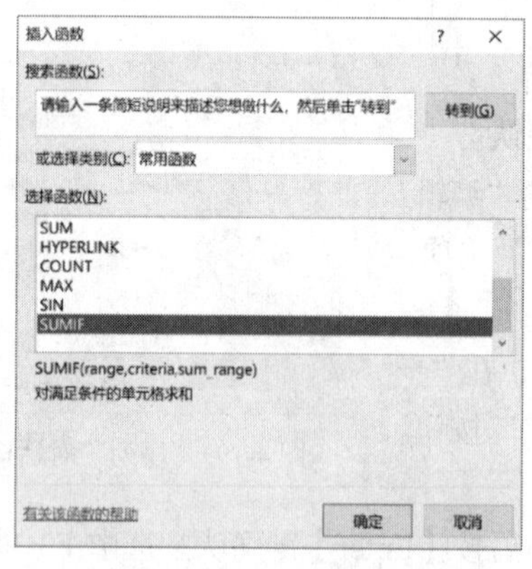

图 4-81 “插入函数”对话框

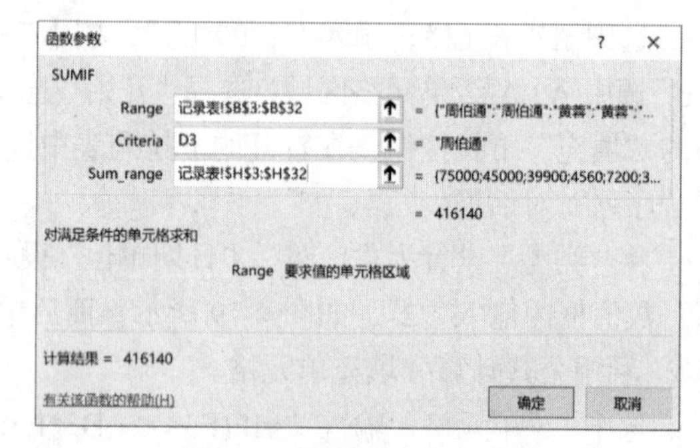

图 4-82 “函数参数”对话框

（3）复制“记录表”中 A2:H32 单元格数据到 Sheet3 工作表的 A1 单元格开始处。

具体操作步骤如下。

a. 选中“记录表”工作表中的 A2:H32 单元格区域，按【Ctrl+C】组合键将其复制到剪贴板中。

b. 单击 Sheet3 工作表标签，选中 A1 单元格，按【Ctrl+V】组合键完成粘贴。

完成后的“记录表”工作表如图 4-83 所示，Sheet2 工作表如图 4-84 所示。

	A	B	C	D	E	F	G	H
1	家用电器销售记录表							
2	日期	销售员	商品名	单价	折扣	折扣价	数量	销售额
3	2009/1/1	周伯通	电视	15000		15000.0	5	¥75,000
4	2009/3/1	周伯通	空调	15000		15000.0	3	¥45,000
5	2009/5/1	黄蓉	洗衣机	4200	95%	3990.0	10	¥39,900
6	2009/7/1	黄蓉	吸尘器	1600	95%	1520.0	3	¥4,560
7	2009/9/1	李莫愁	饮水机	1800	80%	1440.0	5	¥7,200
8	2009/11/1	李莫愁	洗衣机	5100		5100.0	7	¥35,700
9	2010/1/1	段誉	吸尘器	1200		1200.0	2	¥2,400
10	2010/3/1	段誉	冰箱	23000	95%	21850.0	2	¥43,700
11	2010/5/1	令狐冲	电风扇	630	95%	598.5	8	¥4,788
12	2010/7/1	令狐冲	电视	23000	95%	21850.0	2	¥43,700
13	2010/9/1	周伯通	电视	15000		15000.0	9	¥135,000
14	2010/11/1	周伯通	冰箱	17000	90%	15300.0	4	¥61,200
15	2011/1/1	黄蓉	饮水机	1800		1800.0	6	¥10,800
16	2011/3/1	黄蓉	洗衣机	6425		6425.0	8	¥51,400
17	2011/5/1	李莫愁	电视	15000	85%	12750.0	1	¥12,750
18	2011/7/1	李莫愁	洗衣机	8000		8000.0	6	¥48,000
19	2011/9/1	段誉	电视	15000		15000.0	2	¥30,000
20	2011/11/1	段誉	空调	15000	85%	12750.0	2	¥25,500
21	2012/1/1	令狐冲	冰箱	11000	95%	10450.0	5	¥52,250
22	2012/3/1	令狐冲	空调	7700		7700.0	3	¥23,100
23	2012/5/1	周伯通	电视	15000	90%	13500.0	7	¥94,500
24	2012/7/1	周伯通	电风扇	800	85%	680.0	8	¥5,440
25	2012/9/1	黄蓉	吸尘器	1200		1200.0	6	¥7,200
26	2012/11/1	黄蓉	冰箱	7900		7900.0	7	¥55,300
27	2013/1/1	李莫愁	洗衣机	3750		3750.0	2	¥7,500
28	2013/3/1	李莫愁	空调	15000	95%	14250.0	9	¥128,250
29	2013/5/1	段誉	电视	15000		15000.0	5	¥75,000
30	2013/7/1	段誉	冰箱	9000	90%	8100.0	3	¥24,300
31	2013/9/1	令狐冲	电风扇	800		800.0	8	¥6,400
32	2013/11/1	令狐冲	空调	4800		4800.0	5	¥24,000

记录表 Sheet2 Sheet3

图 4-83 编辑完成后的“记录表”工作表

	C	D	E
1			
2		销售额统计	
3		周伯通	416140
4		黄蓉	169160
5		李莫愁	239400
6		段誉	200900
7		令狐冲	154238
8			
9			
10			

记录表 Sheet2 Sheet3

图 4-84 编辑完成后的 Sheet2 工作表

（4）将该文件以“Excel14F.xlsx”为文件名另存到 Excelkt 文件夹中。

具体操作步骤如下。

a. 选择“文件”选项卡，在打开的窗口中单击“另存为”按钮，再单击“浏览”按钮，打开“另存为”对话框。

b. 在“另存为”对话框中选择保存位置为 Excelkt 文件夹，在“文件名”文本框内输入文件名“Excel14F.xlsx”，而后单击“保存”按钮。

2. 数据处理

A. 对 Sheet3 工作表中的数据，按“销售员”升序、“商品名”降序、“销售额”降序的方式进行排列。

B. 保存“Excel14F.xlsx”文件。

a. 单击 Sheet3 工作表标签，打开 Sheet3 工作表。选中 A1:H31 单元格区域内的任意一个单元格，选择“数据”选项卡，单击“排序和筛选”组中的“排序”按钮，打开“排序”对话框。

b. 将“主要关键字”设置为“销售员”，使用默认次序“升序”，而后单击“添加条件”按钮，将“次要关键字”设置为“商品名”，将“次序”设置为“降序”，再次单击“添加条件”按钮，将“次要关键字”设置为“销售额”，将“次序”设置为“降序”，如图 4-85 所示，最后单击“确定”按钮，排序结果如图 4-86 所示。

c. 单击“快速访问工具栏”上的“保存”按钮，保存文件。

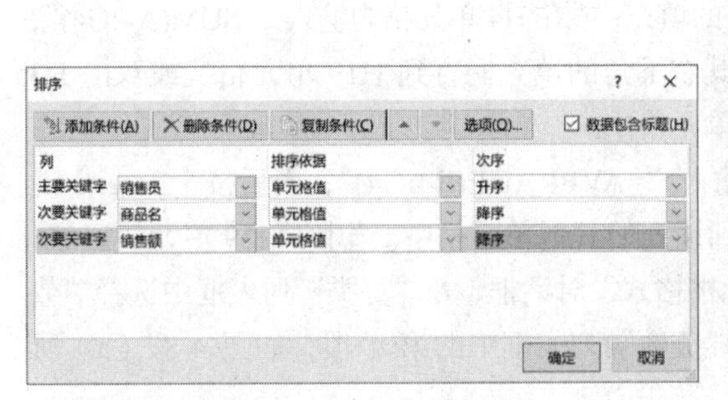

图 4-85　“排序”对话框

	A	B	C	D	E	F	G	H
1	日期	销售员	商品名	单价	折扣	折扣价	数量	销售额
2	2010/1/1	段誉	吸尘器	1200		1200.0	2	¥2,400
3	2011/11/1	段誉	空调	15000	85%	12750.0	2	¥25,500
4	2013/5/1	段誉	电视	15000		15000.0	5	¥75,000
5	2011/9/1	段誉	电视	15000		15000.0	2	¥30,000
6	2010/3/1	段誉	冰箱	23000	95%	21850.0	2	¥43,700
7	2013/7/1	段誉	冰箱	9000	90%	8100.0	3	¥24,300
8	2011/1/1	黄蓉	饮水机	1800		1800.0	6	¥10,800
9	2011/3/1	黄蓉	洗衣机	6425		6425.0	8	¥51,400
10	2009/5/1	黄蓉	洗衣机	4200	95%	3990.0	10	¥39,900
11	2012/9/1	黄蓉	吸尘器	1200		1200.0	6	¥7,200
12	2009/7/1	黄蓉	吸尘器	1600	95%	1520.0	3	¥4,560
13	2012/11/1	黄蓉	冰箱	7900		7900.0	7	¥55,300
14	2009/9/1	李莫愁	饮水机	1800	80%	1440.0	5	¥7,200
15	2011/7/1	李莫愁	洗衣机	8000		8000.0	6	¥48,000
16	2009/11/1	李莫愁	洗衣机	5100		5100.0	7	¥35,700
17	2013/1/1	李莫愁	洗衣机	3750		3750.0	2	¥7,500
18	2013/3/1	李莫愁	空调	15000	95%	14250.0	9	¥128,250
19	2011/5/1	李莫愁	电视	15000	85%	12750.0	1	¥12,750
20	2013/11/1	令狐冲	空调	4800		4800.0	5	¥24,000
21	2012/3/1	令狐冲	空调	7700		7700.0	3	¥23,100
22	2010/7/1	令狐冲	电视	23000	95%	21850.0	2	¥43,700
23	2013/9/1	令狐冲	电风扇	800		800.0	8	¥6,400
24	2010/5/1	令狐冲	电风扇	630	95%	598.5	8	¥4,788
25	2012/1/1	令狐冲	冰箱	11000	95%	10450.0	5	¥52,250
26	2009/3/1	周伯通	空调	15000		15000.0	3	¥45,000
27	2010/9/1	周伯通	电视	15000		15000.0	9	¥135,000
28	2012/5/1	周伯通	电视	15000	90%	13500.0	7	¥94,500
29	2009/1/1	周伯通	电视	15000		15000.0	5	¥75,000
30	2012/7/1	周伯通	电风扇	800	85%	680.0	8	¥5,440
31	2010/11/1	周伯通	冰箱	17000	90%	15300.0	4	¥61,200
32								
33								

图 4-86　排序结果

【模拟练习 G】

打开 Excelkt 文件夹下的“CpxsG.xlsx”工作簿文件，按下列要求操作。

1. 基本编辑

（1）编辑“本年度”工作表的要求如下。

A. 将 A1:J1 单元格区域合并后居中，输入“各地区彩票销售额”，设置文字格式为宋体、16 磅、加粗。

B. 填充 B3:G3 单元格区域，内容依次为“1 月销售额”“2 月销售额”……“6 月销售额”。

C. 将 A3:G3 单元格区域复制到 Sheet2 工作表中 A1 单元格开始处，并将 Sheet2 工作表重命名为“上一年”。

具体操作步骤如下。

a. 单击“本年度”工作表标签，选中 A1:J1 单元格区域，选择“开始”选项卡，单击“对齐方式”组中的“合并后居中”按钮，将 A1:J1 单元格区域进行合并居中。

b. 选中 A1 单元格，输入“各地区彩票销售额”，单击“字体”组中的“字体”“字号”下拉按钮设置字体格式为“宋体”“16”，而后单击“加粗”按钮B。

c. 选中 B3 单元格，输入“1 月销售额”，按【Enter】键确认。向右拖动 B3 单元格的填充柄至 G3 单元格，完成填充。

d. 选中 A3:G3 单元格区域，按【Ctrl+C】组合键将其复制到剪贴板中。单击 Sheet2 工作表标签，选中 A1 单元格，按【Ctrl+V】组合键完成粘贴。

e. 双击 Sheet2 工作表标签，将其修改为“上一年”。

（2）填充“本年度”工作表的要求如下。

A. 利用公式填充“销售总额”列，销售总额为 1~6 月销售额之和。

B. 利用公式填充“平均销售额”列，数据格式为数值型、负数选择第 4 项、保留一位小数。

C. 根据“销售总额”数据利用公式填充“提成率”列：若销售总额小于 150 万元，则提成率为 6%，若销售总额为 150 万~200 万元（不包括 200 万元），则提成率为 7%，若销售总额为 200 万~250 万元（不包括 250 万元），则提成率为 7.5%，若销售总额大于等于 250 万元，则提成率为 8%，设置数据格式为百分比型、保留一位小数。

D. 利用公式填充各地区本年度与上一年各个月份的同期增长率，将结果填充在“本年度”工作表的 K4:P19 单元格区域内，已知同期增长=（本年度某月销售额-上一年的某月销售额）÷上一年的某月销售额，设置数据格式为百分比型、无小数。

具体操作步骤如下。

a. 单击“本年度”工作表标签，选中 A4:H4 单元格区域，选择“开始”选项卡，单击“编辑”组中的“自动求和”按钮Σ 自动求和，完成 H4 单元格的填充；或在 H4 单元格内输入“=SUM(A4:G4)”，而后按【Enter】键确认。选中 H4 单元格，拖动其右下角的填充柄直到 H19 单元格，或双击 H3 单元格的填充柄将其中的公式复制到该列的其他单元格中。

b. 选中“本年度”工作表中的 I4 单元格，输入“=AVERAGE(B4:G4)”，而后按【Enter】键确认。双击 I4 单元格的填充柄将其中的公式复制到该列的其他单元格中。选中 I4:I19 单元格区域，单击“数字”组右下角的按钮，打开“设置单元格格式”对话框，在“分类”列表框中选择“数值”选项，将“小数位数”设置为“1”，在选择“负数”列表框中的第 4 项，如图 4-87（a）所示，而后单击“确定”按钮。

c. 选中 J4 单元格，输入“=IF(H4<150,6%,IF(H4<200,7%,IF(H4<250,7.5%,IF(H4>=250,8%))))”，而后按【Enter】键确认。双击 J4 单元格的填充柄将其中的公式复制到该列的其他单元格中。选中 J4:J19 单元格区域，单击“数字”组右下角的按钮，打开“设置单元格格式”对话框，在“分类”列表框中选择“百分比”选项，将“小数位数”设置为“1”，如图 4-87（b）所示，而后单击“确定”按钮。

d. 选中“本年度”工作表中的 K4 单元格，输入“=（”，而后选中 B4 单元格，再输入“-”，选中“上一年”工作表中的 B2 单元格，而后输入“）/”，再选中“上一年”工作表中的 B2 单元格，最后按【Enter】键确认（K4 单元格内的完整公式为“=本年度!B4-上一年!B2)/上一年!B2”）。双击K4单元格的填充柄将其中的公式复制到该列的其他单元格中。而后选中K4:K19单元格区域，向右拖动 K19 单元格的填充柄至 P19 单元格，可完成 K4:P19 单元格区域的填充。选中 K4:P19 单元格区域，选择“开始”选项卡，单击“数字”组中的“百分比样式”按钮%。

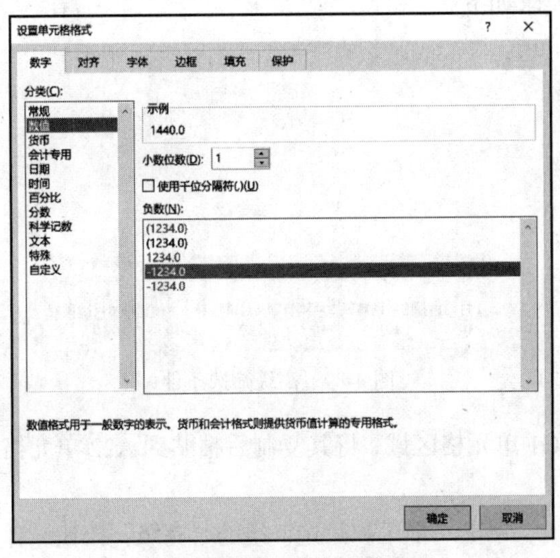

（a）设置 I4 单元格的数据格式

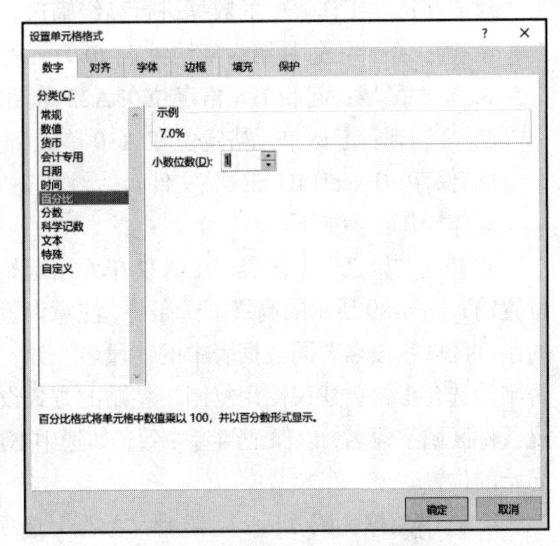

（b）设置 J4 单元格的数据格式

图 4-87 “设置单元格格式”对话框

（3）复制“本年度”工作表中 A3:J19 单元格区域的数据到 Sheet3 工作表的 A1 单元格开始处，并将 Sheet3 工作表重命名为“筛选”。

具体操作步骤如下。

a. 选中“本年度”工作表中的 A3:J19 单元格区域，按【Ctrl+C】组合键将其复制到剪贴板中。

b. 单击 Sheet3 工作表标签，选中 A1 单元格，按【Ctrl+V】组合键完成粘贴。

c. 双击 Sheet3 工作表标签，将其修改为“筛选”。

完成后的“本年度”工作表如图 4-88 所示。

各地区彩票销售额

单位：万元

										同期增长					
地区	1月销售额	2月销售额	3月销售额	4月销售额	5月销售额	6月销售额	销售总额	平均销售额	提成率	1月	2月	3月	4月	5月	6月
北京	23.7	26.0	30.6	26.8	34.5	32.1	173.7	29.0	7.0%	14%	24%	-25%	-24%	-15%	-9%
上海	36.5	39.6	34.1	33.2	38.8	36.5	218.7	36.5	7.5%	20%	28%	33%	25%	25%	37%
南京	19.6	25.3	23.1	30.4	31.2	32.6	162.2	27.0	7.0%	26%	15%	12%	17%	13%	12%
杭州	45.7	53.7	46.3	48.7	45.1	43.8	283.3	47.2	8.0%	-2%	-1%	14%	19%	11%	7%
广州	45.7	46.3	47.6	43.7	50.9	49.8	284.0	47.3	8.0%	12%	31%	27%	25%	12%	19%
西安	27.0	36.6	38.8	39.8	39.9	40.9	223.0	37.2	7.5%	17%	12%	-17%	-10%	-15%	-7%
成都	36.8	25.8	31.2	35.9	34.0	36.5	200.2	33.4	7.5%	4%	9%	3%	13%	13%	9%
天津	27.9	29.1	22.9	29.7	28.7	30.2	168.5	28.1	7.0%	8%	16%	-26%	-9%	7%	3%
重庆	47.9	41.0	46.1	40.2	49.9	43.9	269.0	44.8	8.0%	2%	5%	7%	3%	11%	5%
石家庄	29.9	32.0	32.2	33.1	34.1	32.0	193.3	32.2	7.0%	-3%	-3%	-9%	10%	3%	7%
深圳	18.8	21.9	22.1	21.9	24.3	21.0	130.0	21.7	6.0%	19%	5%	10%	5%	9%	11%
长春	29.8	30.0	31.0	33.2	31.2	33.9	189.1	31.5	7.0%	7%	7%	7%	6%	7%	10%
大连	30.9	31.9	36.8	35.1	34.6	33.2	202.5	33.8	7.5%	7%	7%	6%	9%	13%	6%
郑州	43.2	43.4	38.2	43.0	41.9	45.1	254.8	42.5	8.0%	5%	10%	6%	-2%	-2%	2%
长沙	23.2	27.7	28.4	29.7	30.2	34.9	174.1	29.0	7.0%	15%	8%	-3%	-3%	7%	9%
武汉	30.8	41.0	49.0	49.7	50.8	48.0	269.3	44.9	8.0%	7%	5%	7%	11%	11%	12%

本年度　上一年　筛选

图 4-88 完成后的“本年度”工作表

（4）将该文件以“Excel14G.xlsx”为文件名另存到 Excelkt 文件夹中。

具体操作步骤如下。

a. 选择“文件”选项卡，在打开的窗口中单击“另存为”按钮，再单击“浏览”按钮，打开

“另存为”对话框。

b. 在“另存为”对话框中选择保存位置为Excelkt文件夹，在“文件名”文本框内输入文件名“Excel14G.xlsx”，而后单击“保存”按钮。

2. 数据处理

对“筛选”工作表中的数据进行高级筛选，要求如下。

A. 筛选条件：每月销售额均大于40万元的记录。

B. 条件区域：起始单元格定位在A22单元格。

C. 复制到：起始单元格定位在A30单元格。

D. 保存“Excel14G.xlsx”文件。

具体操作步骤如下。

a. 单击“筛选”工作表，在A22单元格起始位置输入图4-89所示的高级筛选条件，注意设置的条件区域字段名要同数据表中的字段名一致，否则筛选会出错，建议使用复制、粘贴的方式设置条件区域字段名，以保证两者一致，如选中B1:G1单元格区域，将其复制后粘贴到A22单元格起始的位置。

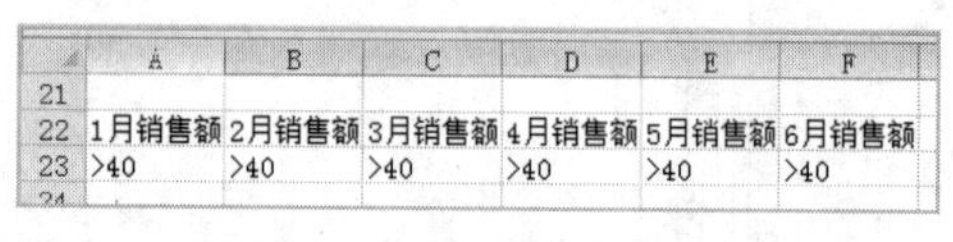

	A	B	C	D	E	F
21						
22	1月销售额	2月销售额	3月销售额	4月销售额	5月销售额	6月销售额
23	>40	>40	>40	>40	>40	>40

图4-89　高级筛选条件

b. 选中数据区域A1:J17，选择“数据”选项卡，单击“排序和筛选”组的“高级”按钮，弹出“高级筛选”对话框，如图4-90（a）所示。

c. 在“高级筛选”对话框中选中“将筛选结果复制到其他位置”单选按钮；“列表区域”默认为“$A$1:$J$17”，即在b步中选定的数据区域；将光标放置在“条件区域”文本框内，选中在a步中设置的条件区域A22:F23，“条件区域”文本框将自动填充为“筛选!$A$22:$F$23”；将光标放置在“复制到”文本框内，选中A30单元格，则“复制到”文本框将自动填充为“筛选!$A$30”，如图4-90（b）所示。

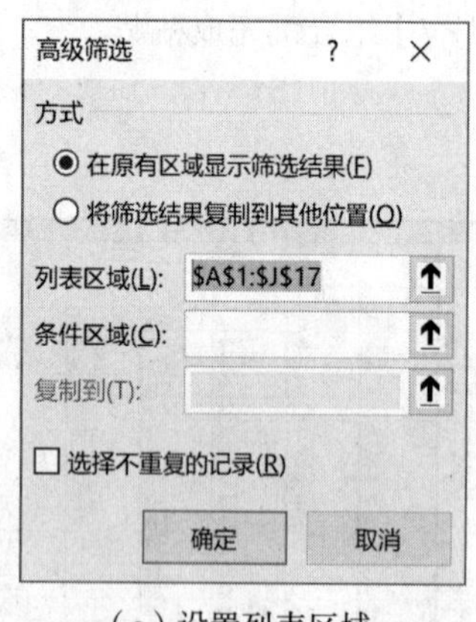

（a）设置列表区域

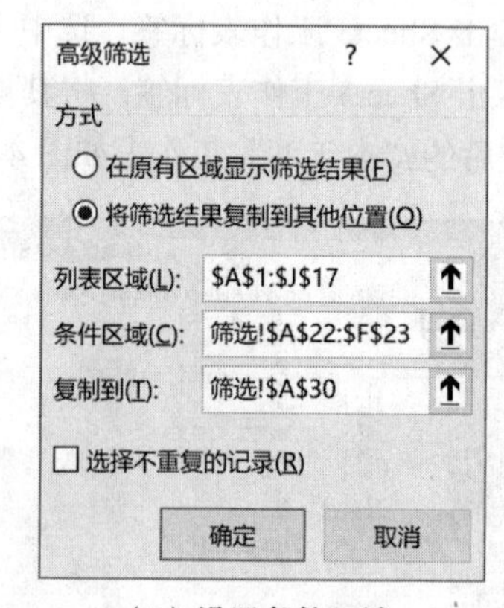

（b）设置条件区域

图4-90　“高级筛选”对话框

d. 单击“确定”按钮，完成筛选，结果如图4-91所示。

e. 单击“快速访问工具栏”上的“保存”按钮，保存文件。

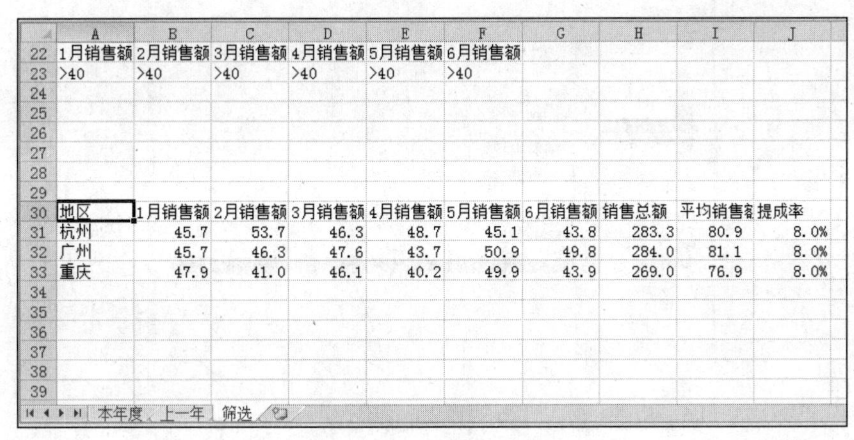

	A	B	C	D	E	F	G	H	I	J
22	1月销售额	2月销售额	3月销售额	4月销售额	5月销售额	6月销售额				
23	>40	>40	>40	>40	>40	>40				
24										
25										
26										
27										
28										
29										
30	地区	1月销售额	2月销售额	3月销售额	4月销售额	5月销售额	6月销售额	销售总额	平均销售额	提成率
31	杭州	45.7	53.7	46.3	48.7	45.1	43.8	283.3	80.9	8.0%
32	广州	45.7	46.3	47.6	43.7	50.9	49.8	284.0	81.1	8.0%
33	重庆	47.9	41.0	46.1	40.2	49.9	43.9	269.0	76.9	8.0%
34										
35										
36										
37										
38										
39										

本年度　上一年　筛选

图 4-91　高级筛选结果

【模拟练习 H】

打开 Excelkt 文件夹下的“GzjsH.xlsx”工作簿文件，按下列要求操作。

1. 基本编辑

（1）编辑 Sheet1 工作表的要求如下。

A. 在工作表第 1 行前插入一行，并在 A1 单元格内输入“出勤状况表”，设置字体格式为黑体、28 磅，将 A1:M1 单元格区域合并后居中。

B. 为 A2:M2 单元格区域填充黄色（标准色）底纹，将“基本工资”“缺勤扣款”“出勤奖金”列的数据格式设置为货币型、无小数、货币符号为“¥”。

C. 将 Sheet1 工作表重命名为“考勤表”。

具体操作步骤如下。

① 行列操作。

单击工作表左侧的行号 1，选中第 1 行，右击选中区域，在弹出的快捷菜单中选择“插入”选项，即可在第 1 行前插入一行。

② 单元格操作。

a. 在 A1 单元格中输入“出勤状况表”，而后选中 A1 单元格，选择“开始”选项卡，单击“字体”组中的“字体”“字号”下拉按钮设置字体格式为“黑体”“28”。

b. 选中 A1:M1 单元格区域，选择“开始”选项卡，单击“对齐方式”组中的“合并后居中”按钮，将 A1:M1 单元格区域进行合并居中。

c. 选中 A2:M2 单元格区域，单击“填充颜色”下拉按钮，设置“填充颜色”为“标准色”中的“黄色”。

d. 选中 E3:E50 单元格区域，按住【Ctrl】键同时选中 L3:M50 单元格区域，选择“开始”选项卡，单击“数字”组右下角的按钮，打开“设置单元格格式”对话框，在“分类”列表框中选择“货币”选项，将“小数位数”的值设置为“0”，在“货币符号(国家/地区)”下拉列表中选择“¥”选项，在“负数”列表框选择第 4 项，如图 4-92 所示，而后单击“确定”按钮。

e. 双击 Sheet1 工作表标签，或右击 Sheet1 工作表标签，在弹出的快捷菜单中选择“重命名”选项，将标签名修改为“考勤表”。

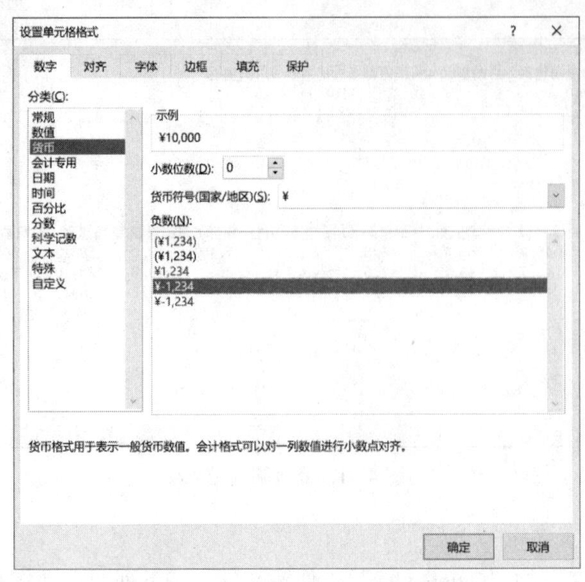

图 4-92 “设置单元格格式”对话框

（2）数据填充的要求如下。

A. 根据“职位”列利用公式填充“基本工资”列，经理的基本工资为 4500，副经理的基本工资为 4000，组长的基本工资为 3800，普通员工的基本工资为 3000。

B. 利用公式填充“缺勤日数”列，缺勤日数=事假数+病假数+迟到数+早退数+旷工数。

C. 利用公式填充“缺勤扣款”列，缺勤扣款=基本工资 ÷ 21.75 × 缺勤日数。

D. 利用公式填充“出勤奖金”列，若无缺勤，则为 400，否则为 0。

具体操作步骤如下。

a. 选中 E3 单元格，输入“=IF(D3="经理",4500,IF(D3="副经理",4000,IF(D3="组长",3800,IF(D3="普通员工",3000))))”，按【Enter】键确认，而后向下拖动 E3 单元格右下角的填充柄直到 E50 单元格，或双击 E3 单元格的填充柄将其中的公式复制到该列的其他单元格中，完成其他单元格的填充。

b. 选中 K3 单元格，输入“=SUM(F3:J3)”，按【Enter】键确认，或选中 F3:K3 单元格区域，单击“编辑”组中的“自动求和”按钮 Σ 自动求和 ▾ 。双击 K3 单元格的填充柄将其中的公式复制到该列的其他单元格中，完成其他单元格的填充。

c. 选中 L3 单元格，输入“=E3/21.75*K3”，按【Enter】键确认，而后选中 L3 单元格，双击 L3 单元格的填充柄将其中的公式复制到该列的其他单元格中，完成其他单元格的填充。

d. 选中 M3 单元格，输入“=IF(K3=0,400,0)”，按【Enter】键确认，而后选中 M3 单元格，双击 M3 单元格的填充柄将其中的公式复制到该列的其他单元格中，完成其他单元格的填充。

（3）将“考勤表”中的 A3:E50 单元格区域的数据复制到 Sheet2 工作表的 A2 单元格开始处，将 L3:M50 单元格区域的数据复制到 Sheet2 工作表的 F2 单元格开始处（提示：使用“选择性粘贴”对话框中的“值和数字格式”）。

具体操作步骤如下。

a. 选中“考勤表”中的 A3:E50 单元格区域，按【Ctrl+C】组合键将其复制到剪贴板中。

b. 单击 Sheet2 工作表标签，选中 A2 单元格，按【Ctrl+V】组合键完成粘贴。

c. 选中 L3:M50 单元格区域，按【Ctrl+C】组合键将其复制到剪贴板中。

d. 单击 Sheet2 工作表标签，右击 F2 单元格，在弹出的快捷菜单中选择“选择性粘贴”选项，打开“选择性粘贴”对话框，选中“值和数字格式”单选按钮，如图 4-93 所示，而后单击“确定”按钮。

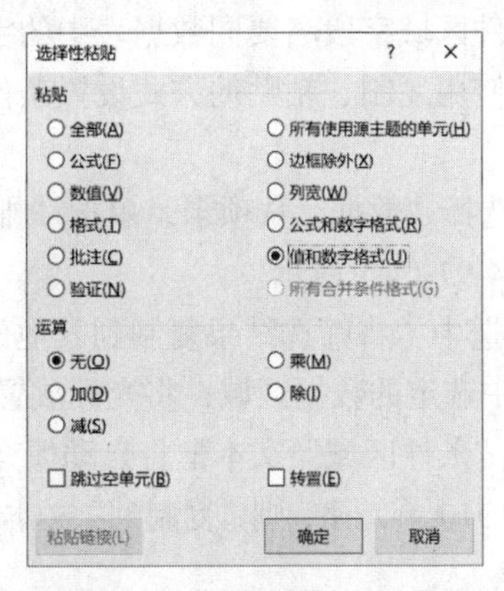

图 4-93　“选择性粘贴”对话框

完成后的“考勤表”工作表如图 4-94 所示，完成后的 Sheet2 工作表如图 4-95 所示。

出勤状况表

员工编号	员工姓名	所属部门	职位	基本工资	事假数	病假数	迟到数	早退数	旷工数	缺勤日数	缺勤扣款	出勤奖金
00Z01	王丽	行政部	经理	¥4,500						0	¥0	¥400
00Z02	陈强	行政部	组长	¥3,800			3		1	4	¥699	¥0
00Z03	张晓晓	行政部	普通员工	¥3,000		1				1	¥138	¥0
00Z04	刘磊	行政部	普通员工	¥3,000						0	¥0	¥400
00Z05	冯燕	行政部	普通员工	¥3,000			1			1	¥138	¥0
00Z06	王晓	销售部	经理	¥4,500	1					1	¥207	¥0
00Z07	陈白	销售部	组长	¥3,800				1		1	¥175	¥0
00Z08	刘萌萌	销售部	普通员工	¥3,000			2			2	¥276	¥0
00Z09	刘艾嘉	销售部	普通员工	¥3,000						0	¥0	¥400
00Z10	张平	销售部	普通员工	¥3,000			2			2	¥276	¥0
00Z11	邱恒	销售部	普通员工	¥3,000						0	¥0	¥400
00Z12	林嘉欣	销售部	普通员工	¥3,000	1		3			4	¥552	¥0
00Z13	王二	销售部	副经理	¥4,000						0	¥0	¥400
00Z14	张安	销售部	组长	¥3,800						0	¥0	¥400
00Z15	戴青	销售部	普通员工	¥3,000						0	¥0	¥400
00Z16	李丽	销售部	普通员工	¥3,000		2	5		2	9	¥1,241	¥0
00Z17	李萍	销售部	普通员工	¥3,000						0	¥0	¥400
00Z18	王娜	销售部	组长	¥3,800						0	¥0	¥400
00Z19	陈白露	销售部	普通员工	¥3,000	3					3	¥414	¥0
00Z20	刘娥	销售部	普通员工	¥3,000						0	¥0	¥400
00Z21	张飞飞	销售部	普通员工	¥3,000						0	¥0	¥400
00Z22	杨朱	工程部	经理	¥4,500						0	¥0	¥400
00Z23	杨忠	工程部	组长	¥3,800						0	¥0	¥400
00Z24	薛琳	工程部	普通员工	¥3,000	2					2	¥276	¥0
00Z25	李婷婷	工程部	普通员工	¥3,000			5			5	¥690	¥0
00Z26	艾青	工程部	普通员工	¥3,000						0	¥0	¥400
00Z27	梁凡	工程部	普通员工	¥3,000		1				1	¥138	¥0
00Z28	丁成	工程部	普通员工	¥3,000						0	¥0	¥400
00Z29	钟林	工程部	普通员工	¥3,000				1		1	¥138	¥0

图 4-94　完成后的“考勤表”工作表

员工编号	员工姓名	所属部门	职位	基本工资	缺勤扣款	出勤奖金
00Z01	王丽	行政部	经理	¥4,500	¥0	¥400
00Z02	陈强	行政部	组长	¥3,800	¥699	¥0
00Z03	张晓晓	行政部	普通员工	¥3,000	¥138	¥0
00Z04	刘磊	行政部	普通员工	¥3,000	¥0	¥400
00Z05	冯燕	行政部	普通员工	¥3,000	¥138	¥0
00Z06	王晓	销售部	经理	¥4,500	¥207	¥0
00Z07	陈白	销售部	组长	¥3,800	¥175	¥0
00Z08	刘萌萌	销售部	普通员工	¥3,000	¥276	¥0
00Z09	刘艾嘉	销售部	普通员工	¥3,000	¥0	¥400
00Z10	张平	销售部	普通员工	¥3,000	¥276	¥0
00Z11	邱恒	销售部	普通员工	¥3,000	¥0	¥400
00Z12	林嘉欣	销售部	普通员工	¥3,000	¥552	¥0
00Z13	王二	销售部	副经理	¥4,000	¥0	¥400
00Z14	张安	销售部	组长	¥3,800	¥0	¥400
00Z15	戴青	销售部	普通员工	¥3,000	¥0	¥400
00Z16	李丽	销售部	普通员工	¥3,000	¥1,241	¥0
00Z17	李萍	销售部	普通员工	¥3,000	¥0	¥400
00Z18	王娜	销售部	组长	¥3,800	¥0	¥400
00Z19	陈白露	销售部	普通员工	¥3,000	¥414	¥0
00Z20	刘娥	销售部	普通员工	¥3,000	¥0	¥400
00Z21	张飞飞	销售部	普通员工	¥3,000	¥0	¥400
00Z22	杨朱	工程部	经理	¥4,500	¥0	¥400
00Z23	杨忠	工程部	组长	¥3,800	¥0	¥400
00Z24	薛琳	工程部	普通员工	¥3,000	¥276	¥0
00Z25	李婷婷	工程部	普通员工	¥3,000	¥690	¥0
00Z26	艾青	工程部	普通员工	¥3,000	¥0	¥400
00Z27	梁凡	工程部	普通员工	¥3,000	¥138	¥0
00Z28	丁成	工程部	普通员工	¥3,000	¥0	¥400
00Z29	钟林	工程部	普通员工	¥3,000	¥138	¥0
00Z30	李金	工程部	普通员工	¥3,000	¥138	¥0
00Z31	潘纯	工程部	普通员工	¥3,000	¥0	¥400
00Z32	沈林军	售后部	经理	¥4,500	¥0	¥400

图 4-95　完成后的 Sheet2 工作表

（4）将该文件以“Excel14H.xlsx”为文件名另存到 Excelkt 文件夹中。

具体操作步骤如下。

a. 选择“文件”选项卡，在打开的窗口中单击“另存为”按钮，再单击“浏览”按钮，打开“另存为”对话框。

b. 在“另存为”对话框中选择保存位置为 Excelkt 文件夹，在“文件名”文本框内输入文件名“Excel14H.xlsx”，而后单击“保存”按钮。

2. 数据处理

对 Sheet2 工作表中的数据进行高级筛选，要求如下。

A. 筛选条件：工程部和销售部中缺勤扣款超过 400 的普通员工。

B. 条件区域：起始单元格定位在 J4 单元格。

C. 复制到：起始单元格定位在 J10 单元格。

D. 保存“Excel14H.xlsx”文件。

具体操作步骤如下。

a. 单击 Sheet2 工作表，在 J4 单元格起始位置输入图 4-96 所示的高级筛选条件，注意设置的条件区域字段名要同数据表中的字段名一致，否则筛选会出错，建议使用复制、粘贴的方式设置条件区域字段名，以保证两者一致。

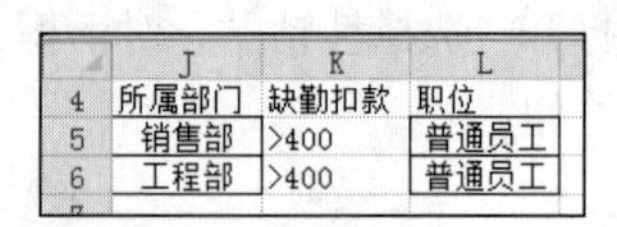

	J	K	L
4	所属部门	缺勤扣款	职位
5	销售部	>400	普通员工
6	工程部	>400	普通员工

图 4-96　高级筛选条件

b. 选中数据区域 A1:G49，选择“数据”选项卡，单击“排序和筛选”组的“高级”按钮，弹出“高级筛选”对话框，如图 4-97（a）所示。

c. 在“高级筛选”对话框中选中“将筛选结果复制到其他位置”单选按钮；“列表区域”默认为“$A$1:$G$49”，即在 b 步中选定的数据区域；将光标放置在“条件区域”文本框内，选中在 a 步中设置的条件区域 J4:L6，“条件区域”文本框将自动填充为“Sheet2!$J$4:$L$6”；将光标放置在“复制到”文本框内，选中 J10 单元格，则“复制到”文本框将自动填充为“Sheet2!$J$10”，如图 4-97（b）所示。

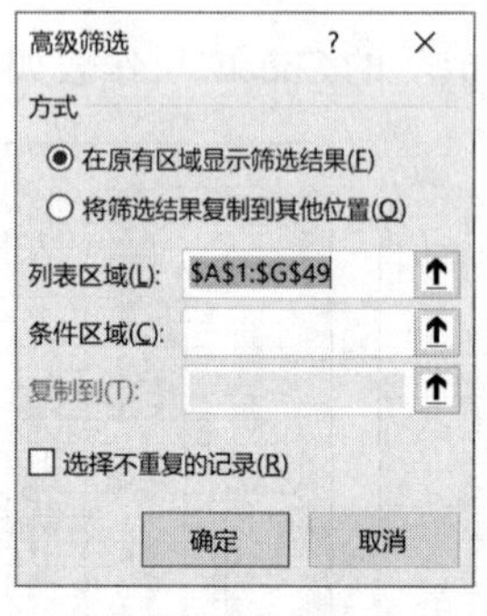

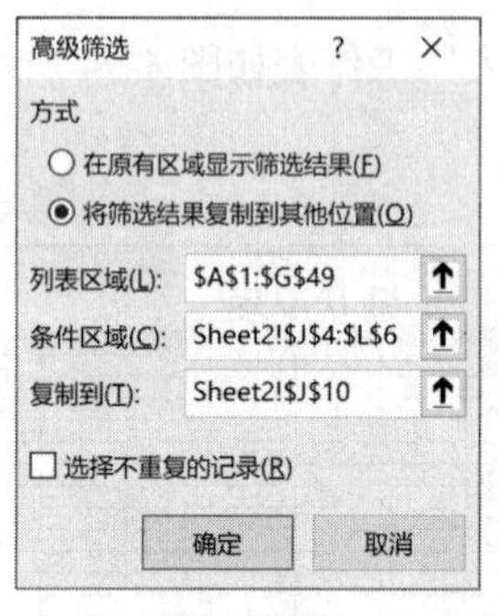

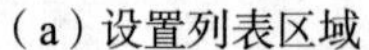

（a）设置列表区域　　（b）设置条件区域

图 4-97　“高级筛选”对话框

d. 单击“确定”按钮，完成筛选，结果如图 4-98 所示。

e. 单击“快速访问工具栏”上的“保存”按钮，保存文件。

	A	B	C	D	E	F	G
1	员工编号	员工姓名	所属部门	职位	基本工资	缺勤扣款	出勤奖金
2	00Z01	王丽	行政部	经理	¥4,500	¥0	¥400
3	00Z02	陈强	行政部	组长	¥3,800	¥699	¥0
4	00Z03	张晓晓	行政部	普通员工	¥3,000	¥138	¥0
5	00Z04	刘磊	行政部	普通员工	¥3,000	¥0	¥400
6	00Z05	冯燕	行政部	普通员工	¥3,000	¥138	¥0
7	00Z06	王晓	销售部	经理	¥4,500	¥207	¥0
8	00Z07	陈白	销售部	组长	¥3,800	¥175	¥0
9	00Z08	刘萌萌	销售部	普通员工	¥3,000	¥276	¥0
10	00Z09	刘艾嘉	销售部	普通员工	¥3,000	¥0	¥400
11	00Z10	张平	销售部	普通员工	¥3,000	¥276	¥0
12	00Z11	邱恒	销售部	普通员工	¥3,000	¥0	¥400
13	00Z12	林嘉欣	销售部	普通员工	¥3,000	¥552	¥0
14	00Z13	王二	销售部	副经理	¥4,000	¥0	¥400
15	00Z14	张安	销售部	组长	¥3,800	¥0	¥400
16	00Z15	戴青	销售部	普通员工	¥3,000	¥0	¥400
17	00Z16	李丽	销售部	普通员工	¥3,000	¥1,241	¥0
18	00Z17	李萍	销售部	普通员工	¥3,000	¥0	¥400
19	00Z18	王娜	销售部	组长	¥3,800	¥0	¥400
20	00Z19	陈白露	销售部	普通员工	¥3,000	¥414	¥0
21	00Z20	刘娥	销售部	普通员工	¥3,000	¥0	¥400
22	00Z21	张飞飞	销售部	普通员工	¥3,000	¥0	¥400
23	00Z22	杨朱	工程部	经理	¥4,500	¥0	¥400
24	00Z23	杨忠	工程部	组长	¥3,800	¥0	¥400
25	00Z24	薛琳	工程部	普通员工	¥3,000	¥276	¥0
26	00Z25	李婷婷	工程部	普通员工	¥3,000	¥690	¥0
27	00Z26	艾青	工程部	普通员工	¥3,000	¥0	¥400
28	00Z27	梁凡	工程部	普通员工	¥3,000	¥138	¥0
29	00Z28	丁成	工程部	普通员工	¥3,000	¥0	¥400
30	00Z29	钟林	工程部	普通员工	¥3,000	¥138	¥0
31	00Z30	李金	工程部	普通员工	¥3,000	¥138	¥0
32	00Z31	潘纯	工程部	普通员工	¥3,000	¥0	¥400
33	00Z32	沈林军	售后部	经理	¥4,500	¥0	¥400

考勤表　Sheet2

J	K	L
所属部门	缺勤扣款	职位
销售部	>400	普通员工
工程部	>400	普通员工

J	K	L	M	N	O	P
员工编号	员工姓名	所属部门	职位	基本工资	缺勤扣款	出勤奖金
00Z12	林嘉欣	销售部	普通员工	¥3,000	¥552	¥0
00Z16	李丽	销售部	普通员工	¥3,000	¥1,241	¥0
00Z19	陈白露	销售部	普通员工	¥3,000	¥414	¥0
00Z25	李婷婷	工程部	普通员工	¥3,000	¥690	¥0

图 4-98　高级筛选结果

【模拟练习 I】

打开 Excelkt 文件夹下的“XsjdI.xlsx”工作簿文件，按下列要求操作。

1. 基本编辑

（1）编辑 Sheet1 工作表的要求如下。

A. 将 A1:F1 单元格区域、I1:O1 单元格区域分别合并后居中，而后将字体格式均设置为宋体、25 磅、加粗，填充黄色（标准色）底纹。

B. 将 J3:O35 单元格区域的对齐方式设置为水平居中。

具体操作步骤如下。

a. 打开 Sheet1 工作表，选中 A1:F1 单元格区域，选择“开始”选项卡，单击“对齐方式”组中的“合并后居中”按钮，将 A1:H1 单元格区域进行合并居中；选中 I1:O1 单元格区域，选择“开始”选项卡，单击“对齐方式”组中的“合并后居中”按钮，将 I1:O1 单元格区域进行合并居中。

b. 选中 A1 单元格，按住【Ctrl】键，再选中 I1 单元格，单击“字体”组中的“字体”“字号”下拉按钮，分别设置字体格式为“宋体”“25”，而后单击“加粗”按钮，最后单击“填充颜色”下拉按钮，设置“填充颜色”为“标准色”中的“黄色”。

c. 选中 J3:O35 单元格区域，单击“对齐方式”组中的“居中”按钮，设置单元格水平居中。

（2）数据填充的要求如下。

A. 根据“成绩单”（A:F 列）中的各科成绩，利用公式填充“绩点表”中各科的绩点（J3:N35 单元格区域）：90 ~ 100 分的绩点为 4.0，85 ~ 89 分的绩点为 3.6，80 ~ 84 分的绩点为 3.0，70 ~ 79 分的绩点为 2.0，60 ~ 69 分的绩点为 1.0，60 分以下的绩点为 0。

B. 利用公式填充“总绩点”列（O 列），总绩点为各科绩点之和。

C. 根据“成绩单”（A:F 列）中的各科成绩，分别统计出各科各分数段的人数，将结果放在 B41:F45 单元格区域。各分数段为 60 以下、60 ~ 69、70 ~ 79、80 ~ 89，90 ~ 100。

具体操作步骤如下。

a. 选中 J3 单元格，输入“=IF(B3>=90,4,IF(B3>=85,3.6,IF(B3>=80,3,IF(B3>=70,2,IF(B3>=60,1,0)))))”，按【Enter】键确认。选中 J3 单元格，双击 J3 单元格的填充柄将其中的公式复制到该列的其他单元格中。

b. 选中 J3:O3 单元格区域，选择“开始”选项卡，单击“编辑”组中的“自动求和”按钮 Σ 自动求和，完成 O3 单元格的填充；或在 O3 单元格内输入“=SUM(J3:N3)”，而后按【Enter】键确认。选中 O3 单元格，拖动其右下角的填充柄直到 O35 单元格，或双击 O3 单元格的填充柄将其中的公式复制到该列的其他单元格中。

c. 该题目可使用 FREQUENCY 函数完成。首先，在 H41:H44 单元格区域内分别输入 59、69、79、89，作为区间分割数据，而后选择 B41:B45 单元格区域，单击编辑栏左侧的“插入函数”按钮 fx，打开“插入函数”对话框，在“或选择类别”下拉列表中选择“全部”选项，在“选择函数”列表框中选择“FREQUENCY”选项，如图 4-99 所示。而后单击“确定”按钮，打开“函数参数”对话框，将光标放置在“Data_array”文本框内，选中 B3:B35 单元格区域，而后将光标放置在“Bins_array”文本框内，选中 H41:H44 单元格区域，然后按【F4】键将其修改为绝对地址“$H$41:$H$44”，如图 4-100 所示。最后按【Ctrl+Shift+Enter】组合键，即可填充 B41:B45 单元格区域。选中 B41:B45 单元格区域，向右拖动 B45 单元格的填充柄，即可完成 C41:F45 单元格区域的填充。

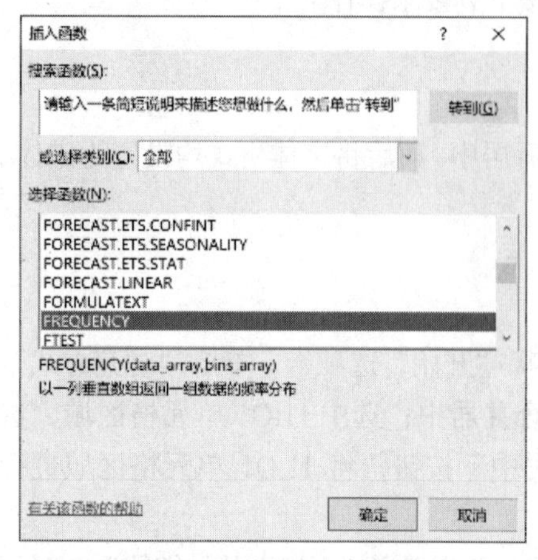

图 4-99 “插入函数”对话框

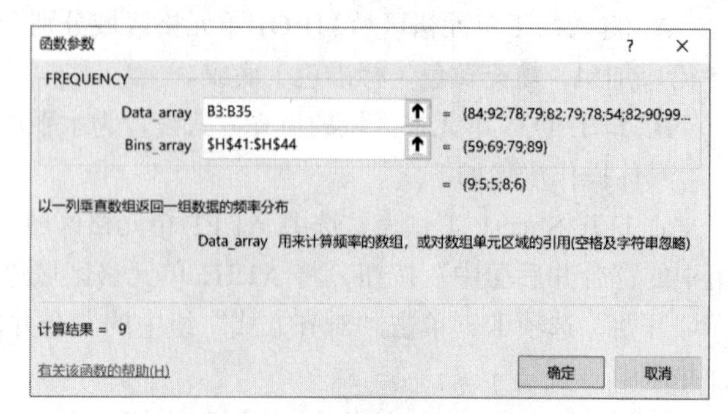

图 4-100 “函数参数”对话框

（3）插入两个新工作表，分别重命名为“排序”“筛选”，并复制 Sheet1 工作表中的 A2:F35 单元格区域到两个新工作表的 A1 单元格开始处。

具体操作步骤如下。

a. 单击工作表标签栏上的“新工作表”按钮，可插入 Sheet2 工作表，再次单击该按钮，插入 Sheet3 工作表。

b. 双击 Sheet2 工作表标签，将其修改为“排序”，双击 Sheet3 工作表标签，将其修改为“筛选”。

c. 选中 Sheet1 工作表的 A2:F35 单元格区域，按【Ctrl+C】组合键将其复制到剪贴板中。

d. 单击“排序”工作表标签，选中 A1 单元格，按【Ctrl+V】组合键完成粘贴。单击“筛选”工作表标签，选中 A1 单元格，按【Ctrl+V】组合键完成粘贴。

完成后的 Sheet1 工作表如图 4-101 所示。

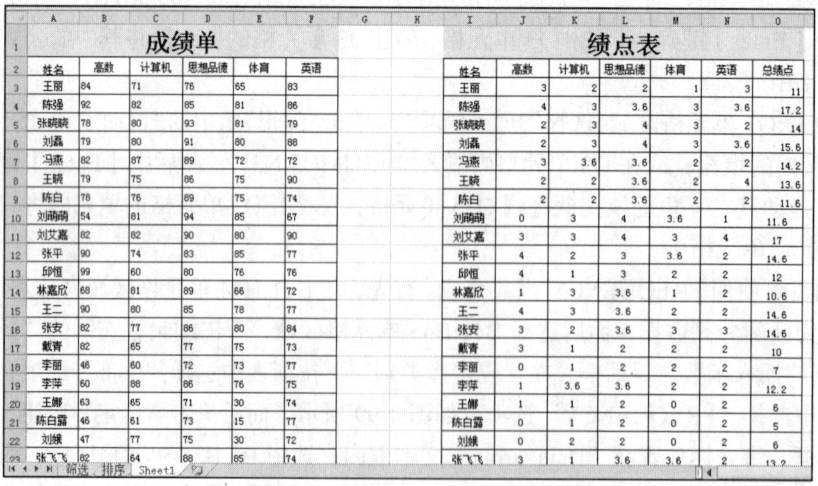

成绩单

姓名	高数	计算机	思想品德	体育	英语
王丽	84	71	76	65	83
陈强	92	82	85	81	86
张晓晓	78	80	93	81	79
刘磊	79	80	91	80	88
冯燕	82	87	89	72	72
王晓	79	75	86	75	90
陈白	78	76	89	75	74
刘萌萌	54	81	94	85	67
刘艾嘉	82	82	90	80	90
张平	90	74	83	85	77
邱恒	99	60	80	76	76
林嘉欣	68	81	89	66	72
王二	90	80	85	78	77
张安	82	77	86	80	84
戴青	82	65	77	75	73
李丽	46	60	72	73	77
李萍	60	88	86	76	75
王娜	63	65	71	30	74
陈白露	46	61	73	15	77
刘娥	47	77	75	30	72
张飞飞	82	64	88	85	74

绩点表

姓名	高数	计算机	思想品德	体育	英语	总绩点
王丽	3	2	2	1	3	11
陈强	4	3	3.6	3	3.6	17.2
张晓晓	2	3	4	3	2	14
刘磊	2	3	4	3	3.6	15.6
冯燕	3	3.6	3.6	2	2	14.2
王晓	2	2	3.6	2	4	13.6
陈白	2	2	3.6	2	2	11.6
刘萌萌	0	3	4	3.6	1	11.6
刘艾嘉	3	3	4	3	4	17
张平	4	2	3	3.6	2	14.6
邱恒	4	1	3	2	2	12
林嘉欣	1	3	3.6	1	2	10.6
王二	4	3	3.6	2	2	14.6
张安	3	2	3.6	3	3	14.6
戴青	3	1	2	2	2	10
李丽	0	1	2	2	2	7
李萍	1	3.6	3.6	2	2	12.2
王娜	1	1	2	0	2	6
陈白露	0	1	2	0	2	5
刘娥	0	2	2	0	2	6
张飞飞	3	1	3.6	3.6	2	13.2

筛选 排序 Sheet1

（a）

图 4-101 完成后的 Sheet1 工作表

	A	B	C	D	E	F	I	J	K	L	M	N	O
22	刘娥	47	77	75	30	72	刘娥	0	2	2	0	2	6
23	张飞飞	82	64	88	85	74	张飞飞	3	1	3.6	3.6	2	13.2
24	杨朱	93	75	95	60	90	杨朱	4	2	4	1	4	15
25	杨忠	81	70	86	85	75	杨忠	3	2	3.6	3.6	2	14.2
26	薛琳	64	61	88	65	71	薛琳	1	1	3.6	1	2	8.6
27	李婷婷	91	72	91	80	85	李婷婷	4	2	4	3	3.6	16.6
28	艾青	74	70	86	75	72	艾青	2	2	3.6	2	2	11.6
29	梁凡	65	74	86	71	79	梁凡	1	2	3.6	2	2	10.6
30	丁成	41	71	94	73	77	丁成	0	2	4	2	2	10
31	钟林	24	0	83	20	66	钟林	0	0	3	0	1	4
32	李金	56	74	83	70	72	李金	0	2	3	2	2	9
33	潘纯	83	80	93	75	84	潘纯	3	3	4	2	3	15
34	沈林军	23	60	75	45	79	沈林军	0	1	2	0	2	5
35	汪聪	57	77	86	67	74	汪聪	0	2	3.6	1	2	8.6

各分数段人数统计表

分数段	高数	计算机	思想品德	体育	英语	
60以下	9	1	0	5	0	59
60~69	5	8	0	5	2	69
70~79	5	14	7	13	22	79
80~89	8	10	18	10	6	89
90~100	6	0	8	0	3	

筛选　排序　Sheet1

（b）

图 4-101　完成后的 Sheet1 工作表（续）

（4）将该文件以“Excel14I.xlsx”为文件名另存到 Excelkt 文件夹中。

具体操作步骤如下。

a. 选择“文件”选项卡，在打开的窗口中单击“另存为”按钮，再单击“浏览”按钮，打开“另存为”对话框。

b. 在“另存为”对话框中选择保存位置为 Excelkt 文件夹，在“文件名”文本框内输入文件名“Excel14I.xlsx”，而后单击“保存”按钮。

2. 数据处理

A. 对“排序”工作表中的数据按“高数”降序、“英语”升序、“计算机”降序排列。

B. 对“筛选”工作表中的数据进行自动筛选，筛选出“高数”“英语”“计算机”成绩均大于等于 80 的记录。

C. 保存“Excel14I.xlsx”文件。

具体操作步骤如下。

① 排序操作。

a. 单击“排序”工作表标签，打开“排序”工作表。选中 A1:F34 单元格区域内的任意一个单元格，选择“数据”选项卡，单击“排序和筛选”组中的“排序”按钮，打开“排序”对话框。

b. 将“主要关键字”设置为“高数”，将“次序”设置为“降序”，而后单击“添加条件”按钮，将“次要关键字”设置为“英语”，使用默认次序“升序”，再次单击“添加条件”按钮，将“次要关键字”设置为“计算机”，将“次序”设置为“降序”，如图 4-102 所示，最后单击“确定”按钮。排序结果如图 4-103 所示。

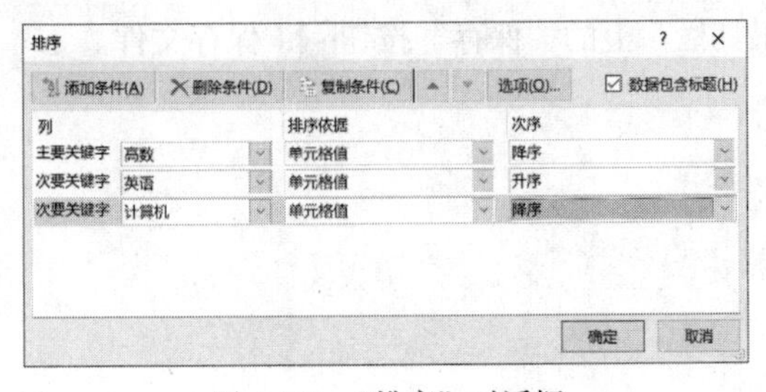

图 4-102　“排序”对话框

	A	B	C	D	E	F
1	姓名	高数	计算机	思想品德	体育	英语
2	邱恒	99	60	80	76	76
3	杨朱	93	75	95	60	90
4	陈强	92	82	85	81	86
5	李婷婷	91	72	91	80	85
6	王二	90	80	85	78	77
7	张平	90	74	83	85	77
8	王丽	84	71	76	65	83
9	潘纯	83	80	93	75	84
10	冯燕	82	87	89	72	72
11	戴青	82	65	77	75	73
12	张飞飞	82	64	88	85	74
13	张安	82	77	86	80	84
14	刘艾嘉	82	82	90	80	90
15	杨忠	81	70	86	85	75
16	刘磊	79	80	91	80	88
17	王晓	79	75	86	75	90
18	陈白	78	76	89	75	74
19	张晓晓	78	80	93	81	79
20	艾青	74	70	86	75	72
21	林嘉欣	68	81	89	66	72
22	梁凡	65	74	86	71	79
23	薛琳	64	61	88	65	71
24	王娜	63	65	71	30	74
25	李萍	60	88	86	76	75
26	汪聪	57	77	86	67	74
27	李金	56	74	83	70	72
28	刘萌萌	54	81	94	85	67
29	刘娥	47	77	75	30	72
30	陈白露	46	61	73	15	77
31	李丽	46	60	72	73	77
32	丁成	41	71	94	73	77
33	钟林	24	0	83	20	66

筛选　排序　Sheet1

图 4-103　排序结果

② 自动筛选操作。

a. 选择“筛选”工作表，选中 A1:F34 单元格区域内的任意一个单元格，而后选择“数据”选项卡，单击“排序和筛选”组中的“筛选”按钮，此时 A1 至 F1 单元格右侧分别出现下拉按钮。

b. 单击 B1 单元格右侧的下拉按钮，在打开的下拉列表中选择“数字筛选”选项，而后选择“大于或等于”选项，弹出“自定义自动筛选方式”对话框，将“大于或等于”右侧框内的值设置为“80”，如图 4-104 所示，而后单击“确定”按钮，完成“高数”列的自动筛选。

c. 使用与步骤 b 相同的方法，分别单击 C1、F1 单元格右侧的下拉按钮，完成“英语”和“计算机”列的自动筛选，结果如图 4-105 所示。

图 4-104　“自定义自动筛选方式”对话框

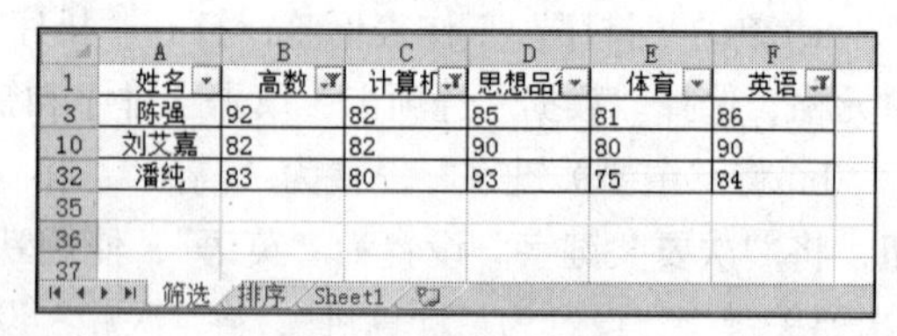

	A	B	C	D	E	F
1	姓名	高数	计算机	思想品德	体育	英语
3	陈强	92	82	85	81	86
10	刘艾嘉	82	82	90	80	90
32	潘纯	83	80	93	75	84
35						
36						
37						

筛选　排序　Sheet1

图 4-105　自动筛选结果

d. 单击“快速访问工具栏”上的“保存”按钮，保存文件。

第 5 章 演示文稿制作软件 PowerPoint 2016 实验

本章的目的是使学生熟练掌握演示文稿制作软件 PowerPoint 2016 的使用方法，并能够灵活地运用 PowerPoint 2016 编排演示文稿。本章的主要内容包括 PowerPoint 2016 的基本操作、演示文稿外观设置、演示文稿放映设置等。

实验一　演示文稿基本操作

一、实验目的

（1）掌握演示文稿的创建与打开的方法。

（2）学习编辑演示文稿的方法。

（3）学会在演示文稿中插入各种对象，如文本框、图片、图表等。

（4）掌握幻灯片的复制、移动、删除等基本操作。

二、实验示例

【例 5.1】 创建和打开演示文稿。

（1）创建空白演示文稿。

具体操作步骤如下。

① 启动 PowerPoint 2016 后程序默认会新建一个空白的演示文稿，该演示文稿只包含一张幻灯片，文件名为演示文稿 1.pptx，该幻灯片采用默认的设计模板，版式为“标题幻灯片”，如图 5-1 所示。

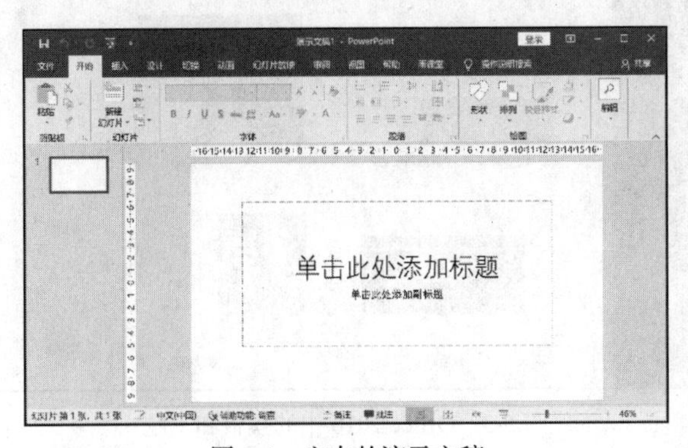

图 5-1　空白的演示文稿

② 若 PowerPoint 2016 应用程序已启动，单击“文件”选项卡中的“新建”按钮，在右侧打开的任务窗格中单击“空白演示文稿”按钮，如图 5-2 所示，即可创建一个新的空白演示文稿。

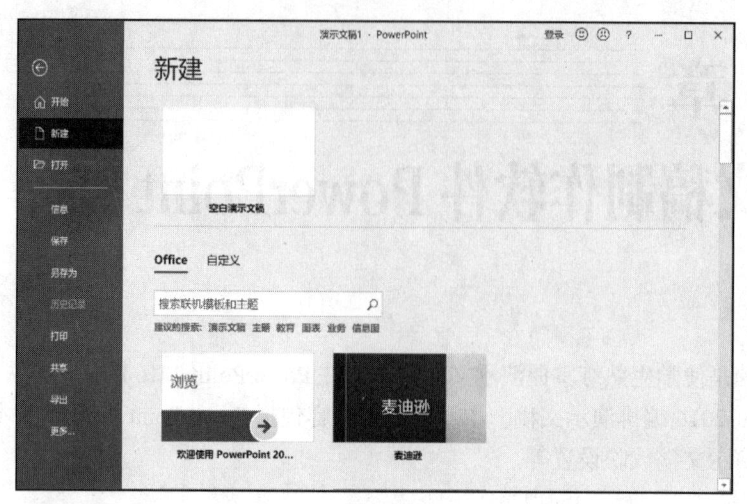

图 5-2 “新建”任务窗格

- 空白演示文稿具有很强的灵活性，用户可以在其中设置颜色、版式和一些样式特性，充分发挥自己的创造力。

（2）根据模板创建演示文稿。

具体操作步骤如下。

① 使用内置模板。

单击“文件”选项卡中的“新建”按钮，在右侧任务窗格中的“Office”下显示了 Office 2016 自带的模板和主题，如图 5-3 所示。单击合适的模板后，在弹出的对话框中单击“创建”按钮，即可创建一个基于该模板的演示文稿。

图 5-3 Office 2016 中的模板和主题

② 使用 office.com 网站上的模板。

单击“文件”选项卡中的“新建”按钮，在右侧窗格中“Office”下的搜索框中输入要搜索的联机模板和主题，而后单击“开始搜索”按钮，即可从 office.com 网站上选择所需的模板进行下载。

- office.com 网站提供了许多模板，如贺卡、信封、日历等风格的模版，用户可以根据自己的需要下载相应模板。

（3）根据主题创建演示文稿。

具体操作步骤如下。

① 单击“文件”选项卡中的“新建”按钮，在右侧任务窗格中的“Office”下单击“主题”按钮，打开“主题”列表，如图 5-4 所示。

② 在“主题”列表框中选择合适的主题，然后在打开的对话框中单击“创建”按钮，即可创建一个基于该主题的演示文稿。

图 5-4　“主题”列表框

（4）打开 PowerPoint 实验素材库中的某个演示文稿。

具体操作步骤如下。

打开资源管理器窗口，进入 PowerPoint 实验素材库所在文件夹，双击要打开的演示文稿（扩展名为“.pptx”），即可打开指定的演示文稿。

在 PowerPoint 2016 窗口中单击“文件”选项卡中的“打开”按钮，然后在“打开”任务窗格中单击“浏览”按钮，在弹出的“打开”对话框中依次指定磁盘、文件夹，并进入 PowerPoint 实验素材库所在文件夹，选中要打开的演示文稿后单击“打开”按钮，也可打开指定的演示文稿。

- 打开演示文稿即将选中的演示文稿调入 PowerPoint 2016 窗口中，此时用户可以对该演示文稿进行编辑、修改等操作，并可以在 PowerPoint 2016 环境中播放该演示文稿。

【例 5.2】 演示文稿中幻灯片内容的编辑。

（1）文本的编辑与格式设置。

具体操作步骤如下。

① 启动 PowerPoint 2016，新建一个空白的演示文稿，在“单击此处添加标题”文本占位符处输入一个标题，在“单击此处添加副标题”文本占位符处输入一个副标题。

- 如果用户使用的是带有文本占位符的幻灯片版式，单击文本占位符的位置，就可在其中输入文本。

② 在“开始”选项卡下的“幻灯片”组中单击“新建幻灯片”按钮，在当前幻灯片后插入一张新的幻灯片；单击“幻灯片”组中的“版式”下拉按钮，在打开的下拉列表中为该新增幻灯片选择“空白”版式。

③ 单击“插入”选项卡下“文本”组中的“文本框”下拉按钮，在其下拉列表中选择文字排列方向，然后将鼠标指针移动到幻灯片中，按住鼠标左键拖动创建一个文本框，而后在该文本框中输入一段文本。

- 在没有文本占位符的幻灯片中添加文本对象，要先插入文本框，然后在该文本框中输入文本。

④ 对刚输入的文本进行格式设置。先单击文本所在的文本框，选中其所包含的全部文本，然后利用“开始”选项卡下“字体”组中的有关按钮进行文字的格式设置，包括设置字体、字号、字形、颜色等；也可以单击“字体”组右下角的按钮，打开“字体”对话框进行格式设置。

⑤ 对刚输入的文本进行段落格式设置。先选择文本框中的全部或某段文字，然后单击“开始”选项卡下“段落”组中的相关文本对齐按钮进行文本对齐方式的设置；单击“开始”选项卡下“段落”组右下角的按钮，在弹出的“段落”对话框中进行段前、段后间距及行距的设置，如图 5-5 所示。

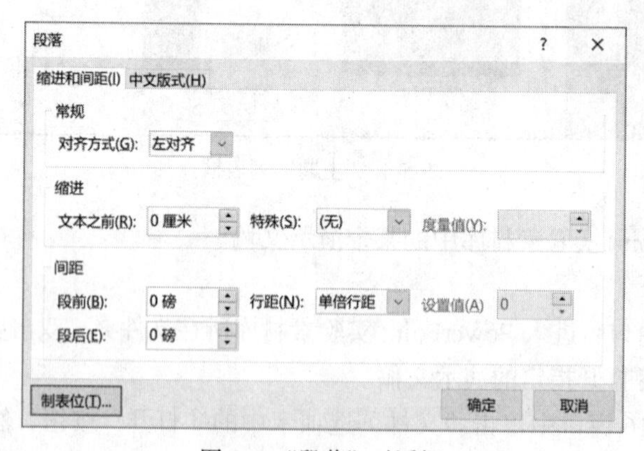

图 5-5 “段落”对话框

（2）对象及其操作。

具体操作步骤如下。

启动 PowerPoint 2016，新建一个空白的演示文稿，在“开始”选项卡下的“幻灯片”组中单击“版式”下拉按钮，在打开的下拉列表中选择“空白”版式。

① 插入文本框。单击“插入”选项卡下“文本”组中的“文本框”按钮，在幻灯片的合适位置按住鼠标左键拖出一个文本框，在文本框区域中可以输入文本。

② 插入图片。在“插入”选项卡下“图像”组中单击“图片”按钮，弹出“插入图片”对话框，如图 5-6 所示，在该对话框中选择所需的图片，单击“插入”按钮将选中的图片插入当前幻灯片中。

③ 插入自选图形。单击“插入”选项卡下“插图”组中的“形状”下拉按钮，打开图 5-7 所示的下拉列表，从中选择合适的形状，而后在当前幻灯片中按住鼠标左键拖动鼠标绘制图形。

图 5-6 “插入图片”对话框

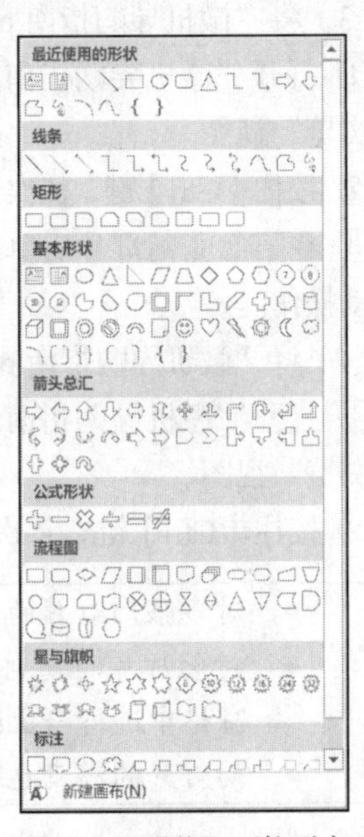

图 5-7 “形状”下拉列表

④ 插入艺术字。在“插入”选项卡下单击“文本”组中的“艺术字”下拉按钮，从打开的下拉列表中选择合适的艺术字样式即可。

⑤ 插入表格和图表。单击“插入”选项卡下“表格”组中的“表格”下拉按钮，在打开的下拉列表中可设置插入表格的行、列数，也可以插入 Excel 电子表格；单击“插入”选项卡下“插图”组中的“图表”按钮，在打开的“插入图表”对话框中可以选择所需的图表类型进行插入。

⑥ 设置对象格式。选中需要设置格式的对象，功能区上增加“图片工具”中的“格式”选项卡或“绘图工具”中的“格式”选项卡；也可以选中对象，右击，在弹出的快捷菜单中选择“设置图片格式”或“设置形状格式”选项，打开相应窗格，在对应选项卡或窗格中可对对象的大小、样式、填充颜色、线条颜色等进行设置。

【例 5.3】 对 PowerPoint 实验素材库中“微机导购指南.pptx”演示文稿中的幻灯片进行操作。

（1）在“微机导购指南.pptx”演示文稿的第 4 张幻灯片后插入一张幻灯片，并将其版式设为“标题和内容”。

具体操作步骤如下。

① 打开资源管理器窗口，进入 PowerPoint 实验素材库所在文件夹，双击“微机导购指南.pptx”，打开该演示文稿，在左侧的“幻灯片”窗格中选中第 4 张幻灯片。

② 在“开始”选项卡下的“幻灯片”组中单击“新建幻灯片”按钮，在当前幻灯片后插入一张新的幻灯片；单击“幻灯片”组中的“版式”下拉按钮，在打开的下拉列表中为该新增幻灯

片选择“标题和内容”版式。

（2）将“微机导购指南.pptx”演示文稿的第 2、3 张幻灯片复制到第 5 张幻灯片后面。

① 打开“微机导购指南.pptx”演示文稿，单击状态栏上的“幻灯片浏览”按钮，进入“幻灯片浏览”视图。

② 按住【Ctrl】键，依次选择第 2、3 张幻灯片，然后按【Ctrl+C】组合键将其复制到剪贴板中。

③ 在第 5 张幻灯片后单击，确定第 2、3 张幻灯片的复制位置，然后按【Ctrl+V】组合键完成复制操作。

（3）将“微机导购指南.pptx”演示文稿的第 4、5 张幻灯片移动到第 8 张幻灯片后面。

① 打开“微机导购指南.pptx”演示文稿，单击状态栏上的“幻灯片浏览”按钮，进入“幻灯片浏览”视图。

② 按住【Ctrl】键，依次选择第 4、5 张幻灯片，然后按【Ctrl+X】组合键将其剪切到剪贴板中。

③ 在第 8 张幻灯片后单击，确定第 4、5 张幻灯片的移动位置，然后按【Ctrl+V】组合键完成移动操作。

（4）将“微机导购指南.pptx”演示文稿的第 6、7 张幻灯片删除。

① 打开“微机导购指南.pptx”演示文稿，单击状态栏上的“幻灯片浏览”按钮，进入“幻灯片浏览”视图。

② 按住【Ctrl】键，依次选择第 6、7 张幻灯片，然后按【Delete】键，将其删除。

- 对多张幻灯片的复制、移动和删除操作，在“幻灯片浏览”视图下比较容易进行。
- 对幻灯片的复制、移动和删除操作，也可以在“普通”视图下进行，在“幻灯片”窗格中进行与上述步骤（2）~（4）中类似的操作即可完成。
- 幻灯片的移动也可以通过鼠标的直接拖动实现。

（5）在“微机导购指南.pptx”演示文稿的末尾插入“微机硬件介绍.pptx”演示文稿的第 3、5、6 张幻灯片。

① 打开“微机导购指南.pptx”演示文稿，在左侧的“幻灯片”窗格中选中最后一张幻灯片。

② 选择“开始”选项卡，在“幻灯片”组中单击“新建幻灯片”下拉按钮，在打开的下拉列表中选择“重用幻灯片”选项，打开“重用幻灯片”窗格。

③ 单击“浏览”按钮，在其下拉列表中选择“浏览文件”选项，在打开的“浏览”对话框中选择 PowerPoint 实验素材库中的“微机硬件介绍.pptx”演示文稿，而后单击“打开”按钮。

④ 这时“重用幻灯片”窗格中列出了“微机硬件介绍.pptx”演示文稿中的所有幻灯片，如图 5-8 所示。单击其中的第 3、5、6 张幻灯片，将这些幻灯片插入当前幻灯片之后。若选中“保留源格式”复选框，则插入的幻灯片会保留其原有格式。

图 5-8 “重用幻灯片”窗格

三、实验内容

【实验内容 1】制作一个名为“PPT 作业 1-1.pptx”的演示文稿，它包含 4 张幻灯片，具体要求如下。

① 新建一个演示文稿，设置第1张幻灯片的版式为“标题幻灯片”。

② 依据素材库中“计算机的更新换代.docx”文件的第1、2行内容，为第1张幻灯片添加标题和副标题。

③ 插入第2张幻灯片，设置版式为“标题和内容”，在“单击此处添加文本”输入“计算机的更新换代.docx”文件的第3段和第4段内容。

④ 插入第3张幻灯片，设置版式为“两栏内容”，将“计算机的更新换代.docx”文件中的第5行内容作为标题、第6段内容作为文本插入左侧占位符位置，将素材库中的“第1台计算机.jpg”图片插入右侧占位符位置。

⑤ 插入第4张幻灯片，设置版式为“空白”，将“计算机的更新换代.docx”文件中的第7段内容作为文本插入该幻灯片。

⑥ 对每张幻灯片中的对象进行格式设置，包括设置位置、大小、颜色、字形、字体、字号等。

【实验内容2】以素材库中的素材为样本，创建演示文稿，名称为“PPT 作业 1-2.pptx”。

【实验内容3】自己确定主题创建演示文稿，如我的中学生活、新的大学生活、旅游日记、祖国的大好河山等，名称为“PPT 作业 1-3.pptx”。

实验二　演示文稿外观设置

一、实验目的

（1）熟练掌握幻灯片版式的设置方法。

（2）掌握幻灯片背景的设置方法。

（3）学习为演示文稿应用主题的操作。

二、实验示例

【例 5.4】 将 PowerPoint 实验素材库中“计算机科学与软件学院 1.pptx”演示文稿的第4张幻灯片版式更改为“内容与标题”。

具体操作步骤如下。

① 打开“计算机科学与软件学院 1.pptx”演示文稿，在 PowerPoint 2016 窗口左侧的“幻灯片”窗格中选中第4张幻灯片。

图 5-9 “版式”下拉列表

② 单击“开始”选项卡下“幻灯片”组中的“版式”下拉按钮，打开“版式”下拉列表，如图 5-9 所示，选择“标题与内容”版式。

- 在创建新幻灯片时，可以使用幻灯片默认版式，在创建幻灯片后，如果发现版式不合适，还可以更改版式。

【例 5.5】设置 PowerPoint 实验素材库中“计算机科学与软件学院 1.pptx”演示文稿的第6张幻灯片背景。

具体操作步骤如下。

① 打开“计算机科学与软件学院 1.pptx”演示文稿，在左侧的“幻灯片”窗格中选中第6张

幻灯片。

② 选择“设计”选项卡，单击“自定义”组中的“设置背景格式”按钮，或者在要设置背景的幻灯片中任意位置（占位符除外）右击，然后在弹出的快捷菜单中选择“设置背景格式”选项，打开“设置背景格式”窗格，如图 5-10 所示。

③ 选择填充类型后可在窗格中进行相应参数设置。

- 选中“纯色填充”单选按钮，在“颜色”下拉列表中可以选取一种颜色作为幻灯片背景，如图 5-10（a）所示。
- 选中“渐变填充”单选按钮，通过“预设渐变”“类型”及“方向”下拉列表中的选择，可以为幻灯片设置一种渐变的背景效果，如图 5-10（b）所示。
- 选中“图片或纹理填充” 单选按钮，在“纹理”下拉列表中可以选取一种纹理作为幻灯片背景；单击“插入”按钮，可以在打开的“插入图片”对话框中指定一个图片文件，将该图片设置为幻灯片的背景，如图 5-10（c）所示。
- 选中“图案填充”单选按钮，可以在给定的图案中选取一种图案作为幻灯片背景，如图 5-10（d）所示。

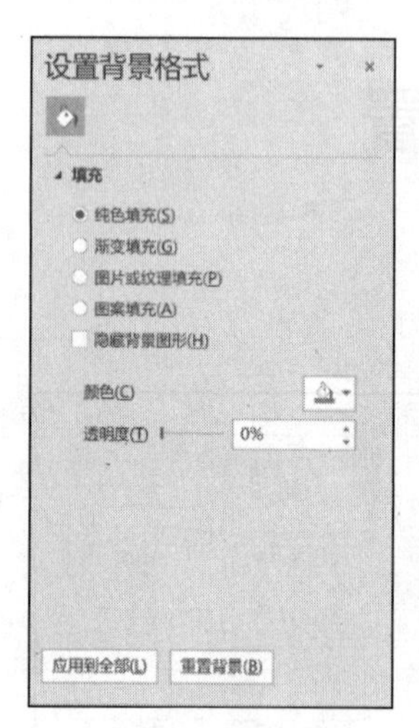

（a）“纯色填充”

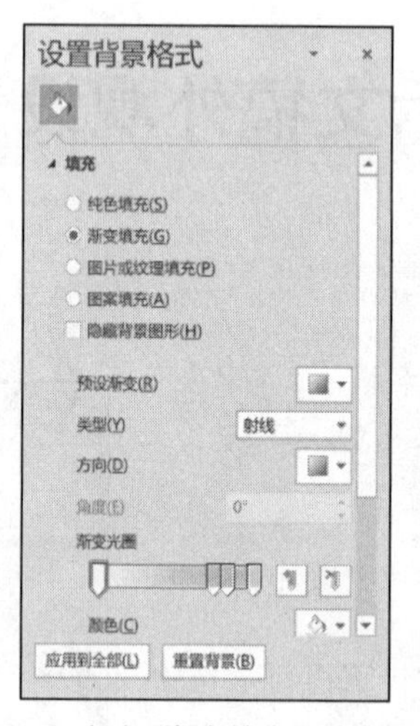

（b）“渐变填充”

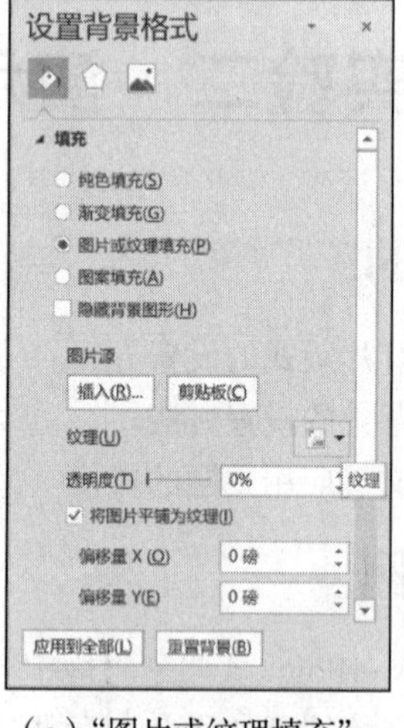

（c）“图片或纹理填充”

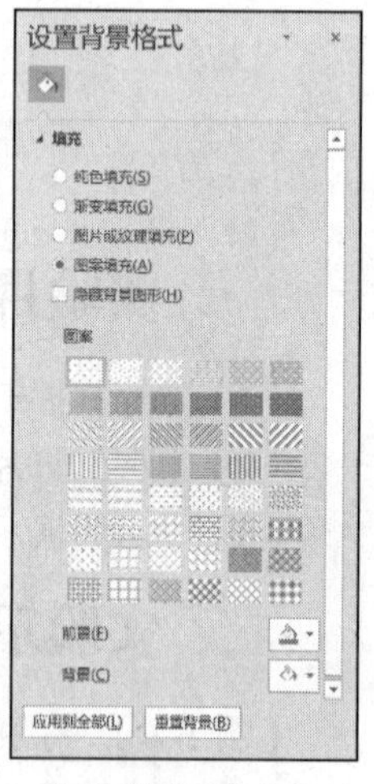

（d）“图案填充”

图 5-10 “设置背景格式”窗格

- 完成上述操作后，如果单击“关闭”按钮，则只将设置的背景格式应用于当前选定的幻灯片；如果单击“应用到全部”按钮，则将设置的背景格式应用于演示文稿中的所有幻灯片。

【例 5.6】 为演示文稿应用主题。

（1）应用内置主题。

具体操作步骤如下。

① 在 PowerPoint 实验素材库中打开“计算机科学与软件学院 1.pptx”演示文稿。

②“设计”选项卡的“主题”组中列出了一部分主题，单击“其他”按钮▽，打开主题列表，如图 5-11 所示。

③ 主题列表列出了 PowerPoint 2016 提供的所有主题，将鼠标指针指向某一主题，会弹出对应主题的名称。选择“回顾”主题将其应用到当前演示文稿中。

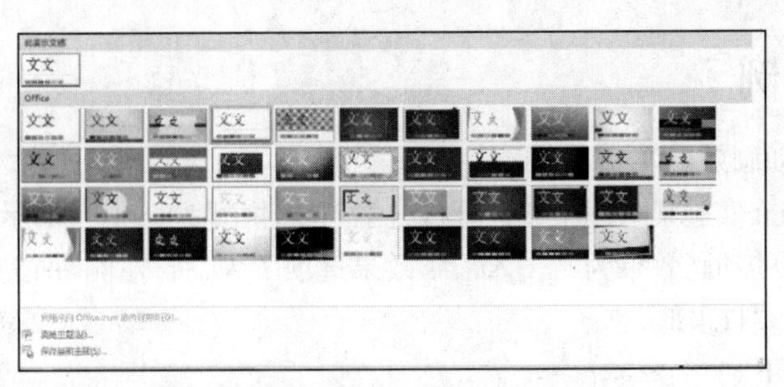

图 5-11　主题列表

（2）通过指定主题文件为演示文稿应用主题。

具体操作步骤如下。

① 在 PowerPoint 实验素材库中打开“计算机科学与软件学院 2.pptx”演示文稿。

② 选择“设计”选项卡，单击“主题”组中的“其他”按钮，在打开的下拉列表中选择“浏览主题”选项，打开“选择主题或主题文档”对话框。

③ 在对话框中指定 PowerPoint 实验素材库所在文件夹，选择主题文件“Mripple.potx”，而后单击“打开”按钮。

三、实验内容

【实验内容 1】将 PowerPoint 实验素材库中“计算机科学与软件学院 1.pptx”演示文稿的第 6 张幻灯片的版式更改为“内容与标题”。

【实验内容 2】对 PowerPoint 实验素材库中的“微机导购指南.pptx”演示文稿进行如下背景设置。

① 将第 1 张幻灯片的背景设置为标准色中的浅绿色。

② 将第 2 张幻灯片的背景设置为渐变填充，“预设渐变”效果为“顶部聚光灯-个性色 1”，类型为“射线”，方向为“从右下角”。

③ 将第 3 张幻灯片的背景设置为“编织物”纹理。

④ 将第 4 张幻灯片的背景设置为图案填充的“对角砖形”。

【实验内容 3】为 PowerPoint 演示文稿应用主题。

① 为 PowerPoint 实验素材库中的“计算机科学与软件学院 1.pptx”演示文稿应用主题，主题为 PowerPoint 2016 内置主题“回顾”。

② 为 PowerPoint 实验素材库中的“计算机科学与软件学院 2.pptx”演示文稿应用主题，主题为 PowerPoint 实验素材库中的主题文件“Mslit.potx”。

实验三　演示文稿放映设置

一、实验目的

（1）熟练掌握设置幻灯片动画效果的基本方法。

（2）熟练掌握设置幻灯片切换效果的基本方法。

（3）熟练掌握超链接的有关操作。

二、实验示例

【例 5.7】 设置动画效果。

（1）为 PowerPoint 实验素材库中“计算机科学与软件学院 1.pptx”演示文稿的第 3 张幻灯片设置动画效果。标题的动画效果为“飞入”，“效果选项”为“自左侧”；文本的动画效果为“擦除”，“效果选项”为“自顶部”。

具体操作步骤如下。

① 在 PowerPoint 实验素材库中打开“计算机科学与软件学院 1.pptx”演示文稿，并选中第 3 张幻灯片中的标题。

② 选择“动画”选项卡，单击“动画”组中的“其他”按钮，在打开的下拉列表中选择“进入”中的“飞入”选项。单击“动画”组中的“效果选项”下拉按钮，在打开的下拉列表中选择“自左侧”选项。

③ 在当前幻灯片中选中其他文本。

④ 选择“动画”选项卡，单击“动画”组中的“其他”按钮，在打开的下拉列表中选择“进入”中的“擦除”选项。单击“动画”组中的“效果选项”下拉按钮，在打开的下拉列表中选择“自顶部”选项。

（2）为 PowerPoint 实验素材库中“计算机科学与软件学院 1.pptx”演示文稿的第 6 张幻灯片中的图片添加动画效果。图片的动画效果为“擦除”，“效果选项”为“自底部”，开始时间为上一动画之后延时一秒，“动画播放后”为“下次单击后隐藏”。

具体操作步骤如下。

① 在 PowerPoint 实验素材库中打开“计算机科学与软件学院 1.pptx”演示文稿，并选中第 6 张幻灯片中的图片。

② 选择“动画”选项卡，单击“动画”组中的“其他”按钮，在打开的下拉列表中选择“进入”中的“擦除”选项，单击“效果选项”下拉按钮，在打开的下拉列表中选择“自底部”选项。

③ 在“计时”组中，单击“开始”下拉按钮，选择“上一动画之后”选项，将“延迟”的值调整为“01.00”。

④ 单击“动画”组右下角的按钮，打开“擦除”对话框，单击“效果”选项卡，设置“动画播放后”为“下次单击后隐藏”，如图 5-12 所示，而后单击“确定”按钮。

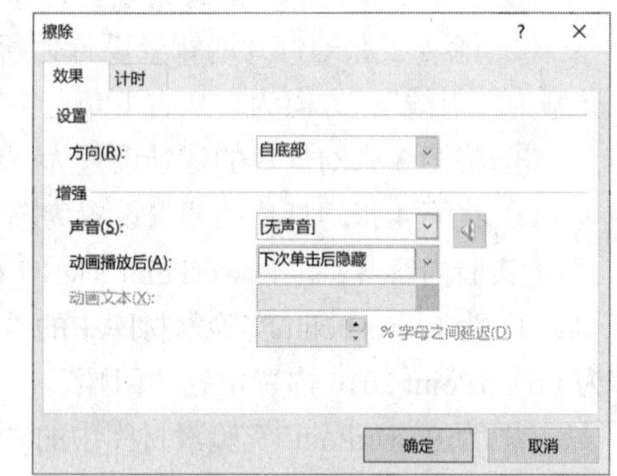

图 5-12 “擦除”对话框

（3）为 PowerPoint 实验素材库中“计算机科学与软件学院 1.pptx”演示文稿的第 4 张幻灯片中的文本占位符添加动画效果。动画效果为“基本缩放”，“效果选项”为“从屏幕中心放大”，“开始”为“单击时”，“动画播放后”为“下次单击后隐藏”。

具体操作步骤如下。

① 在 PowerPoint 实验素材库中打开“计算机科学与软件学院 1.pptx”演示文稿，并选中第 4 张幻灯片中的文本占位符。

② 选择“动画”选项卡，单击“动画”组中的“其他”下拉按钮，在打开的下拉列表中选择“更多进入效果”选项，打开“更改进入效果”对话框，选择“温和”中的“基本缩放”选

项，如图 5-13 所示，而后单击“确定”按钮。

③ 单击“动画”组中的“效果选项”下拉按钮，在打开的下拉列表中选择“从屏幕中心放大”选项。

④ 在“计时”组中单击“开始”下拉按钮，选择“单击时”选项。

⑤ 单击“动画”组右下角的按钮，打开“基本缩放”对话框，单击“效果”选项卡，设置“动画播放后”为“下次单击后隐藏”，如图 5-14 所示，而后单击“确定”按钮。

图 5-13　“更改进入效果”对话框

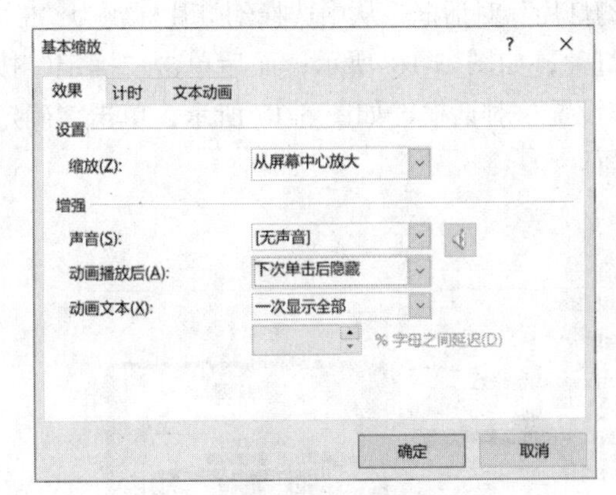

图 5-14　“基本缩放”对话框

【例 5.8】 设置切换效果。

（1）为 PowerPoint 实验素材库中“计算机科学与软件学院 1.pptx”演示文稿的第 2 张幻灯片设置切换效果。切换方式设置为“棋盘”，“效果选项”为“自顶部”，单击时或每隔 6 秒切换幻灯片。

具体操作步骤如下。

① 在 PowerPoint 实验素材库中打开“计算机科学与软件学院 1.pptx”演示文稿，并选中第 2 张幻灯片。

② 选择“切换”选项卡，单击“切换到此幻灯片”组中的“其他”按钮，在打开的下拉列表中选择“棋盘”选项，而后将“效果选项”设置为“自顶部”。

③ 分别选中“计时”组中的“单击鼠标时”复选框和“设置自动换片时间”复选框，并将后者设置为“00:06:00”。

（2）设置 PowerPoint 实验素材库中“计算机科学与软件学院 2.pptx”演示文稿中所有幻灯片的切换效果为“随机水平线条”。

具体操作步骤如下。

① 在 PowerPoint 实验素材库中打开“计算机科学与软件学院 1.pptx”演示文稿，并选中任意一张幻灯片。

② 选择“切换”选项卡，单击“切换到此幻灯片”下拉列表中的“随机线条”选项，单击“效果选项”下拉按钮，选择“水平”选项。

③ 单击“计时”组中的“应用到全部”按钮，将该切换效果应用于所有幻灯片。

【例 5.9】 演示文稿的超链接设置。

（1）为 PowerPoint 实验素材库中“计算机科学与软件学院 1.pptx”演示文稿的第 2 张幻灯片

中的文本“学科建设”添加超链接，将其链接到第 5 张幻灯片。

具体操作步骤如下。

① 在 PowerPoint 实验素材库中打开“计算机科学与软件学院 1.pptx”演示文稿，并选中第 2 张幻灯片。

② 选中文本“学科建设”，而后选择“插入”选项卡，单击“链接”组中的“动作”按钮，打开“操作设置”对话框，选中“超链接到”单选按钮并单击其下拉按钮，在打开的下拉列表中选择“幻灯片”选项，如图 5-15 所示；则打开“超链接到幻灯片”对话框，从中选择幻灯片标题为“5.学科建设”的幻灯片，如图 5-16 所示；而后单击“确定”按钮，返回“操作设置”对话框，如图 5-17 所示，单击“确定”按钮完成设置。

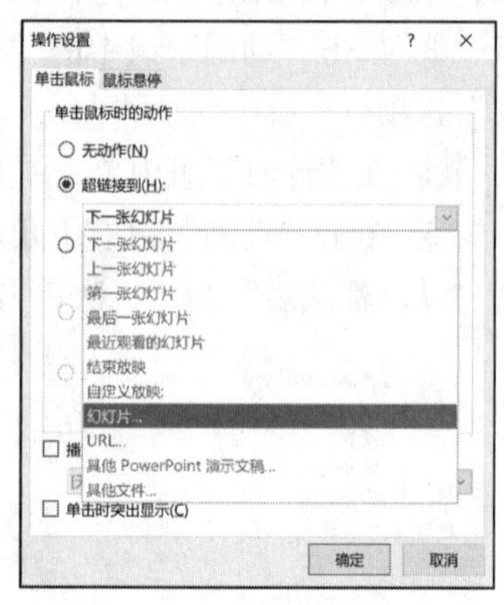

图 5-15 “操作设置”对话框

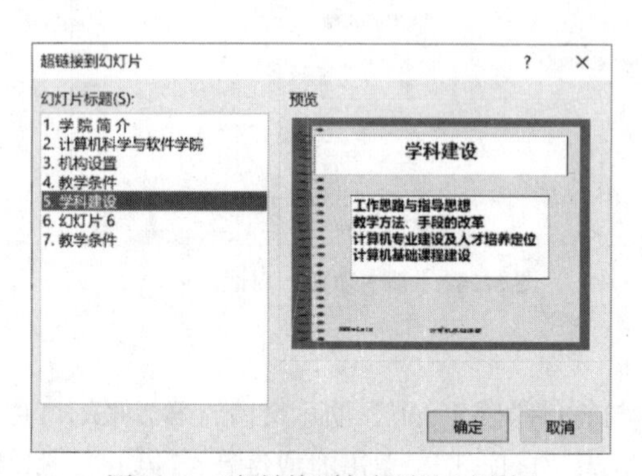

图 5-16 “超链接到幻灯片”对话框

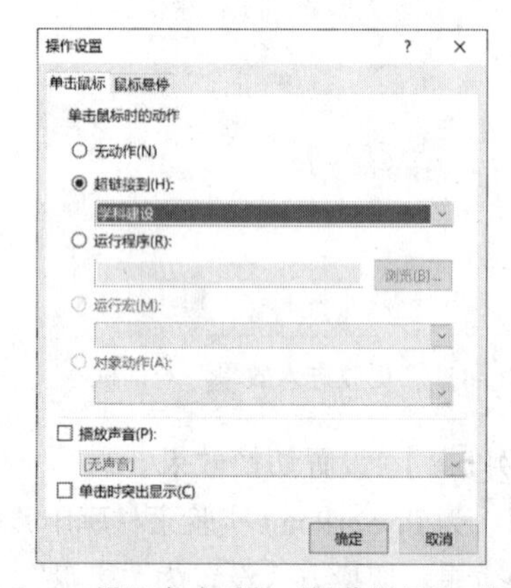

图 5-17 设置完成后的“操作设置”对话框

（2）为 PowerPoint 实验素材库中“计算机科学与软件学院 1.pptx”演示文稿的第 1 张幻灯片中的副标题“计算机科学与软件学院”添加超链接，将其链接到 http://www.scse.hebut.edu.cn。

具体操作步骤如下。

① 在 PowerPoint 实验素材库中打开“计算机科学与软件学院 1.pptx”演示文稿，并选中第 1 张幻灯片的副标题。

② 选择“插入”选项卡，单击“链接”组中的“超链接”按钮，打开“插入超链接”对话框，在“地址”文本框中输入“http://www.scse.hebut.edu.cn”，如图 5-18 所示，而后单击“确定”按钮。

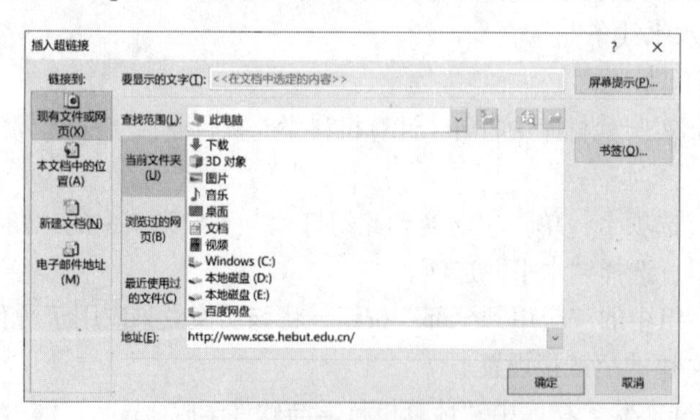

图 5-18 “插入超链接”对话框

（3）在 PowerPoint 实验素材库中"计算机科学与软件学院 1.pptx"演示文稿第 5 张幻灯片的右下角添加自定义动作按钮，按钮高度为 1.6 厘米，宽度为 3 厘米，按钮文本为"返回"，并为该按钮添加动作：单击时链接到第 2 张幻灯片。

具体操作步骤如下。

① 在 PowerPoint 实验素材库中打开"计算机科学与软件学院 1.pptx"演示文稿，并选中第 5 张幻灯片。

② 选择"插入"选项卡，单击"插图"组中的"形状"下拉按钮，在打开的下拉列表中选择"动作按钮"中的"自定义"选项。此时，鼠标指针变为十字形，在幻灯片的右下角按住鼠标左键并拖动，松开鼠标后即可添加一个动作按钮，并打开"操作设置"对话框。

③ 选中"超链接到"单选按钮，并单击其下拉按钮，在打开的下拉列表中选择"幻灯片"选项，则打开"超链接到幻灯片"对话框，从中选择幻灯片标题为"2.计算机科学与软件学院"的幻灯片，如图 5-19 所示，而后单击"确定"按钮，返回"操作设置"对话框，单击"确定"按钮完成动作设置。

④ 右击动作按钮，在弹出的快捷菜单中选择"编辑文字"选项，然后在动作按钮中输入"返回"。

⑤ 右击动作按钮，在弹出的快捷菜单中选择"大小和位置"选项，打开"设置形状格式"窗格，将"大小"下的"高度"和"宽度"的值分别调整为"1.6 厘米"和"3 厘米"，如图 5-20 所示。

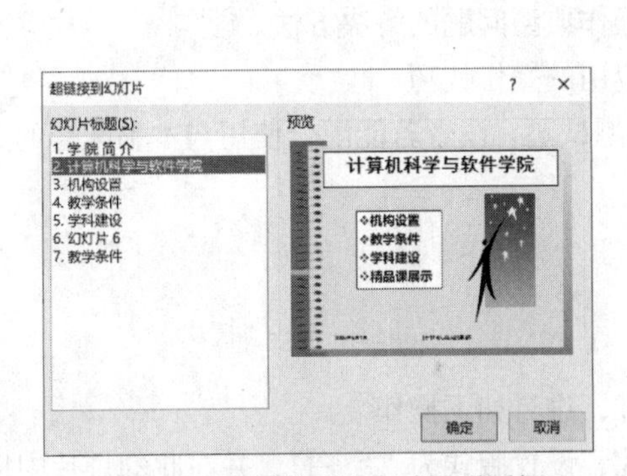

图 5-19　"超链接到幻灯片"对话框

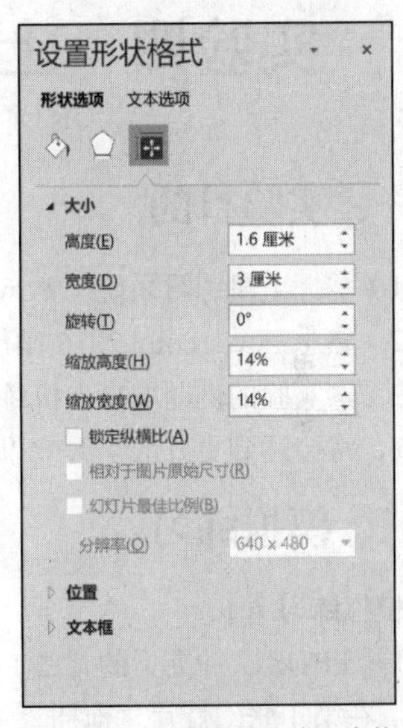

图 5-20　"设置形状格式"窗格

三、实验内容

【实验内容 1】为 PowerPoint 实验素材库中的"计算机科学与软件学院 1.pptx"演示文稿设置动画效果。

① 为第 4 张幻灯片设置动画效果。标题的动画效果为"进入"中的"形状"，"效果选项"中的方向为"放大"、形状为"菱形"；文本的动画效果为"进入"中的"浮入"，"效果选项"为"下浮"。

② 为第 2 张幻灯片中的图片添加动画效果。图片的动画效果为"进入"中的"劈裂"，"效果选项"为"中央向上下展开"，开始时间为上一动画之后延时一秒，"动画播放后"为"下次单

击后隐藏”。

③ 为第 7 张幻灯片中的文本占位符添加动画效果。文本占位符动画效果为“基本旋转”，“效果选项”为“垂直”，“开始”为“单击时”，“动画播放后”为“下次单击后隐藏”。

【实验内容 2】为 PowerPoint 实验素材库中的演示文稿设置切换效果。

① 为“计算机科学与软件学院 1.pptx”演示文稿的第 4 张幻灯片设置切换效果，切换方式设置为“百叶窗”，“效果选项”为“水平”，单击时或每隔 6 秒切换幻灯片。

② 设置“计算机科学与软件学院 2.pptx”演示文稿所有幻灯片的切换方式为“翻转”，“效果选项”为“向左”。

【实验内容 3】为 PowerPoint 演示文稿设置超链接。

① 为 PowerPoint 实验素材库中“计算机科学与软件学院 1.pptx”演示文稿的第 2 张幻灯片中的文本“精品课展示”添加超链接，将其链接到第 6 张幻灯片。

② 为 PowerPoint 实验素材库中“计算机科学与软件学院 1.pptx”演示文稿的第 6 张幻灯片中的图片添加超链接，将其链接到 http://www.sina.com.cn。

③ 在 PowerPoint 实验素材库中“计算机科学与软件学院 1.pptx”演示文稿第 6 张幻灯片的右下角添加自定义动作按钮，按钮高度为 1.8 厘米，宽度为 3.5 厘米，按钮文本为“返回”，按钮文本的格式为楷体、32 磅、粗体、水平居中；并为该按钮添加动作：单击时链接到第 2 张幻灯片。

实验四　上机练习系统典型试题讲解

一、实验目的

（1）掌握上机练习系统中 PowerPoint 2016 操作典型问题的解决方法。

（2）熟悉 PowerPoint 2016 操作中各种综合应用的操作技巧。

（3）本实验的例题取自上机练习系统中的典型试题，读者若能配合使用与本书配套的上机练习系统，将会达到更好的学习效果。

二、模拟练习

【模拟练习 A】

打开 PPTkt 文件夹下的“PPT14A.pptx”文件，进行如下操作。

A. 在第 1 张幻灯片之前插入一张新的幻灯片，设置版式为“空白”，并在此幻灯片中插入艺术字，其样式任选一种即可。艺术字相关设置如下。

- 文字为“人口普查”，字体格式为隶书、80 磅。
- 文本效果：“转换”中的“倒 V 形”。

B. 为第 2 张幻灯片（标题为“我国的人口普查”）中的图片添加超链接,单击时链接到 http://www.stats.gov.cn。

C. 为最后一张幻灯片中（标题为“第六次全国人口普查”）的内容占位符添加以下动画效果。

- 动画效果为“进入”中的“劈裂”，“效果选项”为“中央向上下展开”。
- “开始”为“上一动画之后”。
- 延迟为一秒。

- 持续时间为 3 秒。
- 声音为“风铃”。

D. 将所有幻灯片的切换效果设置为“闪耀”、持续 4 秒、每隔 5 秒自动切换幻灯片。

E. 将演示文稿的主题设置为 PPTkt 文件夹中的“跋涉.potx”。

F. 将此演示文稿以原文件名存盘。

具体操作步骤如下。

① 插入新幻灯片。

a. 在“普通”视图下，在左侧的“幻灯片”窗格中单击，将光标置于第 1 张幻灯片之前。

b. 选择“开始”选项卡，单击“幻灯片”组中的“新建幻灯片”下拉按钮，在打开的下拉列表中选择“空白”选项。

② 添加艺术字。

a. 选择新添加的第 1 张幻灯片。

b. 选择“插入”选项卡，单击“文本”组中的“艺术字”下拉按钮，在打开的下拉列表中任选一种样式，例如第 2 行第 3 列的样式，而后将“请在此放置您的文字”艺术字修改为“人口普查”。

c. 选中艺术字，选择“开始”选项卡，分别单击“字体”组中的“字体”和“字号”下拉按钮，设置“字体”为“隶书”、“字号”为“80”。

d. 选择“绘图工具”下的“格式”选项卡，单击“艺术字样式”组中的“文本效果”下拉按钮，在打开的下拉列表中选择“转换”选项，而后选择“弯曲”下的“倒 V 形”选项。

③ 设置超链接。

a. 选择第 3 张幻灯片（标题为“我国的人口普查”）。

b. 选中该幻灯片中的图片，选择“插入”选项卡，单击“链接”组中的“超链接”按钮，打开“插入超链接”对话框，单击对话框左侧“链接到”列表框中的“现有文件或网页”按钮，而后在“地址”文本框内输入“http://www.stats.gov.cn”，如图 5-21 所示，最后单击“确定”按钮。

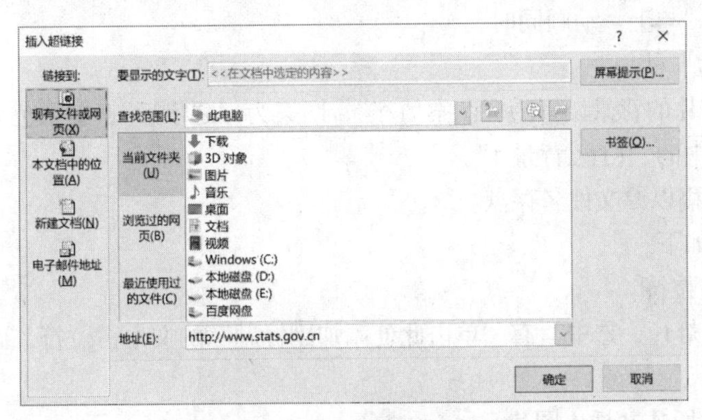

图 5-21 “插入超链接”对话框

④ 设置动画效果。

a. 选择最后一张幻灯片（第 4 张幻灯片），而后选中标题下的内容占位符。

b. 选择“动画”选项卡，选择“动画”组中的“劈裂”效果，而后单击“效果选项”下拉按钮，在打开的下拉列表中选择“中央向上下展开”选项。

c. 在“计时”组中单击“开始”下拉按钮，选择“上一动画之后”选项，将“延迟”的值调整为“01.00”，“持续时间”的值设置为“03.00”。

d. 单击“动画”组右下角的按钮，打开“劈裂”对话框，将“声音”设置为“风铃”，如图 5-22 所示，而后单击“确定”按钮。

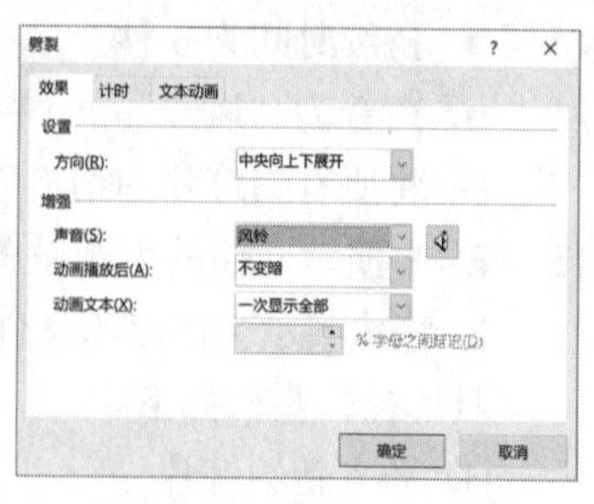

图 5-22 “劈裂”对话框

⑤ 设置幻灯片的切换效果。

a. 选中任意一张幻灯片。

b. 选择“切换”选项卡，单击“切换到此幻灯片”组中的“其他”按钮，在下拉列表中选择“闪耀”选项，将“计时”组中的“持续时间”设置为“04.00”，将“单击鼠标时”复选框取消选中，选中“设置自动换片时间”复选框，并将其设置为“00:05.00”。

c. 单击“计时”组中的“应用到全部”按钮，将该切换效果应用于所有幻灯片。

⑥ 设置演示文稿的主题。

选择“设计”选项卡，单击“主题”组中的“其他”按钮，在打开的下拉列表中选择“浏览主题”选项，则打开“选择主题或主题文档”对话框，从中选择 PPTkt 文件夹中的“跋涉.potx”文件，而后单击“应用”按钮。

⑦ 保存文件。

单击“快速访问工具栏”上的“保存”按钮，将此演示文稿以原文件名存盘。

【模拟练习 B】

打开 PPTkt 文件夹下的“PPT14B.pptx”文件，进行如下操作。

A. 删除第 1 张幻灯片中写有“单击此处添加副标题”的文本占位符。

B. 将第 2 张幻灯片的版式修改为“两栏内容”，并在右侧占位符中插入图片，图片来自 PPTkt 文件夹下的图片文件“茉莉 B.jpg”。

C. 为第 2 张幻灯片中的文本“医药价值”添加超链接，实现单击时跳转到第 5 张幻灯片。

D. 为第 6 张幻灯片中的标题和文本添加以下动画效果。

- 动画效果为“进入”中的“楔入”。
- “开始”为“与上一动画同时”。
- 持续时间为 5 秒。

E. 将所有幻灯片的背景设置为“图案填充”，图案为“之字形”，前景色为标准色中的橙色，背景色为主题颜色中的“白色,背景 1”。

F. 将此演示文稿以原文件名存盘。

具体操作步骤如下。

① 删除文本占位符。

选择第 1 张幻灯片，选中写有“单击此处添加副标题”的文本占位符，而后按【Delete】键将其删除。

② 修改幻灯片版式并插入图片。

a. 选中第 2 张幻灯片，选择“开始”选项卡，单击“幻灯片”组中的“版式”下拉按钮，在打开的下拉列表中选择“两栏内容”选项。

b. 单击右侧占位符中的“图片”按钮，打开“插入图片”对话框，从中选择 PPTkt 文件夹中的图片文件“茉莉 B.jpg”。

③ 设置超链接。

选中第 2 张幻灯片中的文本“医药价值”，而后选择“插入”选项卡，单击“链接”组中的“超链接”按钮，打开“插入超链接”对话框，单击左侧“链接到”列表框中的“本文档中的位置”按钮，而后选择“请选择文档中的位置”列表框中“幻灯片标题”为“5.医药价值”的选项，如图 5-23 所示。最后单击“确定”按钮。

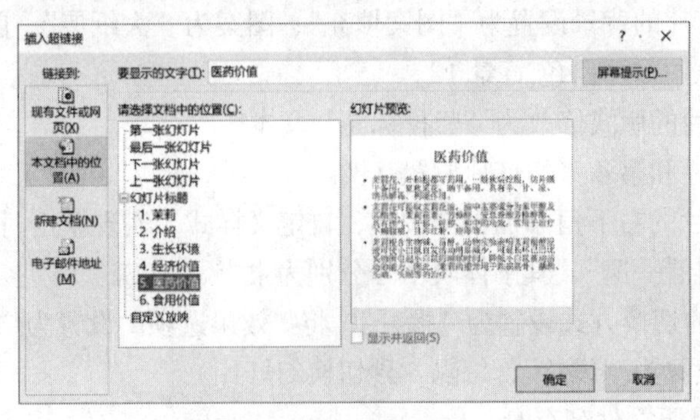

图 5-23　“插入超链接”对话框

④ 设置动画效果。

a. 先选择第 6 张幻灯片（标题为“食用价值”），然后选中标题占位符，再按住【Ctrl】键选中内容占位符，可将标题占位符和内容占位符同时选中。

b. 选择“动画”选项卡，单击“动画”组中的“其他”按钮，在打开的下拉列表中选择“更多进入效果”选项，打开“更改进入效果”对话框，选择“基本”下的“楔入”选项，如图 5-24 所示，而后单击“确定”按钮。

c. 单击“计时”组中的“开始”下拉按钮，选择“与上一动画同时”选项，并将“持续时间”设置为“05.00”。

⑤ 设置幻灯片背景。

a. 选择“设计”选项卡，单击“自定义”组中的“设置背景格式”按钮，或右击任意一张幻灯片的空白区域，在打开的快捷菜单中选择“设置背景格式”选项，均可打开“设置背景格式”窗格。

b. 选中“填充”下的“图案填充”单选按钮，在“图案”下选择“之字形”选项，然后单击“前景”下拉按钮，从下拉列表中选择“标准色”下的“橙色”选项，单击“背景”下拉按钮，选择“主题颜色”中的“白色,背景 1”选项，如图 5-25 所示，而后单击“应用到全部”按钮。

图 5-24　“更改进入效果”对话框

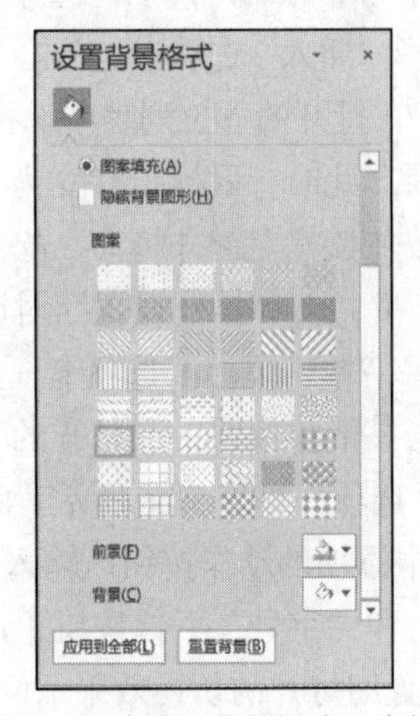

图 5-25　“设置背景格式”窗格

⑥ 保存文件。

单击“快速访问工具栏”上的“保存”按钮，将此演示文稿以原文件名存盘。

【模拟练习 C】

打开 PPTkt 文件夹下的“PPT14C.pptx”文件，进行如下操作。

A. 将第 1 张幻灯片的背景设置为“图案填充”，图案为“大纸屑”，前景色为标准色中的蓝色，背景色为主题颜色中的“白色,背景 1”。

B. 将第 2 张幻灯片的版式修改为“竖排标题与文本”。

C. 将第 3 张幻灯片和第 4 张幻灯片位置互换。

D. 在第 5 张幻灯片的右下角添加动作按钮，自定义样式，实现单击时跳转到第 1 张幻灯片，在按钮上添加文本“再看一遍”，其字体及字号分别为隶书、20 磅。

E. 将所有幻灯片的切换方式设置为“揭开”，将“效果选项”设置为“自底部”，将持续时间设置为两秒，将声音设置为“风铃”，每隔 5 秒切换幻灯片。

F. 将此演示文稿以原文件名存盘。

具体操作步骤如下。

① 设置幻灯片背景。

a. 右击第 1 张幻灯片的空白区域，在打开的快捷菜单中选择“设置背景格式”选项，可打开“设置背景格式”窗格。

b. 选中“填充”下的“图案填充”单选按钮，在“图案”下选择“大纸屑”选项，然后单击“前景”下拉按钮，选择“标准色”下的“蓝色”选项，单击“背景”下拉按钮，在“主题颜色”下选择“白色,背景 1”选项。

② 修改幻灯片的版式。

选择第 2 张幻灯片，再选择“开始”选项卡，单击“幻灯片”组中的“版式”按钮，在打开的下拉列表中选择“竖排标题与文本”选项。

③ 交换幻灯片位置。

在“普通”视图下，在左侧的“幻灯片”窗格中单击，选中第 4 张幻灯片，并将其拖动至第 3 张幻灯片之前。

④ 添加动作按钮。

a. 选中第 5 张幻灯片。

b. 选择“插入”选项卡，单击“插图”组中的“形状”下拉按钮，在打开的下拉列表中选择“动作按钮”下的“自定义”选项。此时，鼠标指针变为十字形，在幻灯片的右下角位置按住鼠标左键并拖动，松开鼠标后即可添加一个动作按钮，并打开“操作设置”对话框。

c. 选择“单击鼠标”选项卡，选中“超链接到”单选按钮并单击其下拉按钮，在打开的下拉列表中选择“第一张幻灯片”选项，如图 5-26 所示，而后单击“确定”按钮。

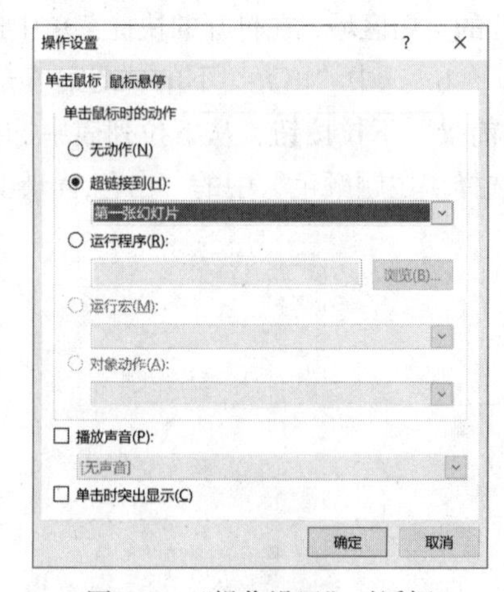

图 5-26 “操作设置”对话框

d. 选中添加的动作按钮，输入“再看一遍”，选择“开始”选项卡，分别单击“字体”组中的“字体”和“字号”下拉按钮，设置“字体”为“隶书”、“字号”为“20”。

⑤ 设置幻灯片的切换效果。

a. 选中任意一张幻灯片。

b. 选择“切换”选项卡，单击“切换到此幻灯片”组下拉列表中的“揭开”选项，单击“效果选项”下拉按钮，选择“自底部”选项。

c. 单击“计时”组中的“声音”下拉按钮，在打开的下拉列表中选择“风铃”选项，将“持续时间”的值设置为“02.00”；取消选中“单击鼠标时”复选框，将“设置自动换片时间”的值设置为“00:05.00”。

d. 单击“计时”组中的“应用到全部”按钮，将切换效果应用于所有幻灯片。

⑥ 保存文件。

单击“快速访问工具栏”上的“保存”按钮，将此演示文稿以原文件名存盘。

【模拟练习 D】

打开 PPTkt 文件夹下的“PPT14D.pptx”文件，进行如下操作。

A. 将 PPTkt 文件夹下“赛龙舟 D.pptx”文件中的幻灯片插入“PPT14D.pptx”演示文稿的末尾。

B. 为第 1 张幻灯片中的文本“叼羊”添加超链接，实现单击时跳转到第 4 张幻灯片。

C. 为第 2 张幻灯片中的图片添加以下动画效果。

- 动画效果为“进入”中的“弹跳”。
- “开始”为“与上一动画同时”。
- 持续时间为 4 秒。
- “动画播放后”为“下次单击后隐藏”。

D. 将第 4 张幻灯片的版式修改为“两栏内容”，为右边的占位符添加图片，图片来自 PPTkt 文件夹下的图片文件“叼羊 D.jpg”，并为图片添加超链接，将其链接到 http://baike.baidu.com。

E. 将演示文稿的主题设置为 PPTkt 文件夹中的“Level.potx”。

F. 将此演示文稿以原文件名存盘。

具体操作步骤如下。

① 插入其他演示文稿的幻灯片。

a. 选中“PPT14D.pptx”的最后一张幻灯片。

b. 选择“开始”选项卡，单击“幻灯片”组中的“新建幻灯片”下拉按钮，在打开的下拉列表中选择“重用幻灯片”选项，打开“重用幻灯片”窗格。

c. 单击“浏览”按钮，在打开的下拉列表中选择“浏览文件”选项，打开“浏览”对话框，从中选择“赛龙舟 D.pptx”文件，而后单击“插入”按钮，此时“重用幻灯片”窗格中列出了一张幻灯片。

d. 单击该窗格中列出的幻灯片，即可将其插入当前演示文稿的末尾。

② 设置超链接。

选中第 1 张幻灯片中的文本“叼羊”，选择“插入”选项卡，单击“链接”组中的“超链接”按钮，打开“插入超链接”对话框，单击左侧“链接到”列表框中的“本文档中的位置”按钮，而后选择“请选择文档中的位置”列表框中“幻灯片标题”为“4.叼羊”的选项，如图 5-27 所示，最后单击“确定”按钮。

③ 设置动画效果。

a. 选中第 2 张幻灯片中的图片。

b. 选择“动画”选项卡，单击“动画”组中的“其他”按钮，在打开的下拉列表中选择“进入”下的“弹跳”选项。单击“计时”组中的“开始”下拉按钮，选择“与上一动画同时”选项，并将“持续时间”设置为“04.00”。

c. 单击“动画”组右下角的按钮，打开“弹跳”对话框，选择“效果”选项卡，设置“动画播放后”为“下次单击后隐藏”，如图 5-28 所示，而后单击“确定”按钮。

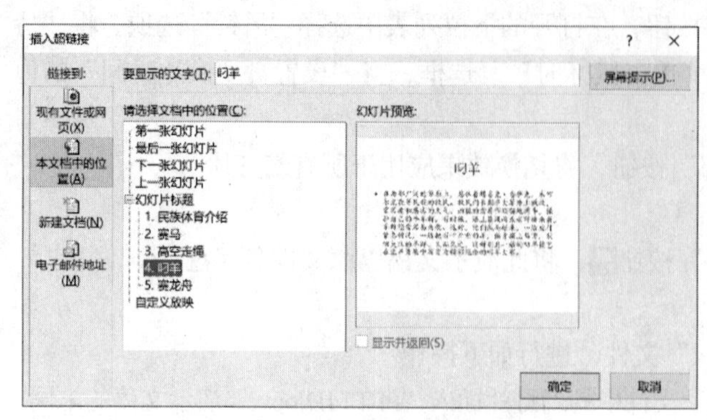

图 5-27 “插入超链接”对话框

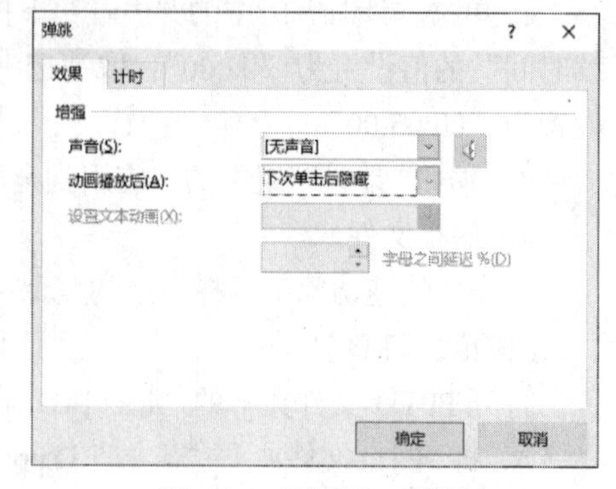

图 5-28 “弹跳”对话框

④ 修改幻灯片版式。

选中第 4 张幻灯片，选择“开始”选项卡，单击“幻灯片”组中的“版式”下拉按钮，在打开的下拉列表中选择“两栏内容”选项。

⑤ 插入图片并设置超链接。

a. 选中第 4 张幻灯片，单击右侧占位符中的“图片”按钮，打开“插入图片”对话框，从中选择 PPTkt 文件夹中的图片文件“叼羊 D.jpg”。

b. 选中插入的图片，而后选择“插入”选项卡，单击“链接”组中的“超链接”按钮，打开“插入超链接”对话框，单击左侧“链接到”列表框中的“现有文件或网页”按钮，而后在“地址”文本框内输入“http://baike.baidu.com”，如图 5-29 所示，最后单击“确定”按钮。

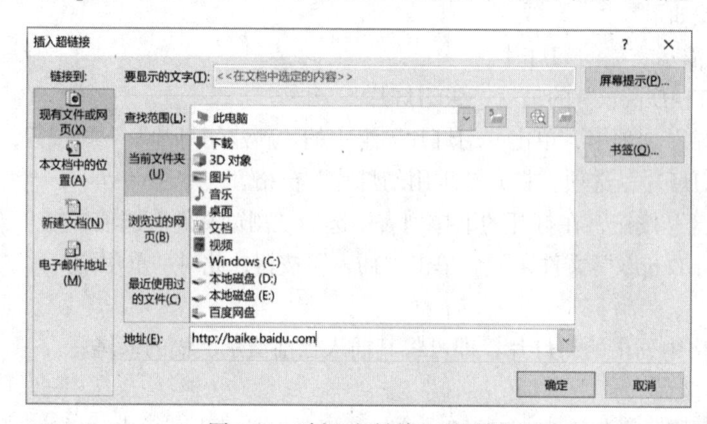

图 5-29 “插入超链接”对话框

⑥ 设置演示文稿的主题。

选择“设计”选项卡，单击“主题”组中的“其他”按钮，在打开的下拉列表中选择“浏览主题”选项，打开“选择主题或主题文档”对话框，从中选择 PPTkt 文件夹中的“Level.potx”文件，而后单击“应用”按钮。

⑦ 保存文件。

单击“快速访问工具栏”上的“保存”按钮，将此演示文稿以原文件名存盘。

【模拟练习 E】

打开 PPTkt 文件夹下的“PPT14E.pptx”文件，进行如下操作。

A. 将第 7 张幻灯片（标题为“简介”）移动到第 1 张幻灯片的后面。

B. 为第 1 张幻灯片的标题占位符“国画四君子”设置以下动画效果。

- 动画效果为“进入”中的“挥鞭式”。
- 持续时间为 3 秒。
- “开始”为“与上一动画同时”。
- 文本动画设置为“按字母顺序”。
- “动画播放后”设置为“其他颜色”，自定义红色为 255、绿色为 0、蓝色为 0。

C. 删除第 5 张幻灯片（标题为四君子）。

D. 在第 6 张幻灯片（标题为“菊，丽而不娇”）的右下角添加动作按钮，自定义样式，动作按钮高 1.5 厘米，宽 2.5 厘米，实现单击时结束放映，在按钮上添加文本“结束”，设置其文字格式为隶书、28 磅。

E. 设置所有幻灯片的切换效果为“闪光”、持续时间为一秒、风声、每隔 5 秒切换幻灯片。

F. 将此演示文稿以原文件名存盘。

具体操作步骤如下。

① 移动幻灯片。

在“普通”视图下，在左侧的“幻灯片”窗格中单击，选中第 7 张幻灯片，将其拖至第 1 张幻灯片之后。

② 设置动画效果。

a. 选择第 1 张幻灯片，选中标题占位符。

b. 选择“动画”选项卡，单击“动画”组中的“其他”按钮，在打开的下拉列表中选择“更多进入效果”选项，打开“添加进入效果”对话框，选择“华丽”下的“挥鞭式”选项，如图 5-30 所示，而后单击“确定”按钮。

图 5-30　“添加进入效果”对话框

c. 单击“计时”组中的“开始”下拉按钮，选择“与上一动画同时”选项，并将“持续时间”设置为“03.00”。

d. 单击“动画”组右下角的按钮，打开“挥鞭式”对话框，选择“效果”选项卡，设置“设置文本动画”为“按字母顺序”，如图 5-31 所示。单击“动画播放后”下拉按钮，在打开的下拉列表中选择“其他颜色”选项，打开“颜色”对话框，选择“自定义”选项卡，分别将“红色”“绿色”“蓝色”的值设置为“255”“0”“0”，如图 5-32 所示，而后单击“确定”按钮。

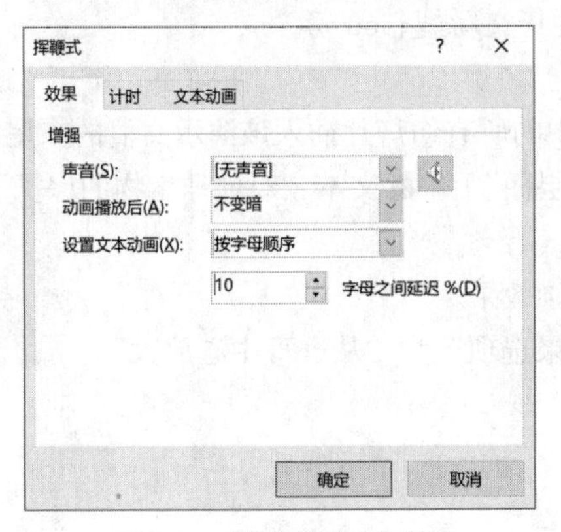

图 5-31　“挥鞭式”对话框

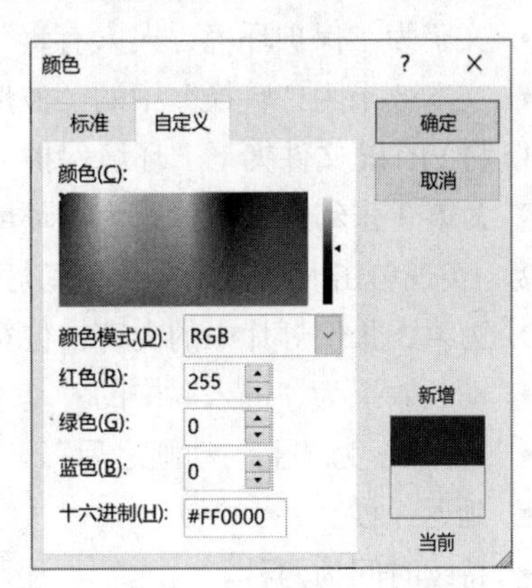

图 5-32　“颜色”对话框

③ 删除幻灯片。

在“普通”视图下，在左侧的“幻灯片”窗格中单击，选中第 6 张幻灯片（标题为“四君子”），按【Delete】键将其删除。

④ 添加动作按钮。

a. 选中第 6 张幻灯片（标题为“菊，丽而不娇”）。

b. 选择“插入”选项卡，单击“插图”组中的“形状”下拉按钮，在打开的下拉列表中选择“动作按钮”下的“自定义”选项。此时鼠标指针变为十字形，在幻灯片的右下角位置按住鼠标左键并拖动，松开鼠标后即可添加一个动作按钮，并打开“操作设置”对话框。

c. 选择“单击鼠标”选项卡，选中“超链接到”单选按钮并单击其下拉按钮，在打开的下拉列表中选择“结束放映”选项，如图 5-33 所示，而后单击“确定”按钮。

图 5-33 “操作设置”对话框

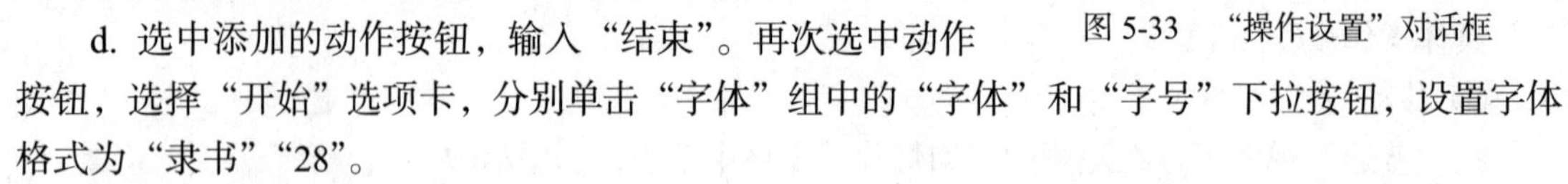

d. 选中添加的动作按钮，输入“结束”。再次选中动作按钮，选择“开始”选项卡，分别单击“字体”组中的“字体”和“字号”下拉按钮，设置字体格式为“隶书”“28”。

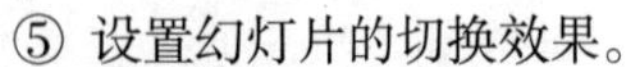

⑤ 设置幻灯片的切换效果。

a. 选中任意一张幻灯片。

b. 选择“切换”选项卡，单击“切换到此幻灯片”组下拉列表中的“闪光”选项。

c. 单击“计时”组中的“声音”下拉按钮，在打开的下拉列表中选择“风声”选项，将“持续时间”的值设置为“01.00”；取消选中“单击鼠标时”复选框，将“设置自动换片时间”的值设置为“00:05.00”。

d. 单击“计时”组中的“应用到全部”按钮，将切换效果应用于所有幻灯片。

⑥ 保存文件。

单击“快速访问工具栏”上的“保存”按钮，将此演示文稿以原文件名存盘。

【模拟练习 F】

打开 PPTkt 文件夹下的“PPT14F.pptx”文件，进行如下操作。

A. 将第 1 张幻灯片的版式修改为“空白”，并在此幻灯片中插入艺术字，样式任选。艺术字设置如下。

- 文字为“保护环境，人人有责”，字体格式为华文新魏、60 磅。
- 文本效果为“转换”中的“波形 2”。

B. 将 PPTkt 文件夹下“环境保护 F.pptx”文件中的所有幻灯片插入该演示文稿的末尾。

C. 为第 3 张幻灯片（标题为“环境保护的三个层面”）中的文本“对地球生物的保护”设置超链接，实现单击时跳转到第 5 张幻灯片。

D. 为第 3 张幻灯片中的内容占位符添加以下动画效果。

- 动画效果为“进入”中的“基本缩放”，“效果选项”为“从屏幕中心放大”。
- “开始”为“上一动画之后”。
- 延迟一秒。
- 持续时间为两秒。
- 正文文本动画为“所有段落同时”。

• 声音为“微风”。

E. 将所有幻灯片的背景设置为“图案填充”，图案为“小纸屑”，前景色为标准色中的浅绿色，背景色为主题颜色中的“白色,背景 1”。

F. 将此演示文稿以原文件名存盘。

具体操作步骤如下。

① 修改幻灯片的版式。

选中第 1 张幻灯片，选择“开始”选项卡，单击“幻灯片”组中的“版式”下拉按钮，在打开的下拉列表中选择“空白”选项。

② 添加艺术字。

a. 选中第 1 张幻灯片。

b. 选择“插入”选项卡，单击“文本”组中的“艺术字”下拉按钮，在打开的下拉列表中选择第 4 行第 1 列的样式，而后将“请在此放置您的文字”艺术字修改为“保护环境，人人有责”。

c. 选中艺术字，选择“开始”选项卡，分别单击“字体”组中的“字体”和“字号”下拉按钮，设置字体格式为“华文新魏”“60”。

d. 选择“绘图工具”下的“格式”选项卡，单击“艺术字样式”组中的“文本效果”下拉按钮，在打开的下拉列表中选择“转换”选项，而后选择“弯曲”下的“波形 2”选项。

③ 插入其他演示文稿的幻灯片。

a. 选中最后一张幻灯片。

b. 选择“开始”选项卡，单击“幻灯片”组中的“新建幻灯片”下拉按钮，在打开的下拉列表中选择“重用幻灯片”选项，打开“重用幻灯片”窗格。

c. 单击“浏览”按钮，在打开的下拉列表中选择“浏览文件”选项，打开“浏览”对话框，从中选择“环境保护 F.pptx”文件，而后单击“插入”按钮，此时“重用幻灯片”窗格中列出了 3 张幻灯片。

d. 分别单击该窗格中列出的 3 张幻灯片，即可将其插入当前演示文稿的末尾。

④ 设置超链接。

选中第 3 张幻灯片中的文本“对地球生物的保护”，选择“插入”选项卡，单击“链接”组中的“超链接”按钮，打开“插入超链接”对话框，单击左侧“链接到”列表框中的“本文档中的位置”按钮，而后单击“请选择文档中的位置”列表框中“幻灯片标题”为“5.对地球生物的保护”的选项，如图 5-34 所示，最后单击“确定”按钮。

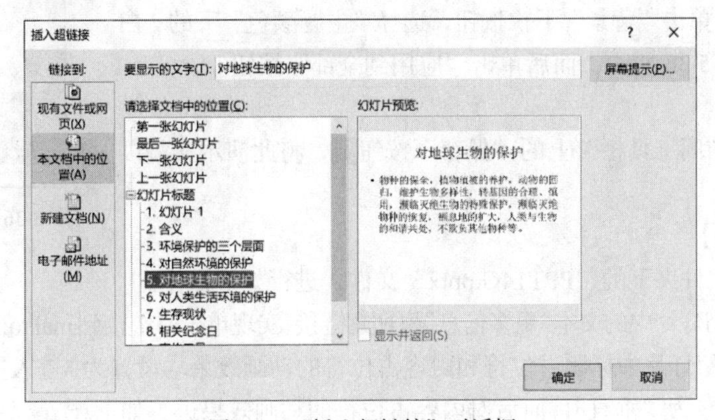

图 5-34 “插入超链接”对话框

⑤ 设置动画效果。

a. 选择第 3 张幻灯片，选中内容占位符。

b. 选择“动画”选项卡，单击“动画”组中的“其他”按钮，在打开的下拉列表中选择“更多进入效果”选项，打开“更改进入效果”对话框，从中选择“温和”下的“基本缩放”选项，而后单击“确定”按钮。单击“效果选项”下拉按钮，从其下拉列表中选择“从屏幕中心放大”选项。

c. 单击“计时”组中的“开始”下拉按钮，选择“上一动画之后”选项，并将“延迟”的值设置为“01.00”，将“持续时间”的值设置为“02.00”。

d. 单击“动画”组右下角的按钮，打开“基本缩放”对话框，选择“效果”选项卡，设置“声音”为“微风”，如图 5-35（a）所示。选择“正文文本动画”选项卡，将“组合文本”设置为“所有段落同时”，如图 5-35（b）所示，而后单击“确定”按钮。

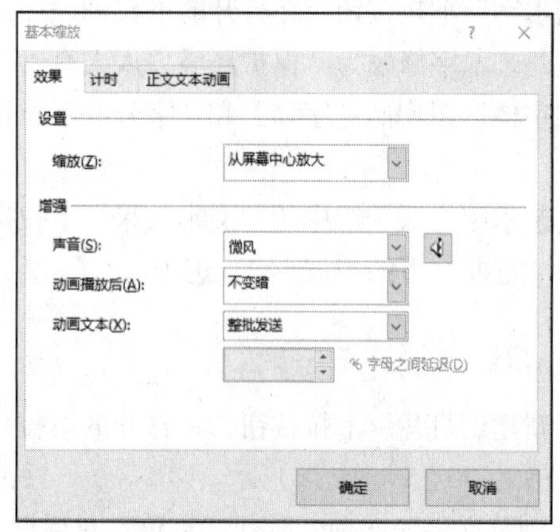

（a）“效果”选项卡

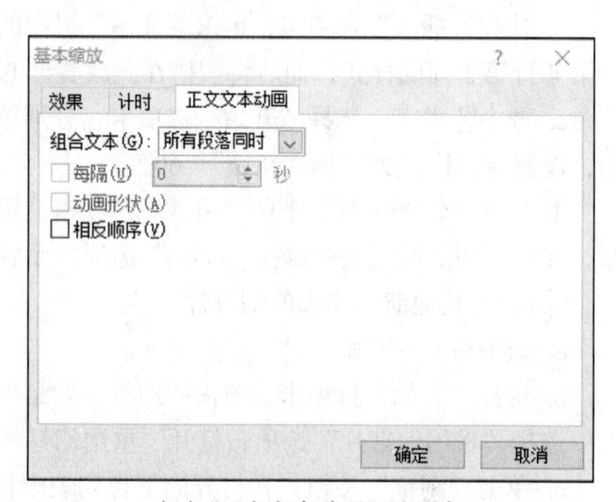

（b）“正文文本动画”选项卡

图 5-35 “基本缩放”对话框

⑥ 设置幻灯片背景。

a. 选择“设计”选项卡，单击“自定义”组中的“设置背景格式”按钮，或右击任意一张幻灯片的空白区域，在打开的快捷菜单中选择“设置背景格式”选项，均可打开“设置背景格式”窗格。

b. 选中“填充”下的“图案填充”单选按钮，在“图案”下选择“小纸屑”选项，然后单击“前景”下拉按钮，从中选择“标准色”下的“浅绿”选项，单击“背景”下拉按钮，选择“主题颜色”下的“白色,背景 1”，如图 5-36 所示，而后单击“应用到全部”按钮。

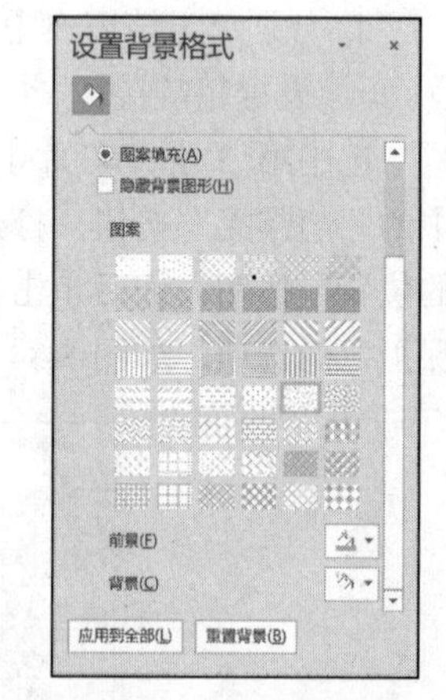

图 5-36 “设置背景格式”窗格

⑦ 保存文件。

单击“快速访问工具栏”上的“保存”按钮，将此演示文稿以原文件名存盘。

【模拟练习 G】

打开 PPTkt 文件夹下的“PPT14G.pptx”文件，进行如下操作。

A. 为第1张幻灯片中的文本“更多信息”添加超链接，实现单击时链接到mailto:fakesos@126.com。

B. 将第 2 张幻灯片中标题占位符和内容占位符的动画效果均设置为“进入”中的“随机线条”效果，“效果选项”为“垂直”，而后对内容占位符的动画效果进行如下设置。

- “开始”为“上一动画之后”。

- 延迟一秒。
- 文本动画设置为“按词顺序”。
- “动画播放后”设置为“其他颜色”，自定义红色为 0、绿色为 0、蓝色为 255。

C. 在第 3 张幻灯片中的右下角添加“动作按钮:前进或下一项”，实现单击时链接到下一张幻灯片。

D. 为第 4 张幻灯片中右侧的占位符添加图片，图片来自 PPTkt 文件夹下的图片文件“水污染 G.jpg”，设置图片的缩放高度和缩放宽度均为 160%。

E. 将演示文稿的主题设置为 PPTkt 文件夹中的“mripple.potx”。

F. 将此演示文稿以原文件名存盘。

具体操作步骤如下。

① 设置超链接。

选中第 1 张幻灯片中的文本“更多信息”，选择“插入”选项卡，单击“链接”组中的“超链接”按钮，打开“插入超链接”对话框，单击左侧“链接到”列表框中的“电子邮件地址”按钮，在“电子邮件地址”文本框内输入“fakesos@126.com”，如图 5-37 所示，而后单击“确定”按钮。注意在输入电子邮件地址时，文本框内会自动添加前缀“mailto:”。

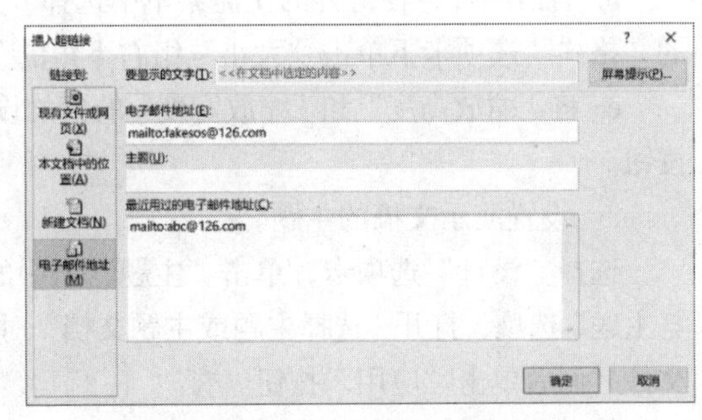

图 5-37 “插入超链接”对话框

② 设置动画效果。

a. 同时选中第 2 张幻灯片中的标题占位符和内容占位符。

b. 选择“动画”选项卡，单击“动画”组中的“其他”按钮，在打开的下拉列表中选择“进入”下的“随机线条”选项，单击“效果选项”下拉按钮，将“方向”设置为“垂直”。

c. 单击“计时”组中的“开始”下拉按钮，选择“上一动画之后”选项，并设置“延迟”为“01.00”。

d. 单击“动画”组右下角的按钮，打开“随机线条”对话框，选择“效果”选项卡，单击“动画文本”下拉按钮，在打开的下拉列表中选择“按词顺序”选项，如图 5-38 所示。单击“动画播放后”下拉按钮，在打开的下拉列表中选择“其他颜色”选项，打开“颜色”对话框，选择“自定义”选项卡，分别将“红色”“绿色”“蓝色”的值设置为“0”“0”“255”，如图 5-39 所示。而后单击“确定”按钮。

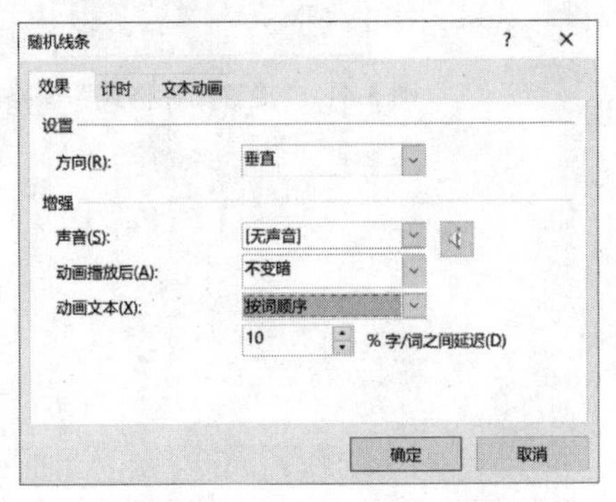

图 5-38 “随机线条”对话框

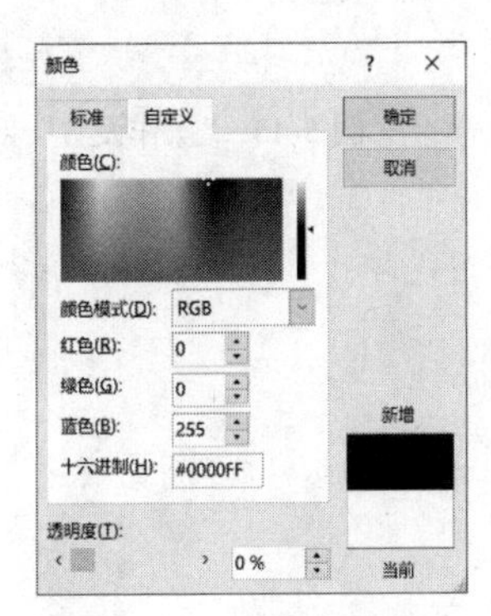

图 5-39 “颜色”对话框

③ 添加动作按钮。

a. 选中第 3 张幻灯片。

b. 选择“插入”选项卡，单击“插图”组中的“形状”下拉按钮，在打开的下拉列表中选择“动作按钮”下“动作按钮:前进或下一项”选项。此时鼠标指针变为十字形，在幻灯片的右下角位置按住鼠标左键并拖动，松开鼠标后即可添加一个动作按钮，并打开“操作设置”对话框。

c. 此时，“超链接到”已自动设置为“下一张幻灯片”，如图 5-40 所示，单击“确定”按钮即可。

④ 插入图片并设置图片大小。

a. 单击第 4 张幻灯片右侧占位符中的“图片”按钮，打开“插入图片”对话框，从中选择 PPTkt 文件夹中的图片文件“水污染 G.jpg”。

b. 右击图片，在打开的快捷菜单中选择“大小和位置”选项，或选中图片后在“图片工具”的“格式”选项卡下单击“大小”组右下角的按钮，均可打开“设置图片格式”窗格。

c. 将“缩放高度”和“缩放宽度”的值均设置为“160%”，如图 5-41 所示，而后单击“关闭”按钮。

⑤ 设置演示文稿的主题。

选择“设计”选项卡，单击“主题”组中的“其他”按钮，在打开的下拉列表中选择“浏览主题”选项，打开“选择主题或主题文档”对话框，从中选择 PPTkt 文件夹中的“mripple.potx”文件，而后单击“应用”按钮。

⑥ 保存文件。

单击“快速访问工具栏”上的“保存”按钮，将此演示文稿以原文件名存盘。

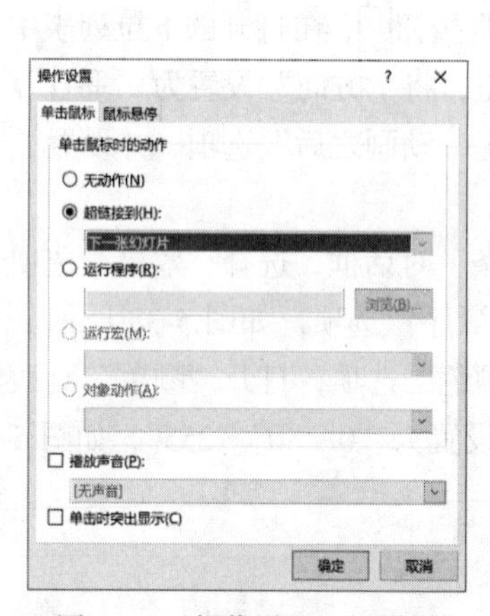

图 5-40 “操作设置”对话框

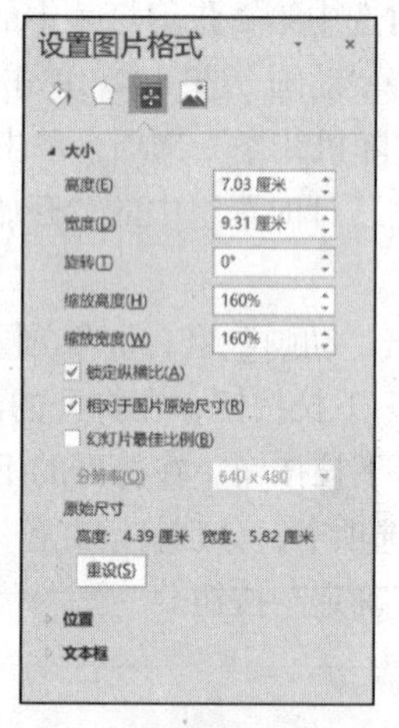

图 5-41 “设置图片格式”窗格

第6章 因特网操作实验

本章的目的是使学生熟练掌握因特网的基本操作，并能够在使用因特网的过程中灵活运用所学知识。本章的主要内容包括因特网的浏览、因特网的信息检索、因特网的文件传输、通过因特网收发电子邮件等。

实验一　网页浏览操作

一、实验目的

（1）掌握 IE 浏览器的基本操作。

（2）掌握 IE 浏览器的设置方法。

（3）掌握保存网页内容的操作。

二、实验示例

【例 6.1】 启动浏览器浏览网页。

本实验以 IE 浏览器为例，介绍浏览器的使用。

具体操作步骤如下。

① 在“开始”菜单的“Windows 附件”中选择“Internet Explorer”选项，启动 IE 浏览器。

② 在地址栏中输入要访问的地址，这里输入中国教育考试网的网址“http://chaxun.neea.edu.cn/”，打开的窗口如图 6-1 所示。

图 6-1　中国教育考试网主页

③ 单击主页中的“考试项目”链接，可以打开与其对应的页面，如图 6-2 所示。

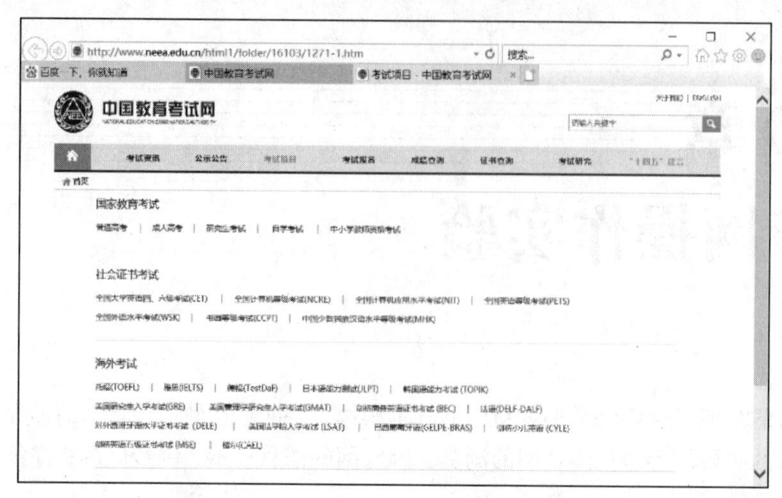

图 6-2 “考试项目”所对应的页面

【例 6.2】 IE 浏览器的设置。

（1）设置起始页。

具体操作步骤如下。

① 单击 IE 浏览器工具栏中的齿轮状图标（“工具”），在“工具”菜单中选择“Internet 选项”选项，打开“Internet 选项”对话框，在对话框中选择“常规”选项卡，如图 6-3 所示。

② 在地址文本框中输入所选 IE 起始页的 URL 地址，这里输入“http://www.hebut.edu.cn”。

③ 输入完成后单击“确定”按钮。

进行上述设置后，每次启动 IE 浏览器时，该网址对应的主页将自动载入。

在该对话框中单击“使用当前页”按钮，可将当前正在浏览的网页设置为起始页。

在该对话框中单击“使用默认值”按钮，可将微软公司的默认网站主页设置为起始页。

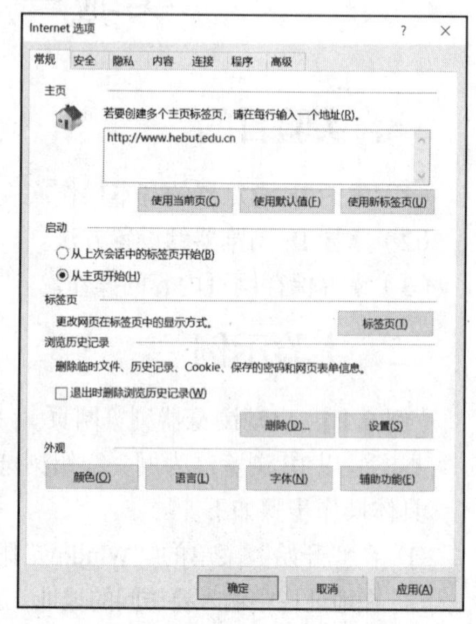

图 6-3 “Internet 选项”对话框

在该对话框中单击“使用新标签页”按钮，则每次启动 IE 浏览器时，都会打开一个新的标签页。

如果想把存储在本地计算机磁盘上的某个网站主页指定为 IE 浏览器的起始页，只要在地址文本框中输入该主页的存储路径和文件名即可。

（2）建立和使用个人收藏夹。

具体操作步骤如下。

① 单击 IE 浏览器工具栏中的五角星状图标（“查看收藏夹、源和历史记录”），再单击“添加到收藏夹”右侧的下拉按钮，展开其下拉列表，如图 6-4 所示。

图 6-4　“查看收藏夹、源和历史记录”

② 在下拉列表中选择“添加到收藏夹”选项，打开“添加收藏”对话框，如图 6-5 所示。此时，“名称”文本框中显示了当前网页的名称，可以根据需要，对“名称”文本框中的内容进行修改，为当前网页设置一个新的名称。

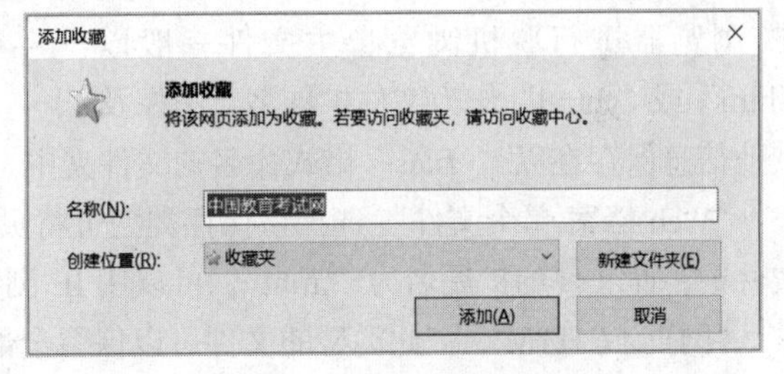

图 6-5　“添加收藏”对话框

③ 单击“新建文件夹”按钮，可以在“收藏夹”中创建一个新的文件夹，便于管理收藏的网页。单击“创建位置”右侧的下拉按钮，其下拉列表中列出“收藏夹”下其他位置（文件夹），选择某一位置（文件夹），可以将网页收藏在指定位置（文件夹）。

④ 单击“添加”按钮，将网页的 URL 地址存入“收藏夹”中。

在建立好个人收藏夹后，再浏览网页，可以打开收藏夹，从中选择要浏览的网页。

（3）设置临时文件夹加快网页访问速度。

具体操作步骤如下。

① 在 IE 浏览器工具栏中单击“工具”（齿轮状图标），在“工具”菜单中选择“Internet 选项”选项，打开“Internet 选项”对话框。

② 在“常规”选项卡的“浏览历史记录”组中单击“设置”按钮，打开“网站数据设置”对话框，如图 6-6 所示。

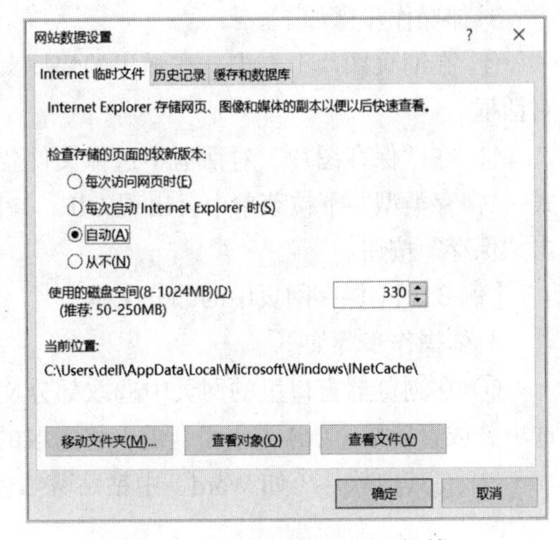

图 6-6　“网站数据设置”对话框

③ 在“使用的磁盘空间(8-1024MB)”右侧输入为临时文件设置的磁盘空间（这里输入“330”）。设置了足够的磁盘空间存放临时文件后，在访问那些经常访问的网站时，大量的网页信息将从本地临时文件夹中读取，而无须再下载，从而可以提高网

页访问速度。

④ 如果想查看临时文件，单击“查看文件”按钮，可以打开 Windows 目录下的 INetCache 文件夹窗口，该窗口中列出了所有的临时文件。

【例 6.3】 保存网页内容。

具体操作步骤如下。

① 在IE浏览器工具栏中单击“工具”（齿轮状图标），在“工具”菜单中选择“文件”选项，在打开的级联菜单中选择“另存为”选项，打开“保存网页”对话框，如图 6-7 所示。

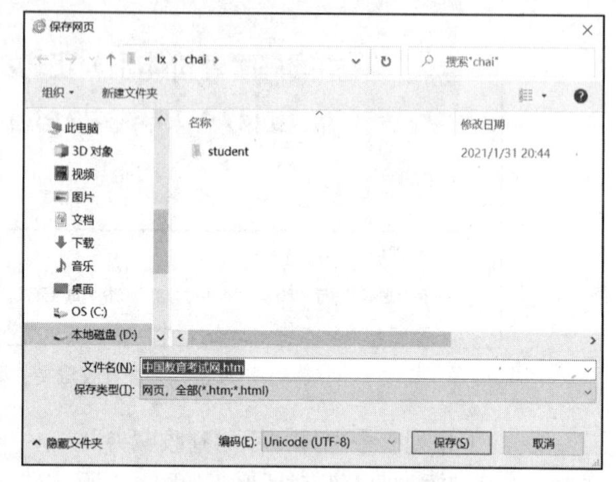

图 6-7 “保存网页”对话框

② 在“保存类型”下拉列表中设置存储格式。网页保存为文件通常有下面 4 种存储格式。

“网页,全部”：此类型文件可以保存布局和排版的全部信息及页面中的图像，可以用 IE 浏览器进行脱机浏览；主文件一般以“.htm”或“.html”作为文件扩展名，图像及其他信息保存在以“_files”格式命名的文件夹中。

“Web 档案,单个文件”：选择该保存类型可将页面的布局排版和图像等信息保存在一个单一的文件中；此文件的扩展名为“.mht”，可以用 IE 浏览器打开并脱机浏览。

“网页,仅 HTML”：此类型的文件可以保留全部文字信息；可以用 IE 浏览器进行脱机浏览，但浏览内容不包括图像和其他相关信息；一般以“.htm”或“.html”作为文件扩展名。

“文本文件”：此类型文件仅保存页面中的文字信息，多媒体信息全部丢失；一般以“.txt”作为文件扩展名。

③ 选定磁盘和文件夹指定保存网页文件的位置（这里是 D:\lx\chai 文件夹）。

④ 在“文件名”文本框中输入文件名，然后单击“保存”按钮。

【例 6.4】 保存网页图片。

具体操作步骤如下。

① 在网页图片上右击，在弹出的快捷菜单中选择“图片另存为”选项，打开“保存图片”对话框。

② 在“保存图片”对话框中选择文件要保存的位置，输入文件名称。根据网页中图片的格式，“保存类型”下拉菜单中会出现 GIF、JPEG 或位图等文件类型，选择一种文件类型，最后单击“保存”按钮。

【例 6.5】 保存网页中的部分文本。

具体操作步骤如下。

① 在浏览器窗口里的网页中选取部分文本，然后右击，在弹出的快捷菜单中选择“复制”选项，或直接按【Ctrl+C】组合键，将选取的文本复制到剪贴板中。

② 在其他软件（如 Word）中粘贴剪贴板里的文字并保存。

实验二　信息检索操作

一、实验目的

（1）了解在因特网上检索信息的操作。

（2）掌握利用搜索引擎检索信息的方法。

（3）了解中文搜索引擎的用法。

二、实验示例

【例 6.6】 信息检索的应用。

（1）利用百度进行关键词检索。

具体操作步骤如下。

① 启动 IE 浏览器，在地址栏中输入“http://www.baidu.com”，浏览器窗口中就出现了百度的主页，如图 6-8 所示。

图 6-8　百度主页

② 在百度主页的搜索框中输入需要检索的关键词，如“河北工业大学”，单击“百度一下”按钮或按【Enter】键开始查询。图 6-9 给出了百度检索完成后，包含“河北工业大学”的相关网站索引信息。

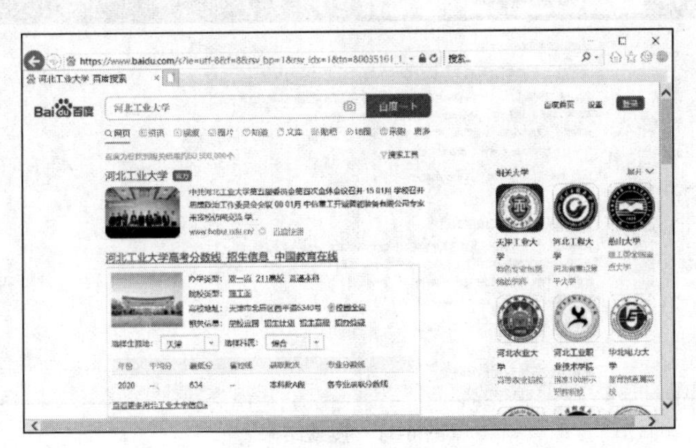

图 6-9　关键词查询的结果

（2）设置高级查询选项。

接（1）中的操作，由于查询到的网站索引信息太多（约 9020000 条），因此需要使用查询语法缩小查询范围，假设需要查找河北工业大学计算机科学与软件学院近期关于研究生开题报告的相关信息，可以在百度主页的搜索框中输入使用空格或者逗号分隔的关键词，例如“河北工业大学 计算机科学与软件学院 研究生开题报告”，单击“百度一下”按钮，就会得到详细的搜索结果，其中关键词会以红色突出显示。

（3）专用搜索引擎的使用。

具体操作步骤如下。

① 在图 6-8 所示的百度主页中单击“学术”链接（或在浏览器地址栏中输入“xueshu.baidu.com/”），打开百度学术搜索引擎页面，如图 6-10 所示。

图 6-10　百度学术搜索引擎页面

② 在搜索框中输入要搜索的文章主题名称，例如“关于智能制造的应用”。

③ 单击“百度一下”按钮，即可检索出所有与“关于智能制造的应用”相关的文章，如图 6-11 所示。

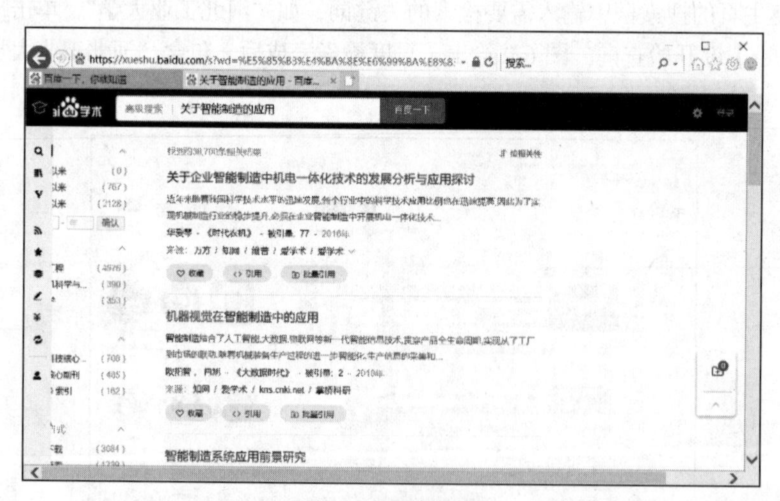

图 6-11　搜索结果

实验三　文件下载操作

一、实验目的

（1）掌握从实验教学资源网站下载文件的方法。

（2）了解从 WWW 网站下载文件的方法。

二、实验示例

【例 6.7】 从实验教学资源网站下载文件。

具体操作步骤如下。

① 启动 IE 浏览器。

② 在地址栏中输入要访问的实验教学资源网站的地址，这里输入网址“http://w.scse.hebut.edu.cn”，链接到实验教学资源网站的主页，如图 6-12 所示。

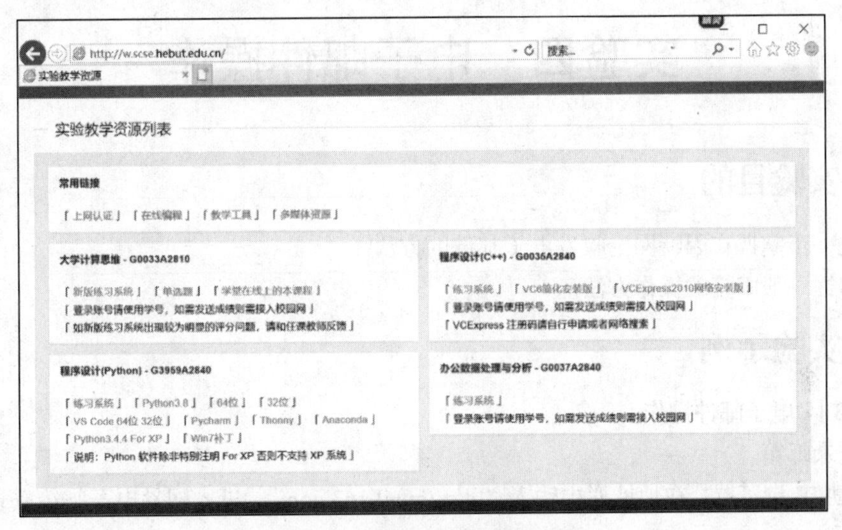

图 6-12　实验教学资源网站主页

③ 在“大学计算思维”分组下单击“新版练习系统”链接，此时在浏览器窗口下方出现图 6-13 所示的下载提示框。单击“运行”按钮，即可直接运行对应的文件（IT2021.exe），安装完成后即可使用该教学资源。

图 6-13　下载提示框

也可以单击“保存”按钮旁边的下拉按钮，在打开的下拉列表中选择“另存为”选项，打开“另存为”对话框，如图 6-14 所示。在对话框中选择保存教学资源的磁盘和文件夹（如 D:\lx\chai），然后单击“保存”按钮，即可将实验教学资源网站中的教学资源（IT2021.exe）下载到本地计算机。待全部下载工作完成后，就可以在 D 盘的 lx\chai 文件夹中看到“IT2021.exe”文件，运行该文件即可使用该教学资源。

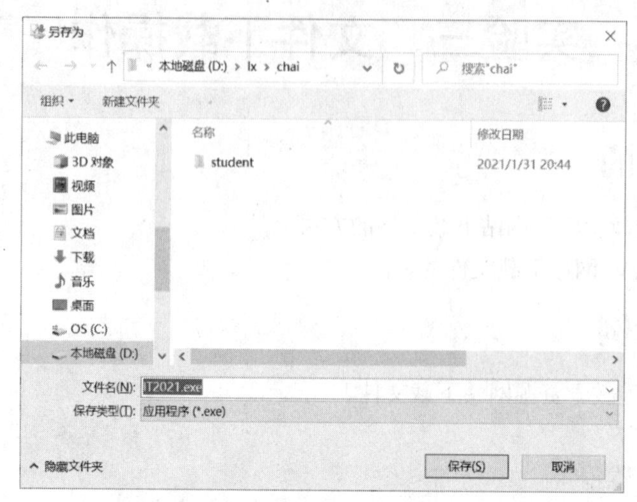

图 6-14 “另存为”对话框

实验四　电子邮件操作

一、实验目的

（1）进一步掌握在因特网上收发电子邮件的方法。

（2）掌握一般邮箱的操作方法。

二、实验示例

【例 6.8】 电子邮件操作。

（1）登录邮箱。

① 启动 IE 浏览器，在地址栏中输入“http://mail.163.com”，进入网易电子邮箱登录页面，如图 6-15 所示。

② 输入邮箱的账号和密码，进入自己的邮箱，页面如图 6-16 所示。

图 6-15 网易电子邮箱登录页面

图 6-16　网易邮箱页面

（2）写邮件和发邮件。

① 在图 6-16 所示的邮箱页面中单击“写信”按钮，打开写邮件页面，如图 6-17 所示。

图 6-17　写邮件页面

收件人：在该处输入对方的邮箱地址。如需将该邮件同时发给几个人，可以在“收件人”处依次写上邮箱地址，各邮箱地址中间用分号“;”隔开。

抄送：如需将该邮件抄送给某人，先单击“添加抄送”按钮，在“抄送人”处输入要抄送的邮箱地址。对于抄送人，所有收信人都能知道该邮件同时抄送给了谁。

密送：如需将该邮件密送给某人，单击“添加密送”按钮，在“密送人”处写好邮箱地址，选择密送对其他收信人来说，他们不知道该邮件同时发给了谁。

主题：在该处输入邮件的主题。写清主题可以使收件人了解邮件的主要内容。

② 在邮件内容编辑区输入、编辑邮件的内容。

③ 单击“发送”按钮，即可将该邮件发出，同时将该邮件保存到“已发送”中。

④ 如果写好的邮件暂时不发送，单击“存草稿”按钮，将其暂时保存在“草稿箱”中。

（3）对收到的邮件进行处理。

在图 6-16 所示的邮箱页面中单击“收件箱”按钮，即可看到收到邮件的列表。已经阅读的邮件以正常字体显示主题，对于未阅读的邮件以加粗的字体显示主题。如果邮件主题后面带有回形针标记，表示该邮件带有附件。

阅读邮件：单击需要阅读的邮件的主题，即可打开这封邮件，如图 6-18 所示。

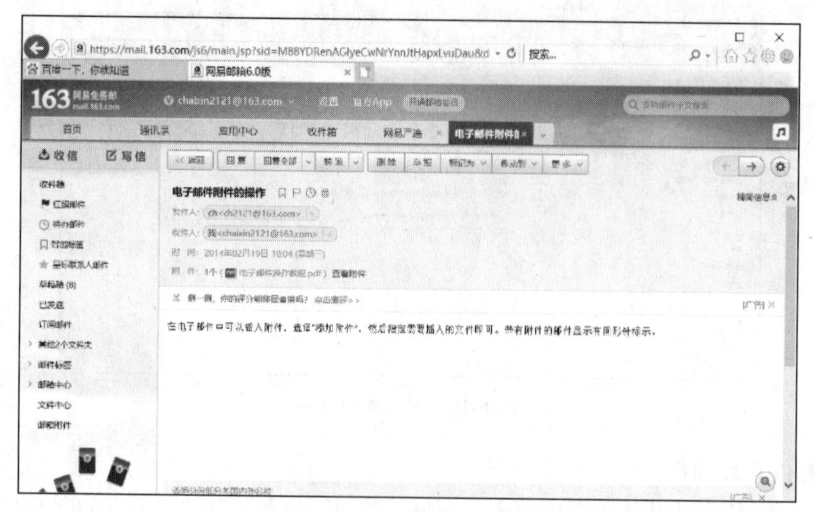

图 6-18　阅读邮件页面

回复电子邮件：在阅读邮件页面单击“回复”按钮，进入写邮件页面，此时收件人处自动写上发邮件人的邮箱地址，主题处在原邮件主题前加了“Re:”；邮件内容编辑区中会带有原邮件的内容，输入回信内容后，单击“发送”按钮，即可回复邮件。

转发电子邮件：在阅读邮件页面单击“转发”按钮，进入写邮件页面，此时主题处在原邮件主题前加了“Fw:”；在收件人处输入需要转发的邮箱地址，单击“发送”按钮，即可将邮件转发出去。

删除电子邮件：单击“删除”按钮，即可将当前邮件删除（放入“已删除”）；如果在“收件箱”的邮件列表中选中多个需要删除的邮件，然后单击“删除”按钮，则可以同时删除多个邮件。

实验五　上机练习系统典型试题讲解

一、实验目的

（1）掌握上机练习系统中网络操作典型问题的解决方法。

（2）熟悉网络操作中各种综合应用的操作技巧。

（3）本实验的例题取自上机练习系统中的典型试题，读者若能配合使用与本书配套的上机练习系统，将会达到更好的学习效果。

二、模拟练习

【模拟练习 A】

在上机练习系统中启动 IE 浏览器和电子邮件客户端 Outlook Express，按如下要求进行操作。

2014 年 APEC（Asia-Pacific Economic Cooperation）会议在中国成功召开。很多人都知道 APEC 是亚太经济合作组织，那么这个组织现在由哪些成员组成呢？请使用“APEC 成员”关键词在 360 搜索引擎（http://www.so.com）中检索相关信息，然后将检索出的成员名称作为邮件内容通过 Outlook Express 发送给 nobody@some.org，邮件主题为“APEC 成员”。

具体操作步骤如下。

① 在上机练习系统中单击“IE 浏览器按钮”，打开模拟的 IE 浏览器。

② 在 IE 浏览器的地址栏中输入“http://www.so.com/”，在打开的搜索网站主页中输入“APEC 成员”，单击“搜索”按钮。

③ 在打开的搜索页面上找到 APEC 成员的名称，拖动鼠标选中相应内容，按【Ctrl+C】组合键将其复制到剪贴板中。

④ 在上机练习系统中单击“Outlook Express”按钮，打开模拟 Outlook Express 窗口。

⑤ 在窗口中单击“新建邮件”按钮，在打开的写邮件窗口中进行操作，输入收件人为“nobody@some.org”，主题为“APEC 成员”；按【Ctrl+V】组合键将 APEC 成员的名称粘贴到邮件内容编辑区。最后单击“发送邮件”按钮。

【模拟练习 B】

在上机练习系统中启动 IE 浏览器和电子邮件客户端 Outlook Express，按如下要求进行操作。

（1）随着网上购物的普及，使用信用卡支付成了很多人的选择，但也成了诈骗分子获取个人信息进行诈骗的突破口。诈骗分子冒充客服打电话套取用户密码等诈骗方式层出不穷。因此，确认来电是否为官方的客服电话是用户首先要留意的问题，请通过关键词“中国银行信用卡客服电话”在 360 搜索引擎（http://www.so.com）中检索出官方客服电话，然后将其作为邮件内容通过 Outlook Express 发送给“somebody@on.the.earth”，邮件主题为“中国银行信用卡客服电话”。

（2）浏览器临时文件可以加快网页的加载速度，但同时也占据了磁盘空间，可能遗留了隐私信息，所以定期清空浏览器临时文件是个好习惯。请在（1）的操作完成后删除浏览器临时文件。

具体操作步骤如下。

① 在上机练习系统中单击“IE 浏览器按钮”，打开模拟的 IE 浏览器。

② 在 IE 浏览器的地址栏中输入“http://www.so.com/”，在打开的搜索网站主页的搜索栏中输入“中国银行信用卡客服电话”，单击“搜索”按钮。

③ 在打开的搜索页面上找到中国银行信用卡的客服电话，拖动鼠标选中相应内容，按【Ctrl+C】组合键将其复制到剪贴板中。

④ 在上机练习系统中单击“Outlook Express”按钮，打开模拟 Outlook Express 窗口。

⑤ 在窗口中单击“新建邮件”按钮，在打开的写邮件窗口中进行操作，收件人为“somebody@on.the.earth”，主题为“中国银行信用卡客服电话”；按【Ctrl+V】组合键将中国银行信用卡的客服电话粘贴到邮件内容编辑区。最后单击“发送邮件”按钮。

⑥ 在上机练习系统中单击“IE 浏览器”按钮，打开模拟的 IE 浏览器。

⑦ 在“工具”菜单中选择“Internet 选项”，打开“Internet 属性”对话框，在“常规”选项卡中单击“删除文件”按钮，然后单击“确定”按钮。

【模拟练习 C】

在上机练习系统中启动 IE 浏览器和电子邮件客户端 Outlook Express，按如下要求进行操作。

（1）浏览器有成百上千种，但如果按照浏览器内核对浏览器进行分类，它们只有几种：Trident、Gecko、WebKit 和 Presto。火狐浏览器（Firefox）是跨平台的浏览器，它使用的是哪种内核呢？请通过关键词“火狐浏览器的内核”在网站 http://www.so.com 中检索出答案，然后将答案通过 Outlook Express 发送电子邮件给“somebody@some.space”，邮件主题为“火狐浏览器的内核”。

（2）如果每次使用浏览器都从固定的网站开始，那么可以将该网站设置为浏览器的起始页，这样浏览器启动时即可自动打开该网站，请将网站 http://www.so.com 设置为浏览器的起始页。

具体操作步骤如下。

① 在上机练习系统中单击“IE浏览器”按钮，打开模拟的IE浏览器。

② 在IE浏览器的地址栏中输入“http://www.so.com/”，在打开的搜索网站主页的搜索栏中输入“火狐浏览器的内核”，单击“搜索”按钮。

③ 在打开的搜索页面中找到火狐浏览器内核的答案，拖动鼠标选中相应内容，按【Ctrl+C】组合键将其复制到剪贴板中。

④ 在上机练习系统中单击“Outlook Express”按钮，打开模拟Outlook Express窗口。

⑤ 在窗口中单击“新建邮件”按钮，在打开的写邮件窗口中进行操作，输入收件人为“somebody@some.space”，主题为“火狐浏览器的内核”；按【Ctrl+V】组合键将火狐浏览器内核的答案粘贴到邮件内容编辑区。最后单击“发送邮件”按钮。

⑥ 在IE浏览器的地址栏中输入“http://www.so.com/”，打开相应网站主页。

⑦ 在“工具”菜单中选择“Internet选项”，打开“Internet属性”对话框，在“常规”选项卡中单击“使用当前页”按钮，然后单击“确定”按钮。

【模拟练习D】

在上机练习系统中启动IE浏览器和电子邮件客户端Outlook Express，按如下要求进行操作。

（1）近几年“物联网”这个词频繁出现在IT领域相关的新闻报道中，请利用360搜索引擎（http://www.so.com）以“物联网”为关键词检索并查找其对应的英文缩写词IOT是哪些单词的缩写，然后将答案作为邮件内容通过Outlook Express发送给“who@no.where”，邮件主题为“IoT含义”。

（2）网页加载、显示图片的方式各异，因而保存图片的方式也不尽相同。请访问某网站（自行确认目标网站），将其页面背景图片保存到NetKt文件夹中，命名为“荷塘月色.jpg”。

具体操作步骤如下。

① 在上机练习系统中单击“IE浏览器按钮”，打开模拟的IE浏览器。

② 在IE浏览器的地址栏中输入“http://www.so.com/”，在打开的搜索网站主页的搜索栏中输入“物联网”，单击“搜索”按钮。

③ 在打开的搜索页面中找到物联网的英文缩写词 IoT 所对应的单词，拖动鼠标选中相应内容，按【Ctrl+C】组合键将其复制到剪贴板中。

④ 在上机练习系统中单击“Outlook Express”按钮，打开模拟Outlook Express窗口。

⑤ 在窗口中单击“新建邮件”按钮，在打开的写邮件窗口中进行操作，输入收件人为“who@no.where”，主题为“IoT含义”；按【Ctrl+V】组合键将英文缩写词IoT所对应的单词粘贴到邮件内容编辑区。最后单击“发送邮件”按钮。

⑥ 在IE浏览器的地址栏中输入目标网址，打开相应网站主页。

⑦ 在页面上右击背景图片，在弹出的快捷菜单中选择“背景另存为”选项，将背景图片保存在netkt文件夹中，命名为“荷塘月色.jpg”。

【模拟练习E】

在上机练习系统中启动IE浏览器和电子邮件客户端Outlook Express，按如下要求进行操作。

（1）DNS（Domain Name System，域名系统）服务器是联入互联网必不可少的条件，其功能是将用户输入的域名转化为IP地址，那么公共DNS服务器114.114.114.114是在哪个城市为用户提供服务的呢？请通过搜索引擎（http://www.so.com）利用关键词“114.114.114.114”查询并获取答案，然后将查询到的城市通过 Outlook Express 发送电子邮件给“zhangsan@unknown.space”，邮件主题为“DNS 服务器查询结果”。

（2）将经常访问的网站加入浏览器的“收藏夹”是一个好习惯，这样做可以不必记忆复杂的地址快速打开相应页面，另外也可以方便地导入、导出这些网站地址，请浏览网站 http://www.so.com 并用“搜索引擎”的名字将其加入浏览器的“收藏夹”。

具体操作步骤如下。

① 在上机练习系统中单击“IE 浏览器按钮”，打开模拟的 IE 浏览器。

② 在 IE 浏览器的地址栏中输入“http://www.so.com/”，在打开的搜索网站主页的搜索栏中输入“114.114.114.114”，单击“搜索”按钮。

③ 在打开的搜索页面中找到该 DNS 服务器所在的城市，拖动鼠标选中相应内容，按【Ctrl+C】组合键将其复制到剪贴板中。

④ 在上机练习系统中单击“Outlook Express”按钮，打开模拟 Outlook Express 窗口。

⑤ 在窗口中单击“新建邮件”按钮，在打开的写邮件窗口中进行操作，输入收件人为“zhangsan@unknown.space”，主题为“DNS 服务器查询结果”；按【Ctrl+V】组合键将该 DNS 服务器所在的城市粘贴到邮件内容编辑区。最后单击“发送邮件”按钮。

⑥ 在 IE 浏览器的地址栏中输入“http://www.so.com”，打开 360 搜索引擎的网站主页。在“收藏”菜单中选择“添加到收藏夹”选项，在弹出的“添加到收藏夹”对话框中输入“搜索引擎”。

【模拟练习 F】

在上机练习系统中启动 IE 浏览器和电子邮件客户端 Outlook Express，按如下要求进行操作。

在一些标准的搜索引擎上，如果需要定制搜索结果，可以使用“A -B”这种形式的关键词，其中“A”后有空格，“-”即表示从包含“A”的检索结果中去掉包含 B 的检索结果。请利用上述形式通过搜索引擎（http://www.so.com）查询包含“河北省计算机等级考试”但不包含“职称”的网页，然后将该检索结果保存为 Netkt 文件夹下的“octs.mht”文件，并将其作为邮件附件通过 Outlook Express 发送给“admin@octs.cn”，邮件主题和内容均为“河北省计算机等级考试检索结果”。

具体操作步骤如下。

① 在上机练习系统中单击“IE 浏览器”按钮，打开模拟的 IE 浏览器。

② 在 IE 浏览器的地址栏中输入“http://www.so.com/”，在打开的搜索网站主页的搜索栏中输入“河北省计算机等级考试 -职称”，单击“搜索”按钮。

③ 在打开的搜索页面的“文件”菜单中选择“另存为”选项，指定文件保存位置为 netkt 文件夹，保存类型为“Web 档案,单个文件(*.mht)”，文件名为“octs.mht”。

④ 在上机练习系统中单击“Outlook Express”按钮，打开模拟 Outlook Express 窗口。

⑤ 在窗口中单击“新建邮件”按钮，在打开的写邮件窗口中进行操作，输入收件人为“admin@octs.cn”，主题为“河北省计算机等级考试检索结果”，内容为“河北省计算机等级考试检索结果”。

⑥ 在“插入”菜单中选择“文件附件”选项，在打开的对话框中选择 netkt 文件夹并选中“octs.mht”文件，将该文件作为邮件附件。最后单击“发送邮件”按钮。

参考文献

【1】李凤霞，陈宇峰，史树敏. 大学计算机[M]. 北京：高等教育出版社，2014.

【2】龚沛曾，杨志强. 大学计算机（第6版）[M]. 北京：高等教育出版社，2013.

【3】董卫军，邢为民，索琦. 大学计算机[M]. 北京：电子工业出版社，2014.

【4】姜可扉，杨俊生，谭志芳. 大学计算机[M]. 北京：电子工业出版社，2014.

【5】甘勇，尚展垒，张建伟，等. 大学计算机基础（第2版）[M]. 北京：人民邮电出版社，2012.

【6】甘勇，尚展垒，梁树军，等. 大学计算机基础实践教程（第2版）[M]. 北京：人民邮电出版社，2012.

【7】段跃兴. 大学计算机基础[M]. 北京：人民邮电出版社，2011.

【8】段跃兴，王幸民. 大学计算机基础进阶与实践[M]. 北京：人民邮电出版社，2011.